U0214898

网络空间安全学科系列教材

数字取证实验

陈晶 郭永健 熊翘楚 编著

清华大学出版社

北京

内 容 简 介

随着"电子数据"时代的到来,电子数据已经在新修订的相关法律法规中被明确列为一种独立的证据类型,被誉为新一代"证据之王"。这凸显了电子数据(尤其是在数字取证技术的帮助下)对于打击网络犯罪、获取犯罪证据的重要性。

本书紧密结合电子数据取证工作实际,既考虑了数字取证的知识体系,又尊重了理论学习和取证实践的规律,按照理论和技术并重的编写思路,深入浅出地讲解数字取证的基本原理。结合电子数据取证实践性强的特点,本书通过实际的案例分析和实践练习将理论与现实世界联系起来,帮助学生更好地学习和掌握取证知识。本书适合高等院校网络空间安全相关专业的本科生以及公安院校网络安全与执法相关专业的学生使用。

本书共 12 章,每章围绕一个具体的数字取证主题设计若干小实验,覆盖电子证据的获取、哈希计算、文件过滤、关键字搜索、元数据提取、数据恢复等核心知识点,并基于 Windows、Linux 和 macOS 桌面操作系统,以及 Android 和 iOS 移动终端操作系统的基本原理、安全架构和痕迹特点进行详细讲解并开展实验。

本书配套的实验系统提供了丰富的实验案例、实验工具和习题,在武汉大学国家网络安全学院进行了 5 年的实践优化,可帮助读者获得更好的学习效果。

图书在版编目(CIP)数据

数字取证实验 / 陈晶,郭永健,熊翘楚编著. -- 北京:清华大学出版社,2024.12.(2025.5重印)
(网络空间安全学科系列教材). --ISBN 978-7-302-67695-9

Ⅰ. TP393.08

中国国家版本馆 CIP 数据核字第 202479PC00 号

责任编辑: 张 民
封面设计: 刘 键
责任校对: 郝美丽
责任印制: 刘 菲

出版发行:清华大学出版社
  网 址:https://www.tup.com.cn,https://www.wqxuetang.com
  地 址:北京清华大学学研大厦 A 座   邮 编:100084
  社 总 机:010-83470000   邮 购:010-62786544
  投稿与读者服务:010-62776969,c-service@tup.tsinghua.edu.cn
  质量反馈:010-62772015,zhiliang@tup.tsinghua.edu.cn
  课件下载:https://www.tup.com.cn,010-83470236
印 装 者:三河市铭诚印务有限公司
经 销:全国新华书店
开 本:185mm×260mm   印 张:16.25   字 数:377 千字
版 次:2024 年 12 月第 1 版   印 次:2025 年 5 月第 2 次印刷
定 价:49.00 元

产品编号:107584-01

网络空间安全学科系列教材　　　　　　　　　编委会

出版说明

21世纪是信息时代,信息已成为社会发展的重要战略资源,社会的信息化已成为当今世界发展的潮流和核心,而信息安全在信息社会中将扮演极为重要的角色,会直接关系到国家安全、企业经营和人们的日常生活。随着信息安全产业的快速发展,全球对信息安全人才的需求量不断增加,然而我国目前信息安全人才极度匮乏,远远不能满足金融、商业、公安、军事和政府等部门的需求。要解决供需矛盾,必须加快信息安全人才的培养,以满足社会对信息安全人才的需求。为此,教育部继2001年批准在武汉大学开设信息安全本科专业之后,又批准了多所高等院校设立信息安全本科专业,而且许多高校和科研院所已设立了信息安全方向的具有硕士和博士学位授予权的学科点。

信息安全是计算机、通信、物理、数学等领域的交叉学科,对于这一新兴学科的培养模式和课程设置,各高校普遍缺乏经验,因此中国计算机学会教育专业委员会和清华大学出版社联合主办了"信息安全专业教育教学研讨会"等一系列研讨活动,并成立了"高等院校信息安全专业系列教材"编委会,由我国信息安全领域著名专家肖国镇教授担任编委会主任,指导"高等院校信息安全专业系列教材"的编写工作。编委会本着研究先行的指导原则,认真研讨国内外高等院校信息安全专业的教学体系和课程设置,进行了大量具有前瞻性的研究工作,而且这种研究工作将随着我国信息安全专业的发展不断深入。系列教材的作者都是既在本专业领域有深厚的学术造诣,又在教学第一线有丰富的教学经验的学者、专家。

该系列教材是我国第一套专门针对信息安全专业的教材,其特点是:

① 体系完整、结构合理、内容先进。

② 适应面广。能够满足信息安全、计算机、通信工程等相关专业对信息安全领域课程的教材要求。

③ 立体配套。除主教材外,还配有多媒体电子教案、习题与实验指导等。

④ 版本更新及时,紧跟科学技术的新发展。

"高等院校信息安全专业系列教材"已于2006年年初正式列入普通高等教育"十一五"国家级教材规划。

2007年6月,教育部高等学校信息安全类专业教学指导委员会成立大会暨第一次会议在北京胜利召开。本次会议由教育部高等学校信息安全类专业教学指导委员会主任单位北京工业大学和北京电子科技学院主办,清华大学出版社协办。教育部高等学校信息安全类专业教学指导委员会的成立对我国信息安全专业的发展起到重要的指导和推动作用。2006 年,教育部给武汉大学下达了"信息安全专业指导性专业规范研制"的教学科研项目。2007 年起,该项目由教育部高等学校信息安全类专业教学指导委员会组织实施。在高教司和教指委的指导下,项目组团结一致,努力工作,克服困难,历时 5 年,制定出我国第一个信息安全专业指导性专业规范,于 2012 年年底通过经教育部高等教育司理工科教育处授权组织的专家组评审,并且已经在武汉大学等许多高校应用。2013 年,新一届教育部高等学校信息安全专业教学指导委员会成立。经组织审查和研究决定,2014 年,以教育部高等学校信息安全专业教学指导委员会的名义正式发布《高等学校信息安全专业指导性专业规范》(由清华大学出版社正式出版)。

2015 年 6 月,国务院学位委员会、教育部决定增设"网络空间安全"为一级学科,将高校培养网络空间安全人才提到新的高度。2016 年 6 月,中央网络安全和信息化领导小组办公室(下文简称"中央网信办")、国家发展和改革委员会、教育部、科学技术部、工业和信息化部、人力资源和社会保障部六大部门联合发布《关于加强网络安全学科建设和人才培养的意见》(中网办发文〔2016〕4 号)。2019 年 6 月,教育部高等学校网络空间安全专业教学指导委员会召开成立大会。为贯彻落实《关于加强网络安全学科建设和人才培养的意见》,进一步深化高等教育教学改革,促进网络安全学科专业建设和人才培养,促进网络空间安全相关核心课程和教材建设,在教育部高等学校网络空间安全专业教学指导委员会和中央网信办组织的"网络空间安全教材体系建设研究"课题组的指导下,启动了"网络空间安全学科系列教材"的建设工作,由教育部高等学校网络空间安全专业教学指导委员会秘书长封化民教授担任编委会主任。本丛书基于"高等院校信息安全专业系列教材"坚实的工作基础和成果、阵容强大的编委会和优秀的作者队伍,目前已有多部图书获得中央网信办和教育部指导评选的"网络安全优秀教材奖",以及"普通高等教育本科国家级规划教材""普通高等教育精品教材""中国大学出版社图书奖"等多个奖项。

"网络空间安全学科系列教材"将根据《高等学校信息安全专业指导性专业规范》(及后续版本)和相关教材建设课题组的研究成果不断更新和扩展,进一步体现科学性、系统性和新颖性,及时反映教学改革和课程建设的新成果,并随着我国网络空间安全学科的发展不断完善,力争为我国网络空间安全相关学科专业的本科和研究生教材建设、学术出版与人才培养做出更大的贡献。

我们的 E-mail 地址是 zhangm@tup.tsinghua.edu.cn,联系人:张民。

"网络空间安全学科系列教材"编委会

前　言

随着大数据、互联网、人工智能时代的到来，以数字化、网络化、智能化为主要特征的创新浪潮一浪高过一浪，现代科技正在推动社会变革和进步，同时也深刻影响着司法办案的模式、证据类型和证据规则。

随着数字化进程的推进，数字证据和数字取证技术在各类案件中的重要性日益凸显。数字取证作为一门新兴的交叉学科，旨在通过科学的方法和技术手段，从海量的数字信息中提取、分析和鉴定与案件相关的电子证据，为案件的侦破和审判提供有力支撑。

本书是"数字取证"课程的配套实践教材，强调理论与实践相结合，通过实验的方式让学生亲自动手，掌握数字取证的基本技能和方法。全书在实验内容的安排上，既注重系统性，又强调实用性。在结构编排上，全书分为 12 章，每章围绕一个具体的数字取证主题设计若干小实验。通过实验步骤的详细讲解和实际操作案例的展示，使读者能够循序渐进地掌握数字取证的核心技术。本书内容全面，贴近前沿，既包含了数字取证的基本理论和方法，也涵盖了当前数字取证领域的最新技术和研究成果。全书的具体内容如下。

第 1～4 章主要介绍数字取证实验教学环境以及取证的基础操作，包括电子证据的获取、哈希计算、文件过滤、关键字搜索、元数据提取、数据恢复等核心技术。随着内容的深入，第 5～10 章聚焦于操作系统和痕迹分析，这些章节基于国际主流的 Windows、Linux 和 macOS 桌面操作系统，以及 Android 和 iOS 移动终端操作系统的基本原理、安全架构和痕迹特点，介绍不同操作系统中如何获取数据、回收站、最近执行的程序、最近打开的文件、注册表分析、日志分析和内存分析等核心取证知识点。第 11 章和第 12 章涵盖了智能穿戴设备取证、无人机取证、物联网设备取证等新兴领域的知识，并对数据加解密、数据隐藏和反取证技术等进行实践操作。

本书是兼具理论性和实践性的教材，书中所有实验案例均已集成到虚拟仿真实验教学环境中。希望本书可以帮助读者提升数字取证方面的专业技能和素养，也希望大家一起努力，为推动数字取证技术在我国的普及和发展，为我国司法公正和社会安全贡献一份力量。

本书由武汉大学陈晶、郭永健、熊翘楚三位老师精心编写。在撰稿和校对过程中得到了欧季成、皮浩、许伟、谢明聪、魏智煌、胡力和的大力支持，他们为本书第 6 章、第 7 章、第 8 章、第 9 章、第 11 章提供了初稿、素材和修改意见。限于作者水平,本书难免存在错误和不足,恳请广大读者批评指正,也希望读者能够就图书内容提出宝贵意见和建议。

作 者

2024 年 5 月

目 录

第 1 章

数字取证实验教学环境

数字取证是一门涉及法律规范和科学技术的学科,主要研究如何对数字化存储的数据信息进行获取、保存、分析和出示。其过程包括从存储设备及网络等媒介中收集数据,通过对媒介进行恢复和检查,获取与案件相关的电子数据。随后,对电子数据进行解释和分析,发掘其中的信息,并最终通过报告等形式形成证据,以证明或证伪某种假设。

本书与"数字取证"课程相结合,设计了涵盖 12 章的系列实验环节,逐步引导读者掌握不同取证工具的基础操作。通过将背景知识、操作方法与取证思路融为一体,最终培养解决数字取证实际问题的能力。在本课程所使用的数字取证教学平台中,整合了实验工具、教学课件、教学视频以及实验指导手册等资源。通过阅读本章内容,读者可对课程实验环境、实验方法及实验资源有所了解。

实验1.1 登录数字取证教训平台

1. 实验目的

通过本实验的学习,了解数字取证教训平台的基本功能模块,掌握教学课件、教学视频和实验手册的使用方法。

2. 实验环境

● 浏览器:推荐使用谷歌浏览器。

3. 实验内容

步骤 1:请打开浏览器,输入数字取证教训平台的网址,进入登录页面。在此页面中,请使用个人账户和密码登录教训平台首页,如图 1-1 所示。

步骤 2:登录后,选择"数字取证概述"模块,单击"开始学习",进入本次课程。在课程目录大纲中,依次单击各小节右侧的"开始学习"按钮,进入虚拟机学习界面。平台为每位用户分配一台用于训练的虚拟机,并将课程资源整合其中,如图 1-2 所示。

步骤 3:单击桌面的"CDF 实训系统"图标,打开取证软件和课件集成入口菜单页面。选择左侧菜单栏中的"课件",在右侧查看对应章节的实验指导、教学课件、教学视频、实验手册以及参考资料,如图 1-3 所示。

图 1-1　数字取证教训平台首页

图 1-2　课程页面示意图

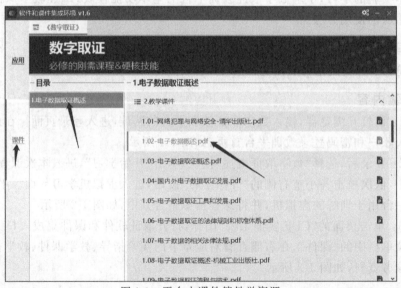

图 1-3　平台内课件等教学资源

数字取证教训平台作业与考试系统

1. 实验目的
通过本实验的学习,掌握作业系统和考试系统(教师)的使用方法。

2. 实验环境
● 浏览器:推荐使用谷歌浏览器。

3. 实验内容
进入个人虚拟机环境后,将光标移动至左侧,在小弹窗中单击"实验习题",即可进行本章习题测试,如图 1-4 所示。本书为每个章节均设计了不同的实验习题。

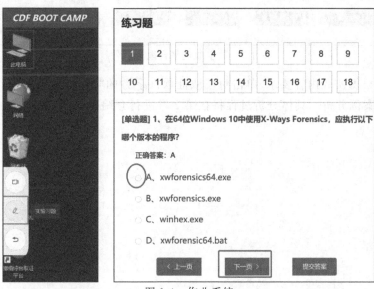

图 1-4　作业系统

数字取证教训平台取证软件

1. 实验目的
通过本实验的学习,熟悉平台内集成的数字取证常用软件的基本功能。

2. 实验环境
● 浏览器:推荐使用谷歌浏览器。

3. 实验内容
步骤 1:在进入个人虚拟机环境后,单击桌面上的"CDF 实训系统"图标,打开取证软件与课件集成入口菜单页面。在左侧菜单栏中选择"应用",即可查看平台内整合的多款数字取证常用软件,如图 1-5 所示。这些软件包括 Myhex、WinHex、猎痕鉴证大师、猎痕分析软件以及哈希计算工具等。

图 1-5　数字取证平台取证软件

步骤 2:根据实验内容要求,单击对应取证软件下方的"启动软件"按钮,可以打开取证软件,进行案例分析。具体分析过程将在第 2 章进行介绍。

第 2 章

数字取证基础

在应对海量数据的取证时,调查人员须运用适当的过滤搜索策略对数据进行筛选。过滤是指根据现有属性查找符合特定条件的数据,而搜索则是基于关键词在检材中快速定位数据。将这两种方法相结合,可助力调查人员找到案件调查的关键线索。本章将借助数字取证领域常用软件 Myhex、WinHex 和 X-Ways Forensics,结合文件过滤、关键词搜索、文件签名等内容,帮助读者掌握数字取证基础知识及取证分析工具的基本使用方法。

实验2.1　　加载镜像文件,熟悉不同视图模式

1. 预备知识

(1) WinHex 与 X-Ways Forensics 的关系

WinHex 是 X-Ways 公司的 CEO Stefan 在学生时代开发的一个十六进制编辑器,常被用于数据恢复和磁盘编辑,如图 2-1 所示。

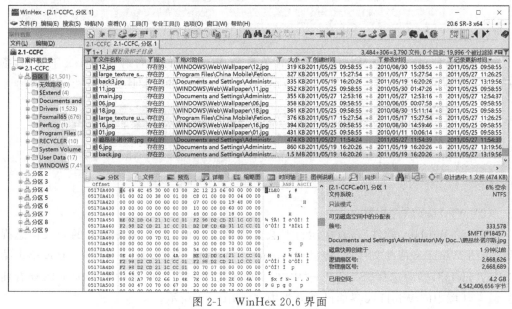

图 2-1　WinHex 20.6 界面

WinHex 的功能主要有 4 个：

- 磁盘克隆、数据镜像；
- RAM 内存编辑：对内存信息直接编辑，如调试内存、编译程序等；
- 文件分析：分析文件格式、判断文件类型和数据格式；
- 擦除数据：可对磁盘填充 0 或随机数，是保证数据安全的最佳方式。

X-Ways Forensics 是为计算机取证分析人员提供的一个功能强大的综合取证平台，与 WinHex 紧密结合，使得其能够发现很多其他分析工具无法找到的数据和文件，如图 2-2 所示。

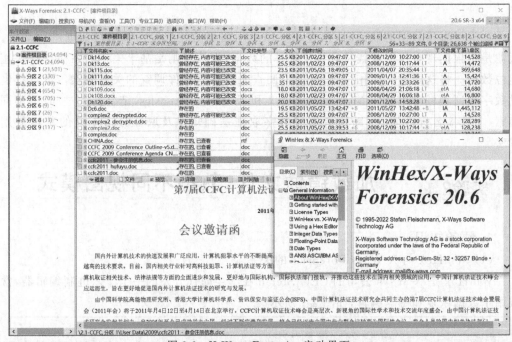

图 2-2　X-Ways Forensics 启动界面

X-Ways Forensics 与 WinHex 是包含关系，X-Ways 软件中含有 WinHex 工具，具备 WinHex 所有的基本功能。X-Ways Forensics 与 WinHex 的主要区别如图 2-3 所示。

	代码	显示界面	下载安装	使用
WinHex	相同的代码基础	名称为WinHex	WinHex需要单独下载作为插件使用，且要放到X-Ways安装目录下	编辑磁盘、镜像
X-Ways		名称为X-Ways		只读模式严格写保护

图 2-3　X-Ways Forensics 与 WinHex 的主要区别

（2）WinHex 软件配置

在启动 WinHex 软件后，首次运行时会呈现英文界面，展示 WinHex 的版权信息提示。关闭 WinHex 帮助文件后，将呈现"General Options"（常规设置）窗口。通过单击菜单中的"Help"，然后选择"Setup"→"中文"，可将软件语言切换至中文。为确保查看便捷，教学环境中的 WinHex 界面已预设为中文，如图 2-4 所示。

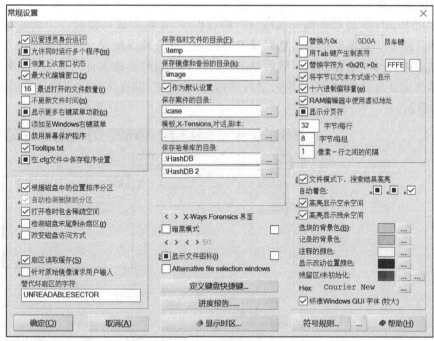

图 2-4　常规配置界面

常规设置的目标是为取证软件营造一个优越的运行环境,并将个人操作习惯固定化。关键步骤包括勾选"以管理员身份运行"多选框,以及设定临时目录和案件保存目录,从而使用户能够从固定且熟悉的位置获取案件产生的数据。

- 保存临时文件的目录:用于保存分析过程中临时生成的数据,推荐使用相对路径,本例中路径为 .\temp。
- 保存镜像和备份文件的目录:用于保存使用的镜像文件和备份文件,本例中路径为 .\image。
- 保存案件的目录:鉴于未来案件数量的增加,为避免文件存储混乱、便于查找,特设单独的案件目录,本例为 .\case。
- 查看器设置:如在后续实验中遇到文件无法预览的情况,请将查看器路径设置为如图 2-5 所示的路径。

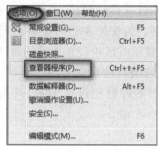
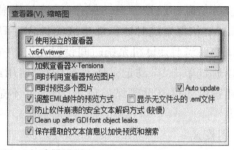

图 2-5　查看器设置

（3）创建案件

在运用 WinHex 进行数据获取或分析的过程中，首要步骤是创建一个新的案件。案件创建的目的在于将案件相关信息以及需分析的存储介质或镜像文件载入案例之中。进行案件创建时，选择"案件数据"，随后单击"文件"，并选择"创建案件"，如图 2-6 所示。

在案件属性对话框中，可以输入案件名称、案件描述、调查员、机构、地址等辅助信息，如图 2-7 所示。

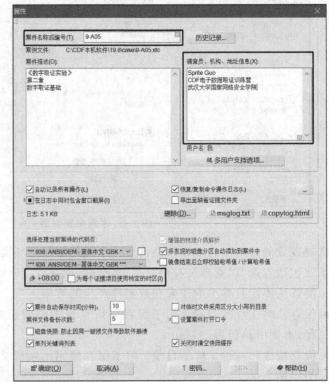

图 2-6　创建案件　　　　　　　　图 2-7　输入案件属性信息

在输入案件属性信息时，请务必关注以下事项：

① 案件名称须使用英文或数字，否则将来的日志和案件报告中无法出现软件窗口截图。

② 调查员信息一经设置自动保存，后续创建案件可以自动调用，无须再次输入。

③ WinHex 依据系统时钟自动生成案件创建日期。为保障在进行案件分析时显示的时间正确，请确保当前计算机系统时间设置无误，并在显示时区中设置正确的时区信息。

④ 可以通过单击"自动记录所有操作"以启用或禁用自动日志功能。

⑤ 创建案例还可以设置保护口令，但这并不是对案件数据进行加密，只是设置了一个打开权限。

（4）视图模式

打开案件后，可以通过不同视图模式对文件数据进行分析，视图模式包括分区模式、文件模式、预览模式、缩略图模式、详细模式、图例说明、时间轴。

① 分区模式：查看当前扇区数据，显示当前证据的具体信息，如文件系统、簇、扇区等，如图 2-8 所示。

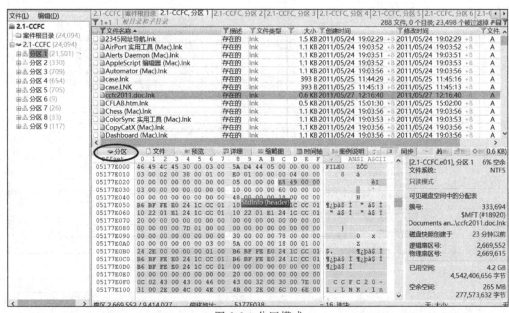

图 2-8　分区模式

② 文件模式：查看所选文件的十六进制信息、文件大小、时间属性等，如图 2-9 所示。

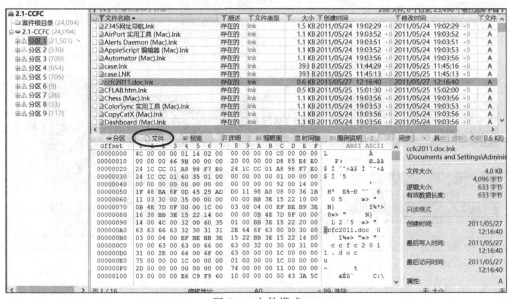

图 2-9　文件模式

③ 预览模式：查看文件内容，支持 300 多种文件格式预览，如图 2-10 所示。

④ 缩略图模式：以缩略图方式查看图片或视频抽帧图片，如图 2-11 所示。

⑤ 详细模式：查看文件的属性、元数据信息，如照片、Office、PDF 的内部时间、作者、

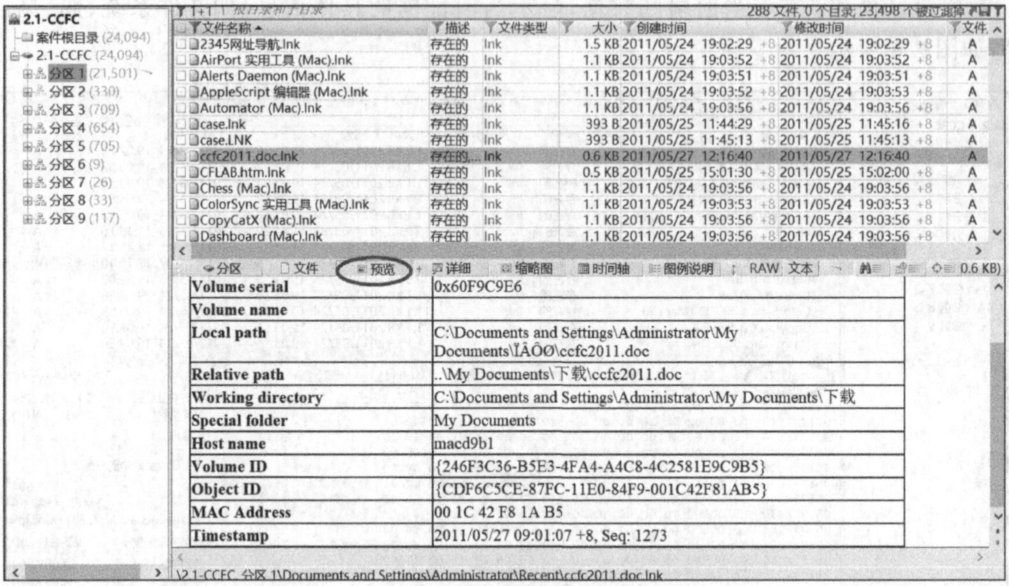

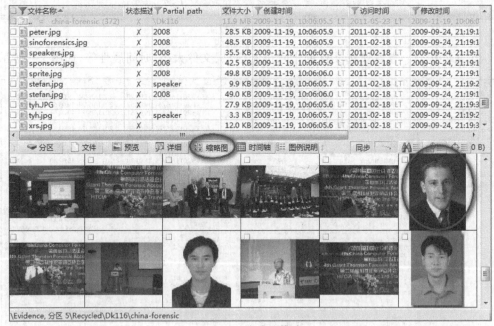

图 2-10　预览模式

图 2-11　缩略图模式

版本等,如图 2-12 所示。

⑥ 图例说明:了解软件中的颜色、图标、缩写、符号的各种含义,如图 2-13 所示。

⑦ 时间轴:快速查看所选文件的时间分布情况,并可以通过单击各种颜色的方格进行时间过滤。颜色越深的方格,表示当日包含的文件数量越多,如图 2-14 所示。

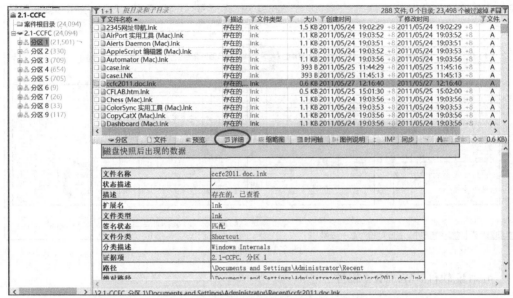

图 2-12　详细模式

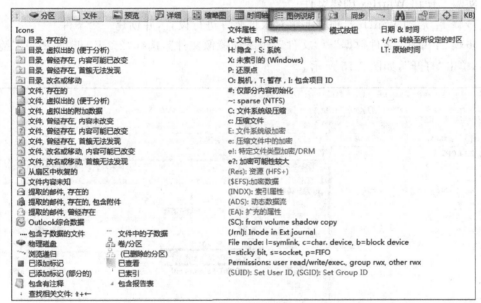

图 2-13　图例说明

2. 实验目的

通过本实验的学习,掌握取证分析软件 WinHex 的使用方法,了解 WinHex 与 X-Ways Forensics 的关系。

3. 实验环境

- 浏览器:推荐使用谷歌浏览器。

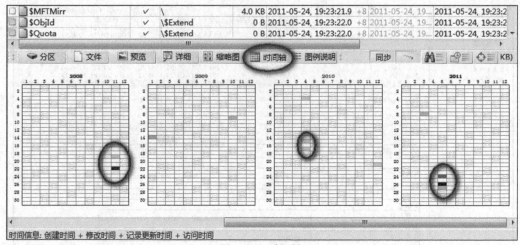

图 2-14　时间轴

- 取证软件：WinHex 软件。

4. 实验内容

实验　使用 WinHex 创建案件

步骤 1：启动 WinHex，根据要求对取证软件进行设置，并创建一个案件。

步骤 2：单击"案件数据"→"文件"→"添加镜像文件"，选择"2.2-FAT-Disk.e01"镜像文件，单击"打开"，如图 2-15 所示。

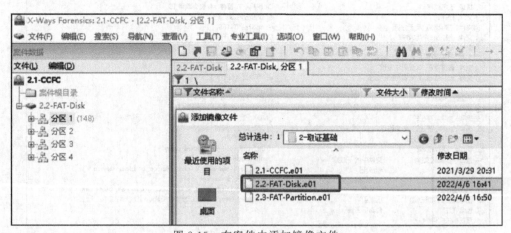

图 2-15　在案件中添加镜像文件

步骤 3：单击分区 1，找到"～＄实训平台快速入门.docx"文件，大小为 162B，以磁盘分区、文件两种视图模式查看文件内容。

步骤 4：单击分区 1，找到"CDF 实训平台快速入门～A32B78.tmp"文件，大小为 2MB，以预览、详细两种视图模式查看文件内容。

实验2.2	展开镜像文件目录和文件

1. 预备知识

在 WinHex 主界面左侧，磁盘分区和文件以树状图形式展示。注意，目录须逐级展开，且每层均须单独选择浏览。用户可根据需求选择指定分区以展开目录并进行浏览。

为提高分析效率，软件提供"浏览递归"功能，支持全部分区或指定分区下的所有目录和文件展开。

2. 实验目的

通过本实验的学习，掌握取证分析软件 WinHex 中分区和目录展开方法。

3. 实验环境

- 浏览器：推荐使用谷歌浏览器。
- 取证软件：WinHex 软件。

4. 实验内容

子实验 1　使用 WinHex 练习分区和目录的管理

步骤 1：在左侧案件目录窗口，右击"案件根目录"，选择所需要展开的分区，单击"确定"按钮以展开所有证据文件，如图 2-16 所示。右侧界面将展示分区下的所有目录及文件，如图 2-17 所示。

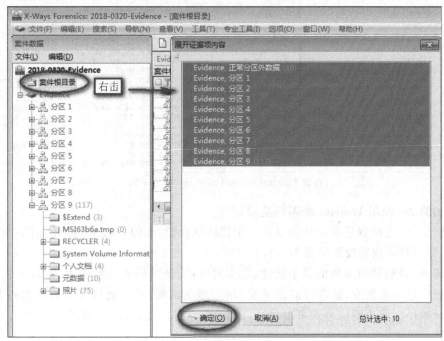

图 2-16　选择分区展开证据界面

图 2-17　证据展开后的效果

步骤 2：练习展开某个分区。

选中某个分区或某个目录，右击选择"浏览递归"，查看该分区内的所有文件。如图 2-18 所示，选中 Document and Settings 目录，进而展开该目录下的所有文件。

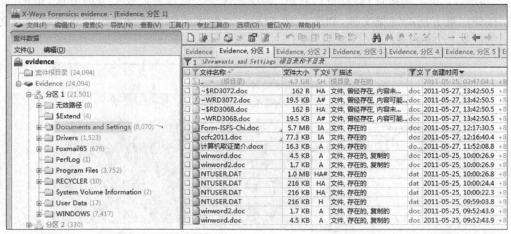

图 2-18　查看 Documents and Settings 目录下的所有文件

子实验 2　使用 WinHex 练习浏览设置

步骤 1：浏览设置是取证软件里的一个隐藏快捷键，如图 2-19 所示，单击图中的黑色标记区，即可打开浏览设置的菜单入口。

步骤 2：若想调出文件的某个属性，选中对应栏，使其后面的数值不为零即可。数值表示列表中显示的宽度，通常习惯设置成 100。单击圆圈，可以通过箭头调整在列表栏的前后显示顺序。漏斗图标表示可以通过该列的信息进行文件过滤，如图 2-20 所示。

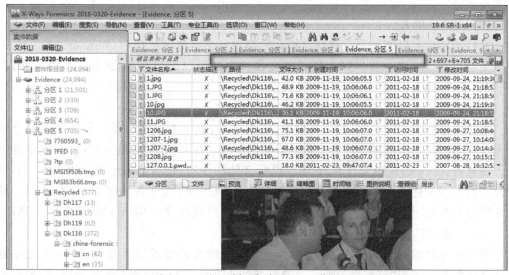

图 2-19　单击 TAB 信息栏（看到 X-Ways 作者 Stefan，右一）

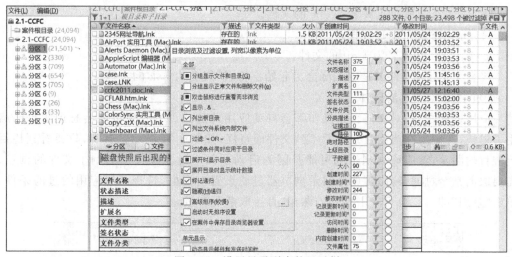

图 2-20　设置目录列表的显示栏

实验2.3　文件过滤与组合过滤

1. 预备知识

过滤，即按照设定的条件查找符合条件的数据。WinHex 具有强大的过滤功能，可以通过各种组合条件实现精确的数据查找。通俗来说，过滤的功能就像软件中的"漏斗"一样，把想要的东西留下来，将不要的东西筛走。通过过滤可以将复杂的操作简单化，快速找到自己想的文件。在"目录浏览及过滤设置"窗口中，所有带有漏斗的栏目都可以进行过滤操作。显示灰色漏斗的，表示未启用过滤设置；显示为蓝色漏斗的，表示已启用了过滤设置。

（1）文件扩展名

文件扩展名可以理解为一种软件特有的格式定义。通过扩展名，Windows 操作系统可以帮助我们搜索到这些相同扩展名的文件。文件可以进行分类，例如：文档类、图片类、视频类、邮件类、压缩类等。

（2）文件名

每个文件都有一个名字，称为文件名，它由字母、数字或字符组成。文件名又可分割为主文件名和扩展文件名，以"数字取证.docx"为例，"数字取证"就是主文件名，主要说明文件的内容，docx 为扩展文件名，它主要说明文件的性质（在这里表示 Word 文档），中间的小数点为主文件名和扩展文件名的分隔符。在 DOS 下，文件名采用 8＋3 结构，即：最长 8 位的文件名，由小数点分隔后再跟上最长 3 位的后缀名，如：READ.ME、SETUP.EXE。

（3）模糊过滤

为了快速过滤某一类文件，或与某个字符相关的文件名或目录名称，Myhex 允许通过文件通配符"＊"或"？"配合过滤。当通配符位于文件名的最前面和最后面时，最多允许使用两个星号。例如：

＊.doc：查找所有扩展名是 doc 的文档。

＊.jpg：查找所有 JPG 图片。

1.gif：查找文件名为 1.gif 的文件。

峰会＊.bak：文件名是中文峰会为起始字符，扩展名为 bak 的文档。

（4）注意检查过滤条件

应用过滤之后，对任何目录操作都会自动应用此过滤。有时你可能会忘记了自己启用了过滤，会因为在当前目录下看不到文件而奇怪，如图 2-21 所示。其实，只要看到栏目上醒目的漏斗，就应该立刻想到可能是因为启动了某个过滤条件而影响了文件的浏览。需要取消某个过滤条件，可调用目录浏览器过滤设置对话框，选择已经应用的过滤条件，单击"禁用"即可。也可单击两端的漏斗，直接取消所有过滤。

图 2-21　过滤条件被激活，没有发现过滤结果

（5）组合过滤

组合过滤是取证调查中非常有效的数据分析方法，通过综合多种过滤条件，能够帮助我们更加快速地寻找到符合条件的数据，例如："2016 年制作的大于 1GB 的视频""所有 2018 年复制到本地的 doc 文件"等条件。在实际案件中，调查员经常需要快速过滤出当前案件中的 Office 文档、电子邮件、图片、视频，也可能会需要查找一个操作系统注册表文件或上网记录，或者要将案件中所有的注册表文件查找出来。因此，熟练掌握组合过滤的方法十分重要。

如果调查员想找所有在 2023 年 11 月 19 日创建的文件，可以利用时间排序功能，将所有的文件全部按照升序或降序排列，然后找到创建时间是 2023 年 11 月 19 日的文件。

但是,利用时间过滤则更加有效,可以直接将创建时间是 2023 年 11 月 19 日的所有文件显示出来,将不属于这个日期的文件隐藏掉。

Windows 的时间属性很多,包括创建时间、修改时间、访问时间、记录更新时间、删除时间、内部创建时间等,如图 2-22 所示。

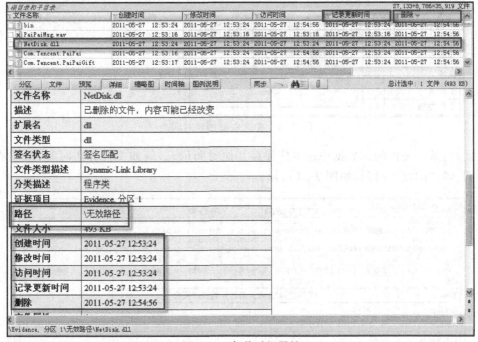

图 2-22 各种时间属性

- 创建时间:创建时间代表文件在一个位置生成的时间。
- 修改时间:文件被最后编辑、写入数据的时间。
- 访问时间:文件被访问的时间,是计算机系统本身对文件进行了某种操作的时间。最常见的行为是:文件打印、查看(打开并未保存)。此外病毒检测、文件备份、系统维护等操作都会改变文件访问时间。
- 记录更新时间:NTFS 文件系统 MFT 表中记录的文件和目录最后发生变化修改的时间。
- 删除时间:通常无法从文件时间属性直接判断某个文件到底是什么时候被删除的。因为文件系统并不直接记录文件的删除时间。不同的取证分析工具对删除时间的认识和解析方法不同。WinHex 可以通过对元数据的综合分析(在对文件系统对 $UsnJrnl:$J 文件解析后获取数据删除时间,将在后面的章节进行实验)显示出 NTFS 文件系统下某些目录和文件的删除时间。
- 内部创建时间:文件元数据中记录的文件真正的创建时间,例如 Microsoft Office 文档、数码相机或手机拍摄的图片和视频都可能包含时间属性。内部创建时间通常不易被人为修改,也不会被文件系统自动修改。通过内部创建时间和其他时间属性的综合分析可以判断用户的行为,如图 2-23 所示。

图 2-23　提取内部创建时间

此外,某些文件的元数据中还可能保存其他时间信息,例如文件打印时间、图片的编辑时间、邮件的发送时间,如图 2-24 所示。

OS	Win32 5.1
Title	"雷霆之神"分布式解密系统技术简介
Subject	
Author	QJ
Keywords	
Comments	
Template	Normal.dot
Last Saved By	Sprite
Version	2
Application	Microsoft Office Word
Total Edit Time	4 min
Last Printed	2009-11-13 19:25:00
Creation	2011-05-17 22:15:00
Last Saved	2011-05-17 22:15:00
Page count	18

图 2-24　元数据中包含的打印时间

2. 实验目的

通过本实验的学习,掌握文件过滤的操作方法,理解组合过滤。结合相关知识点,达到可以利用系统信息、文件属性快速找到所需文件的目的。

3. 实验环境

- 浏览器:推荐使用谷歌浏览器。
- 取证软件:WinHex 软件。
- 镜像文件:2.1-CCFC.E01。

4. 实验内容

子实验 1　查找所有扩展名为 DOC 和文件名为 Index.dat 的文件

步骤 1：查找所有 DOC 文档。

单击"文件名称"右侧的灰色漏斗，输入过滤条件"＊.DOC"，并单击"激活"按钮，即可过滤出所有的 DOC 文档。如图 2-25 所示。

步骤 2：在步骤 1 的基础上，增加过滤文件名为"index.dat"的文件，如图 2-25 所示。应用上述过滤后的结果，当前分区中符合上述两个条件的所有文件都被显示出来，如图 2-26 所示。

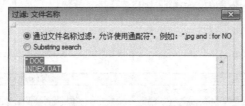

图 2-25　同时过滤多个文件名

1	根目录和子目录			44+7=51 文件，0 个目录
文件名称 ▲	状态描述	路径	文件大小	创建时间
Dc6.doc	✓	\RECYCLER\S-1-5-21-73586283-...	19.5 KB	2011-05-27, 13:42:47.7 +8
f0175f441aac414a883a96...	✓	\User Data\2009	146 KB	2011-03-23, 23:17:35.2 +8
Form-ISFS-Chi.doc	✓	\Documents and Settings\Admi...	5.7 MB	2011-05-27, 12:17:30.5 +8
hide.doc	✓	\User Data\2010	25.5 KB	2008-11-19, 12:43:21.2 +8
home.doc	✓	\User Data\2010	23.5 KB	2008-11-19, 12:43:43.7 +8
HTCIA 2009.doc	✓	\User Data\2009	28.5 KB	2008-11-19, 10:06:13.2 +8
index.dat	✓	\Documents and Settings\Defau...	0 B	2011-02-23, 15:17:22.4 +8
index.dat	✓	\Documents and Settings\Defau...	16.0 KB	2011-05-25, 09:57:45.7 +8
index.dat	✓	\Documents and Settings\Defau...	32.0 KB	2011-05-25, 09:57:45.7 +8
index.dat	✓	\WINDOWS\system32\config\sy...	16.0 KB	2011-05-25, 09:59:42.7 +8
index.dat	✓	\WINDOWS\system32\config\sy...	16.0 KB	2011-05-25, 09:59:42.7 +8

图 2-26　过滤结果

子实验 2　查找"峰会简版.bak"的保存位置

通过文件名称过滤"峰会简版.bak"文件，在目录列表中将"证据项目"这一栏的宽度设置为 100，将其显示在主页面中。根据证据项目列，可以显示出文件或目录所属的证据磁盘或具体分区，如图 2-27 所示。

案件根目录：Evidence 未分区空间，分区 1，分区 2，分区 3，分区 4，分区 5，分区 6，分区 7，...				12+1=13 文件；24,090 个被过滤掉		
文件名称	文件类型	文件类型描述	分类描述	证据项目	文件大小	创建时间
brndlog.bak	ascii	7-bit ASCII	文本类	Evidence, 分区 1	439 B	2011-05-25　09:53:41
峰会简版.bak	rar	Roshal ARchive	压缩类	Evidence, 分区 1	20.2 MB	2008-11-19　12:43:21
Dc5.bak	dbx	Outlook Express	电子邮件	Evidence, 分区 1	9.2 KB	2011-05-27　09:10:11
sessionstore.bak	bak	bak	其他/未知类型	Evidence, 分区 1	19.8 KB	2011-05-25　09:51:05
brndlog.bak	ascii	7-bit ASCII	文本类	Evidence, 分区 1	439 B	2011-05-25　10:00:27
brndlog.bak	ascii	7-bit ASCII	文本类	Evidence, 分区 1	439 B	2011-05-25　10:00:27
OPA11.BAK	bak	bak	其他/未知类型	Evidence, 分区 1	8.0 KB	2002-10-17　21:23:16
Account.stg.bak	ole2	OLE2 compound	综合文档	Evidence, 分区 1	4.0 KB	2011-05-25　09:52:53
accounts.cfg.bak	ole2	OLE2 compound	综合文档	Evidence, 分区 1	2.5 KB	2011-05-25　09:52:53
Account.stg.bak	ole2	OLE2 compound	综合文档	Evidence, 分区 1	4.0 KB	2011-05-25　10:03:50
Template068Bla...	ascii	7-bit ASCII	文本类	Evidence, 分区 4	2.8 KB	2011-05-27　08:39:51
Template068Bla...	ascii	7-bit ASCII	文本类	Evidence, 分区 5	2.8 KB	2009-11-19　10:06:06
峰会简版.bak	rar	Roshal ARchive	压缩类	Evidence, 分区 9	2.0 MB	2011-05-26　18:00:09

图 2-27　查看"峰会简版.bak"的保存位置

子实验 3　查找所有包含字符 mail 的文件夹

有时候过滤结果很多，某些目录下的数据有用，某些目录下的文件无用。如果无用的文件数量很多，会影响取证人员的分析效率。此时可以将无关目录下的文件排除掉，可以配合文件名称过滤、文件类型过滤和路径过滤。

本实验需要过滤例如 foxmail、windows mail 等目录是否存在，也就是路径中是否包含单词 mail。单击路径左侧的漏斗进入过滤路径设置界面，在路径过滤界面中输入词语 mail，即可查找所有名称中包含单词 mail 的路径，并显示目录下的所有数据，如图 2-28 所示。

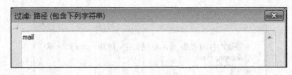

图 2-28　过滤所有路径中包含 mail 文件夹中的数据

子实验 4　排除无用文件夹中的 txt 文件

例如需要排除 windows 目录、driver 目录、cookie 目录下的所有 txt 文件。首先通过文件后缀名过滤出所有 txt 文件，再在路径过滤窗口中，分行输入 windows、driver、cookie，并勾选过滤设置中的 NOT 选框，如图 2-29 所示。这样，就可以将路径中不包含上述 3 个目录的所有 txt 文件筛选出来。

图 2-29　路径中不包含 windows、driver、cookie 的文件

子实验 5　查找 2011 年 5 月 27 日 13 时之后创建的 doc 文件

单击创建时间列左侧的过滤漏斗，在过滤界面中，选择"日期之后"，输入时间信息，单击"激活"按钮开始进行过滤，如图 2-30 所示。此时需要注意，根据实际情况调整 UTC 时间。

时间轴能将整个文件系统中的文件时间以日历方式展示出来。首先列出所有分区中的文件，然后选择时间轴视图，可以看到，黑色日期是 2011 年 5 月 27 日和 5 月 25 日，说明这两天数据较多，如图 2-31 所示。

图 2-30　时间过滤

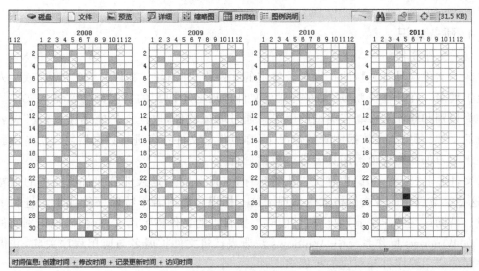

图 2-31　时间轴视图

单击 5 月 27 日的黑色方格,可以将"创建、修改、访问、记录更新"任一时间符合 5 月
27 日的文件都过滤出来,如图 2-32 所示,共有 9404 个。

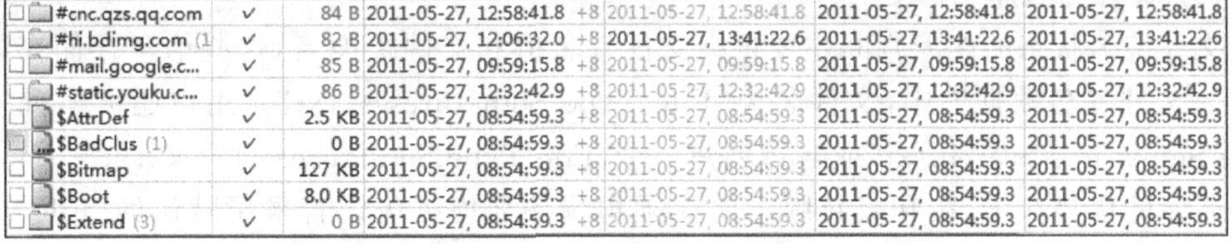

图 2-32　时间轴过滤结果

子实验 6　查找所有被删除的 doc 文件

利用"描述过滤",勾选"列出曾经存在的数据项目"多选框,将只显示删除数据。通过文件名称过滤 doc,可以找到被删除的 doc 文件,如图 2-33 所示。

图 2-33　时间过滤设置

实验2.4　文件签名

1. 预备知识

（1）文件签名

各类文件均具备独特的扩展名及特定的文件格式。有时,文件并无扩展名,或经人为修改扩展名。在计算机领域,文件类型与文件扩展名不匹配的情况颇为常见。文件签名可作为识别和验证文件真实类型的手段。通过取证软件,取证人员能迅速发现扩展名被篡改的文件。另外,在数据删除的情况下,亦可借助文件签名进行数据恢复。本章实验重点在于学习如何高效地运用签名进行数据分析。

文件签名（Signature）也称文件头特殊标识（Header）,是大部分文件所具备的独特字节,这些字节仅在此种文件格式中出现。这一标识可能由若干特殊字符或十六进制字节组成。借助这些特殊字节,取证软件能够根据自带的文件签名库文件,精确地识别文件格式。在 Windows 操作系统中,Windows 注册表仅将文件扩展名与应用程序关联,并借助相关联的应用程序打开相应的扩展名文件。

在文件头信息中,若文件签名采用正常的 ASCII 码字符,例如 RAR 压缩文件的签名即为"Rar!"4 个字符,观察到这 4 个字符,便能立即辨识出该文件为 RAR 压缩格式,如图 2-34 所示。然而,在很多情况下,文件签名并非正常字符。以 MS Office 文件为例,其文件签名为十六进制数值"D0CF11E0A1B11AE1",通过这些数值,可以判断该文件为 Office 2003 格式。

（2）文件签名库

文件签名状态的匹配判断主要依据文件签名值和文件扩展名,这些信息存储在取证软件的文件签名数据库中,文件名为"File Type Signatures * .txt"。用户还可编辑"File Type Signatures Search.txt"或自行创建一个"File Type Signatures 自定义.txt"。自行定义签名库的优势在于,在升级新版本时无须担忧签名库丢失。若采用默认的"File Type Signatures Search.txt",则可能面临被覆盖的风险。只要文件名中包含 Search,该文件将

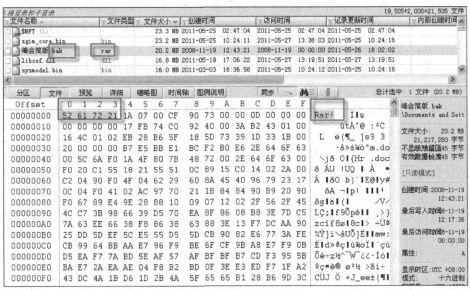

图 2-34 查看文件签名

自动用于签名搜索;否则,文件将用于签名校验。签名库中可设置 4096 个文件类型,其中 1024 个可用于搜索。

File Type Signatures Search.txt 中的数据共分为 6 列,如图 2-35 所示。

	A	B	C	D	E	F
1	Description	Extensions	Header	Offset	Footer	Default in KB
2	JPEG	JPG;jpeg;jpe	\xFF\xD8\xFF[\xDB\xE0\xE1\xE2\xE8\xEB\	0		
3	PNG	png	\x89PNG\x0D\x0A\x1A\x0A	0	\x49\x45\x4E\x44\xAE\x42	
4	GIF	gif	GIF8[79]a	0		
5	TIFF/NEF/CR2/DNG	TIF;tiff;nef;cr	(\x49\x49\x2A\x00)|(\x4D\x4D\x00\x2A)	0		
6	MSO Document Image	mdi	EP*\x00	0		
7	MS Windows Journal	jnt;jtp	NB\x2A\x00	0		
8	Bitmap	bmp;dib	BM.....\x00.\x00....[\x0C\x28\x6C\x7C]	0		
9	AOL ART	art	\x4A\x47[\x03\x04]\x0E\x00\x00\x00	0		
10	PC Paintbrush	pcx	\x0A\x05\x01\x08	0		
11	Paint Shop Pro	psp;PsPImage	(Paint Shop Pro I)|(~BK\x00)	0		
12	High Dynamic Range	hdr	\#\?RADIANCE	0		
13	Canon RAW	crw	HEAPCCDR	6		
14	Adobe Photoshop	psd	8BPS\x00\x01\x00\x00\x00\x00\x00\x00	0		
15	Graphics Metafile	wmf	(\xD7\xCD\xC6\x9A)|([\x01\x02]\x00\x09	0		
16	Enhanced Metafile	emf	EMF\x00\x00\x01\x00	40		
17	thumbcache	db	CMMM	0		
18	Corel Photopaint	cpt	CPT[789]?FILE	0		

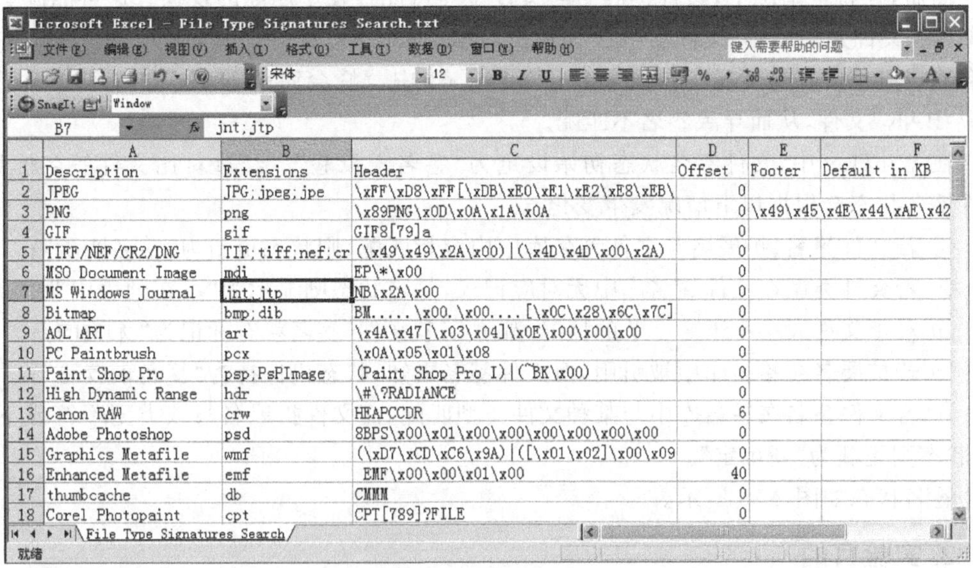

图 2-35 签名库的内容

数据每一列的定义如下:

第 1 列:文件类型。针对各类文件的定义,如 JPEG 等,长度为 19 个字符。

第 2 列:文件扩展名。针对定义文件类型的典型扩展名。如 jpg、jpeg、jpe,或 doc、xls、dot 等,长度可超过 255 个字符。

第 3 列：文件头签名。此列用于辨识特定文件或文件类型的独特签名特征，表现为 ASCII 码或十六进制数值。如 0xFFD8FF，即十六进制的 FF、D8、FF。文件头签名最多支持 16 字节。为寻判断某个陌生文件格式的签名特征字节，可打开多个同类型文件，利用 X-Ways Forensics 分析这些文件头部信息中相同偏移地址所包含的相同十六进制数值。

第 4 列：偏移量。该列包含文件签名的相对偏移量。通常，文件签名从文件的第一个字节开始，偏移量为 0。

第 5 列：文件尾签名。此为可选项目，用于标识文件结束位置，可选用 ASCII 码或十六进制数值。文件尾签名之存在，旨在确定精确的文件末尾位置，进而得出准确的文件容量。文件尾签名最多可支持 8 字节。

第 6 列：文件默认字节数。设定某一类文件的默认大小，单位为 KB。在执行特定类型文件签名恢复操作时，此参数尤为有效。例如，一个视频文件可能达到 1GB 的大小，而一个图标文件通常仅为 1KB。

（3）签名状态

通常，文件的扩展名与文件签名应保持一致且相匹配。例如，RAR 压缩文件的扩展名为 RAR，文件签名则为文件开始前 4 字节"Rar!"，对应十六进制代码为 51617221。当 X-Ways Forensics 读取到一个 RAR 压缩文件时，会自动与文件签名库中的特征字记录进行比对。若两个记录匹配，则表明这是一个正常的 RAR 压缩文件，文件签名匹配。

然而，在特定情况下，文件扩展名与文件签名可能存在不匹配的现象。这可能源于以下原因：文件无扩展名，文件名中含有备份后缀（如.bak），文件加密，或人为篡改文件扩展名以规避他人轻易发现。在镜像 2.1-CCFC.e01 中，"峰会简版.RAR"文件即为人工修改成"BAK"文件，从而导致签名不匹配。

在 WinHex 中，文件签名状态初始设定为"签名未校验"。经过对比文件签名库后，文件签名状态会根据以下情况发生变化：

① 若文件签名、扩展名与文件签名库中内容相匹配，则状态更新为"签名匹配"；

② 若文件类型在文件签名库中无对应记录，签名状态则显示为"不在列表中"；

③ 对于文件大小小于 8 字节的情况，如 0 字节文件，签名状态标记为"无关的"；

④ 若扩展名在签名库中被引用，但文件签名未知，状态仍保持为"签名未校验"；

⑤ 若文件签名在签名库中与某种文件类型匹配，而文件扩展名与该类型不符或不存在，状态则更新为"新确定"。

签名状态如图 2-36 所示。

2. 实验目的

通过本实验的学习，掌握签名的基本概念，以及利用文件签名进行文件状态校验、可疑文件筛选。

3. 实验环境

- 浏览器：推荐使用谷歌浏览器。
- 取证软件：WinHex 软件。

图 2-36 签名状态

- 镜像文件：2.1-CCFC.e01。
- 实验文件：2.4-File_Signature.zip、2.5-File_Signatures.pdf。

4. 实验内容

子实验 1 判断文件"file1"的真实类型

步骤 1：打开 WinHex 软件，创建一个新的案件。选择"添加目录"，将 2.4-File_Signature.zip 解压缩后的文件夹 2.4-File_Signature 添加到案件中。选中文件夹内的 file1 文件，以磁盘文件的视图模式打开，结果如图 2-37 所示，发现文件的前 8 字节为 50 4B 03 04 14 00 06 00。

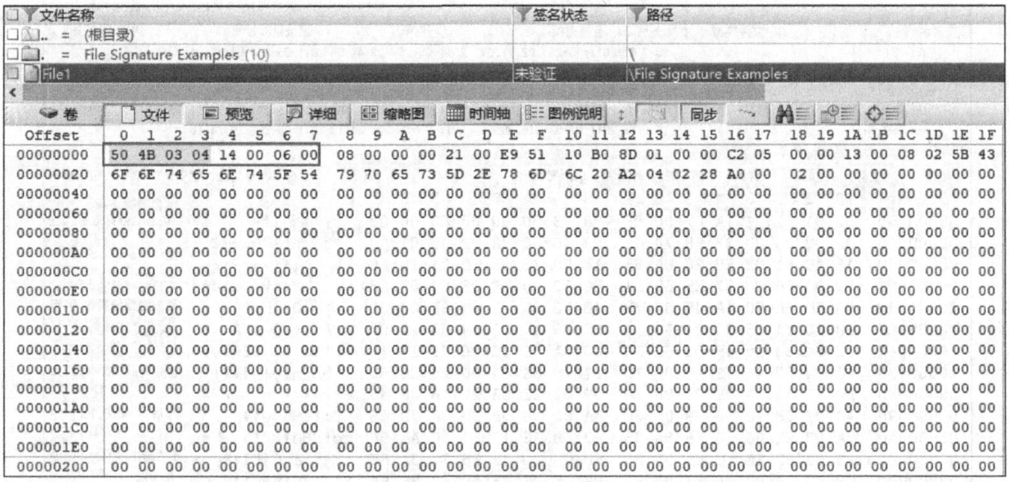

图 2-37 查看文件签名

步骤 2：检索文件签名匹配文件类型。

在文档 2.5-File_Signatures.pdf 中搜索"50 4B 03 04"，可知此签名与多种文件匹配。继续搜索"50 4B 03 04 14 00 06 00"，可知此签名仅与 Microsoft Office 的 Open XML 文件格式匹配，如图 2-38 所示，即 Word 文档、Excel 文档、PPT 演示文档均包含相同的签名。

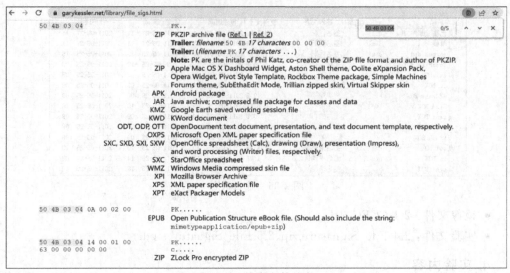

图 2-38　搜索文件签名

子实验 2　判断"峰会简版.bak"文件的真实类型

加载镜像 2.1-CCFC.e01，过滤分区 1 中的"峰会简版.bak"文件，并以文件模式查看，可看到文件头部开始的几个 ASCII 字符是 Rar!，如图 2-39 所示。在文档 2.5-File_Signatures.pdf 中搜索"52 61 72 21 1A 07 00 "可知该文件为 RAR v4.x 格式。

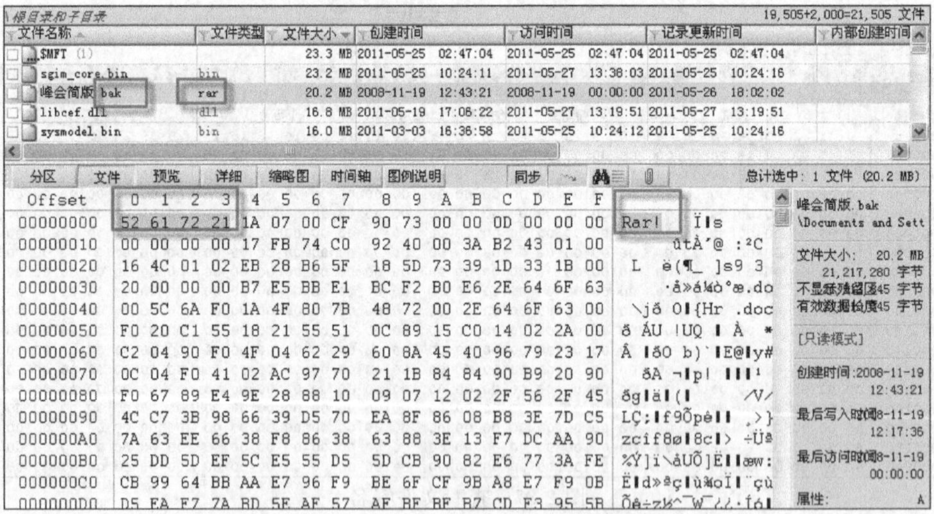

图 2-39　通过文件签名查看文件真实类型

子实验 3　发现签名不匹配的文件

通过对文件扩展名与固定签名的比对，可以评估文件的签名状态。举例来说，犯罪嫌疑人可能将一张作为犯罪证据的 JPEG 图片更名为"invoice.xls"。利用文件签名校验功能，WinHex 能够自动揭示图片文件的真实类型 jpg，并在目录浏览器的"文件类型"栏中显示。这是磁盘快照基本功能之一。关于磁盘快照的实验，将在后续章节中进行详细实践。

步骤 1：加载镜像 2.1-CCFC.e01，进行磁盘快照。选择磁盘快照功能，打开磁盘快照选项界面，如图 2-40 所示。勾选"在选定证据中搜索""基于文件签名和算法验证文件真实类型（V）"复选框，单击"选定的证据项中搜索"，仅针对"分区 1"进行分析。

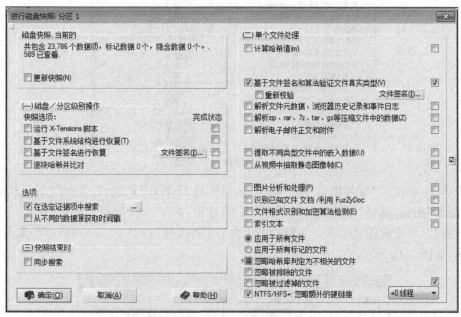

图 2-40　进行磁盘快照

步骤 2：根据设定条件，开始对分区 1 中的所有文件进行签名分析和验证，如图 2-41 所示。

图 2-41　签名分析

步骤 3：显示出所需的列。仅须显示"扩展名""文件类型""签名状态"，将列宽从 0 修改为100,如图2-42所示。

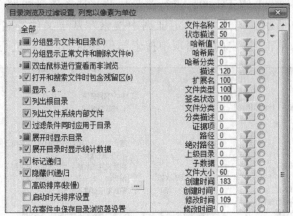

图2-42　修改目录设置

步骤4:通过对"签名状态"进行筛选,选择所有"不匹配"的文件。单击"签名状态"右侧的"漏斗"图标,选择"不匹配",并单击"激活"按钮,如图2-43所示。针对"分区1",右击"浏览递归",可查看筛选结果。在窗口右上角,可见共有"1347+146=1493"个文件被筛选出来,如图2-44所示。

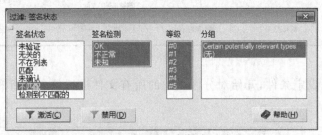

图2-43　通过签名状态过滤

	文件名称	状态描述	描述	扩展名	文件类型	签名状态	文件大小	创建时间
	7zNew.data	√	文件,存在的	data	7z	不匹配(3)	32 B	2010-10-28, 12:37:
	rwebqq16.qq[1].66377934...	√	文件,存在的	663779343737383	ascii	不匹配(2)	37 B	2011-05-27, 10:00:
	listen[1].2474558816114586	√	文件,存在的	2474558816114586	ascii	不匹配(2)	43 B	2011-05-27, 12:44:
	rwebqq16.qq[1].05940078...	√	文件,存在的	05940078410346178	ascii	不匹配(2)	38 B	2011-05-27, 10:42:
	rwebqq16.qq[1].77518076...	√	文件,存在的	775180769185406	ascii	不匹配(2)	37 B	2011-05-27, 10:05:
	rwebqq16.qq[1].35500904...	√	文件,存在的	355009045527112053	ascii	不匹配(2)	38 B	2011-05-27, 10:29:
	state[1].htm	√	文件,存在的	htm	ascii	不匹配(2)	156 B	2011-05-27, 13:21:
	rwebqq16.qq[1].28476631...	√	文件,存在的	28476631093974386	ascii	不匹配(2)	37 B	2011-05-27, 10:10:
	rwebqq16.qq[1].32186308...	√	文件,存在的	32186308301477895	ascii	不匹配(2)	37 B	2011-05-27, 10:16:
	rwebqq13.qq[1].14489302...	√	文件,存在的	1448930299283101	ascii	不匹配(2)	37 B	2011-05-27, 13:38:
	state[2].htm	√	文件,存在的	htm	ascii	不匹配(2)	156 B	2011-05-27, 13:20:
	state[1].htm	√	文件,存在的	htm	ascii	不匹配(2)	155 B	2011-05-27, 12:38:
	msgb_output_page[2].1890...	√	文件,存在的	18906458249241553&j...	ascii	不匹配(2)	169 B	2011-05-27, 13:31:
	rwebqq16.qq[1].66196832...	√	文件,存在的	6619683296469445	ascii	不匹配(2)	37 B	2011-05-27, 10:17:
	rwebqq16.qq[1].51193664...	√	文件,存在的	5119366403364639	ascii	不匹配(2)	38 B	2011-05-27, 10:49:
	rwebqq16.qq[1].12733745...	√	文件,存在的	12733745423554393	ascii	不匹配(2)	38 B	2011-05-27, 10:33:
	inetcorp.adm	√	文件,存在的	adm	ascii	不匹配(2)	5.9 KB	2008-07-31, 00:00:

1,347+146=1,493 文件; 20,008 个被过滤描

图2-44　过滤结果

子实验4　在签名不匹配的图片中查找包含HTCIA内容的图片

本实验根据文件签名状态过滤所有不匹配的图片。判断所有文件签名状态,发现加载镜像2.1-CCFC.e01分区1中签名不匹配的图片文件数量。找到图片中包含文字

HTCIA 2011 的图片,确定该会议的举办时间和地点。

步骤 1:加载镜像 2.1-CCFC.e01,进行磁盘快照。首先通过"签名状态"过滤所有"不匹配"的文件,然后通过"文件类型"过滤所有"图片"文件,如图 2-45 所示。

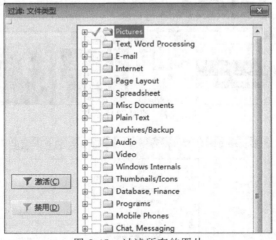

图 2-45 过滤所有的图片

步骤 2:单击"激活"按钮,找到签名不匹配的图片文件 165 个,如图 2-46 所示。

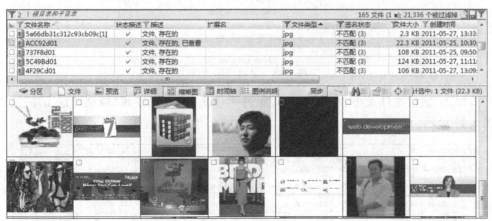

图 2-46 过滤结果

步骤 3:通过缩略图方式查看图片,找到涉及 HTCIA 内容的图片,图片中包含举办地点和日期,如图 2-47 所示。

子实验 5 发现被修改扩展名的压缩文件

本实验需发现分区 1 中被修改扩展名的压缩文件。通过文件内容,找到 CCFC 会议举办的时间和地点,找到取证软件 X-Ways 公司 CEO,即 X-Ways Forensics 软件作者的照片。

步骤 1:加载镜像 2.1-CCFC.e01,进行磁盘快照,选择快照选项。选择"基于文件签名和算法验证文件真实类型",选择"选定的证据项中搜索",针对"分区 1"进行分析。通过"签名状态"过滤所有"不匹配"的文件,通过"文件类型"过滤所有"压缩"类型文件,如图 2-48 所示。

图 2-47　预览图片结果

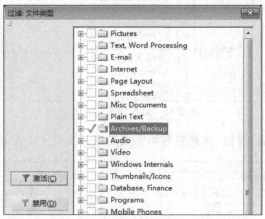

图 2-48　过滤压缩文件

步骤 2：通过文件大小、时间、目录等条件排序文件，可以发现"峰会简版.bak"文件，如图 2-49 所示。

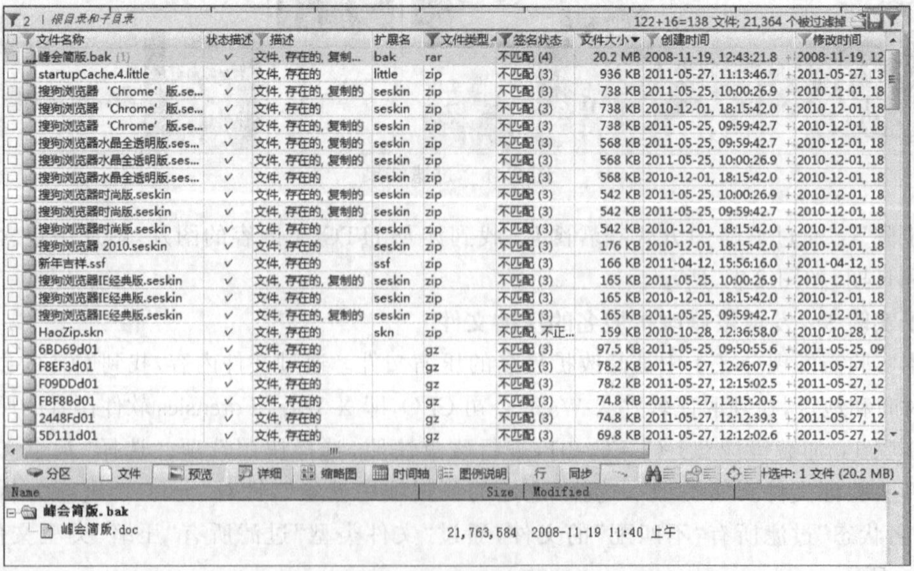

图 2-49　找到峰会简版.bak

步骤 3：通过"预览"查看 doc 文件，找到 X-Ways 作者 Stefan 的照片，如图 2-50 所示。

图 2-50　预览压缩文件中的 doc 文件图

实验2.5　文件搜索

1. 预备知识

搜索看似简单，其实包含许多技巧，并适用于多种应用场景。在之前的实验过程中，读者已经学习了如何在整个硬盘中查找文件名，但这只是过滤，并非真正的搜索。在取证分析中，搜索功能要求在整盘或特定分区的具体扇区中定位特定字节，或在各类文档中寻找特定词汇或名称，例如"Sprite、发票、合同、Invoice"。这些词汇或名称可能采用不同的编码方式，如 UTF-8、Unicode、ASCII 码，或者是繁体中文、俄文编码。此外，这些字符可能出现在纯文本、网页、复合文件、压缩文件、电子邮件、数据库、注册表和加密文件等多种形式中。在某些情况下，还要求搜索具有特定规则的字符串，如电话号码、身份证号码、电子邮件地址、集装箱编号等，这些都不是简单的过滤能实现的目标。

（1）同步搜索

同步搜索功能允许用户定义一个搜索关键词列表文件，每行对应一个搜索关键词。命中关键词将被存储至搜索结果列表中。同步搜索可采用"物理搜索"与"逻辑搜索"两种方式。在数据搜索过程中，能同时运用 Unicode(UCS-2LE)与代码页方式对相同词汇进行全面搜索。当前 Windows 系统默认采用带星号的代码页，如美国和西欧计算机通常默认代码页为 1252 ANSI Latin I。Microsoft Windows 使用 ANSI 代码页，苹果 Macintosh 则采用 MAC 代码页，而 OEM 则代表 DOS 和 Windows 命令行中所使用的代码页。若搜索词汇无法转换为当前所使用的代码页,搜索结果将提示采用何种编码以查看文件内容。

① 在进行搜索之前,首先确定搜索范围。根据需求,可在限制在特定分区搜索,或在整个硬盘中查找;同时在不同硬盘中进行搜索,或在单一文件内寻找;在现有数据中寻找,或在空余空间里搜寻。为了确保搜索精确且高效,预先设定搜索区域至关重要。例如,可以先筛选出所需文件并加以标记。在"选定搜索范围"中,可根据需求设定搜索界限。

② 设定搜索的关键词。可以将常用关键词予以积累并构建关键词库,如特定网址、姓名等频繁搜索内容。注意选择适用的搜索文字代码页。中文相较于英文复杂度较高,因此代码页种类繁多。若需搜索 Unicode 字符,需选择"Unicode(UCS-2LE)"。针对 PDF 等文件内容搜索,设定"解码文件中的文本"。对于非 Unicode 文本搜索,需运用代码页。不同语言字符搜索时,需对应设置代码页。简体中文代码页为 936,繁体中文代码页为 950,日文为 932,韩文为 949。

③ 在搜索过程中,可根据需求选择其他选项。若仅须查找包含关键词的文件,可勾选"每个文件显示 1 个搜索结果"多选框,以提升搜索效率。可通过调用预存的关键词库文件进行搜索,文件格式为 txt。搜索完成后,将展示所有含有关键词的搜索结果。

④ 搜索结果和词汇统计。搜索结束后,出现关键词搜索结果视图,如图 2-51 所示。

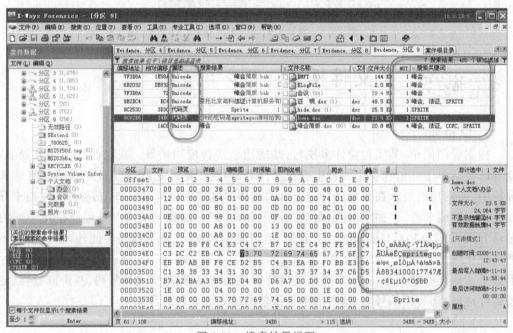

图 2-51　搜索结果视图

- 双击关键词,可以查看针对指定关键词对应的搜索结果。搜索结果自动保存在案例文件中,再次打开案例文件时,搜索结果依然保存。按 DEL 键或右击鼠标可以删除保存的关键词及搜索结果。
- 通过搜索结果栏,预览所搜索的关键词上下文内容。
- 单击相关文件,可以通过预览方式查看文件内容。

- 单击描述栏,可以查看搜索方式及编码方式,通过提示可以选择对应的预览编码。
- 对于文件的操作,与文件浏览器操作方式相同。右击鼠标菜单,可以进行标记、复制、注释等操作。如果需要在案件报告里包含文件内容中的重要信息,可以复制这些信息,全部粘贴到注释中即可。
- 搜索关键词列,可最多显示文档中包含的 10 个关键词,包括案件中搜索过的所有关键词。如删除了搜索结果,将无法显示文档中的关键词。
- 词汇统计,显示当前文档中包含的关键词个数,而不是一个词出现了多少次。能够看到每一个文件中包含关键词的个数以及具体包含什么关键词,可用于过滤条件。
- 中文关键词,在搜索结果中可以显示正常的汉字,但在文本预览方式下,却会显示为乱字符。这主要是因为显示编码设置不正确。图 2-51 中,Mail_LIST[1].HTM 的显示编码为 CP 936,文本预览也显示为 936,汉字显示正常。如果发现编码为 UTF-8,则须将文本预览窗口也设置为 Unicode UTF-8。

(2) GREP 搜索

GREP(全局搜索正则表达式并输出)是一种功能卓越的文本搜索工具,具备运用特定模式匹配(涵盖正则表达式)在文本中进行搜索的能力,同时默认输出匹配到的行。

(3) 文件元数据

元数据,简要而言,即为描述数据的数据,是对文件信息的丰富与补充。众所周知,照片中包含相机型号、拍摄地点、软件信息等;文件中可能含有软件信息、版本、时间、作者等;邮件则包含收发人、IP 地址、时间等。在 NTFS 文件系统中,以 $ 开头的文件即为元数据。相较于文档名称和内容,元数据信息无法直接查看,须借助工具进行解析。元数据能提供关于时间、地点、版本等诸多信息,有助于深入分析并发掘更多线索。

2. 实验目的

通过本实验的学习,掌握搜索的基本方法,了解物理搜索、逻辑搜索、同步搜索、索引搜索的概念。理解编码,能使用正确的编码查看搜索结果。了解 GREP 正则表达式,学习编写简单的正则语句。掌握元数据基础理论,熟练运用各类工具提取图片、文档、邮件等文件的编辑、修改、发送、地点、版本等元数据。运用元数据进行筛选和搜索,借助 WinHex 等工具手动查找元数据信息。

3. 实验环境

- 浏览器:推荐使用谷歌浏览器。
- 取证软件:WinHex 软件、鉴证大师。
- 镜像文件:2.6-Keywords Search.e01、2.1-CCFC.e01、4-L07-原始.E01。
- 实验文件:2.7-Blair.zip。

4. 实验内容

子实验 1　搜索并恢复镜像中的 JPG 图片文件

实验镜像文件 2.6-Keywords Search.e01 中包含未分区空间,其中被写入了一个 JPG 图片,内容是作者的证件照片。找到该图片,将其保存为一个单独图片文件。

步骤 1:添加镜像文件,选择未分区空间,选择"十六进制搜索"图标,输入 FFD8,表示搜索 JPG 文件的签名头,选择"向下"搜索,单击"确定"按钮,如图 2-52 所示。

图 2-52 搜索十六进制数值 FFD8

步骤 2:搜索结果如图 2-53 所示。单击 JPG 文件签名中的 FF 字节,右击选择"选块起始位置"。

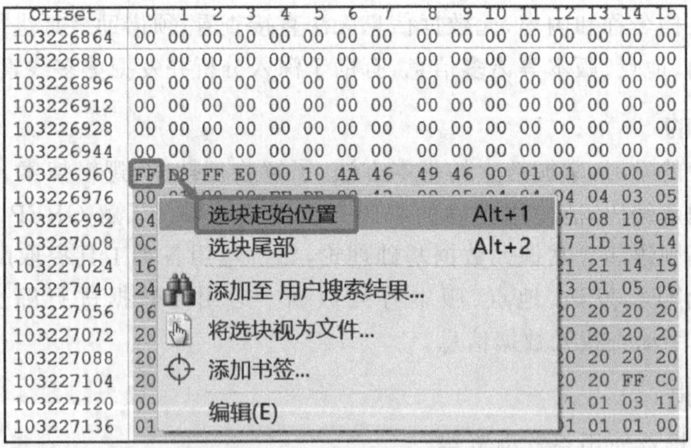

图 2-53 定义选块的起始位置

步骤 3:重新选择十六进制搜索,输入"000000000000000000"共计 18 个 0,表示希望搜索到搜索照片的尾部,如图 2-54 所示(注释:本案例中 JPG 图片之后大部分数据均为 0)。

步骤 4:单击行尾的 00 位置,右击选择"选块尾部",如图 2-55 所示。

步骤 5:右击选择"编辑",选择"复制选块"→"至新文件",命名为 sprite.jpg,如图 2-56 所示。

子实验 2 搜索镜像未分区空间中的手机号码

实验镜像文件 2.6-Keywords Search.e01 中包含未分区空间,其中被写入了一个手机

图 2-54　搜索文件尾部

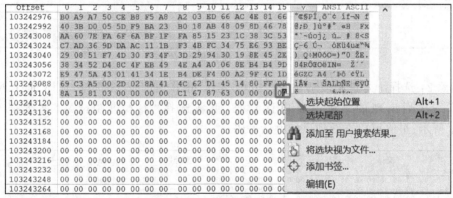

图 2-55　选中文件

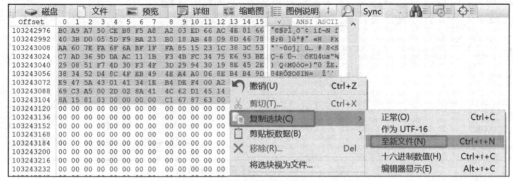

图 2-56　将图片复制并命名为 sprite.jpg

号码。请搜索该手机号码并记录包含手机号码的物理地址。

　　步骤1：定位到未分区空间尾部。单击未分区空间，拖动至结尾，选择最后一个 00，如图 2-57 所示。

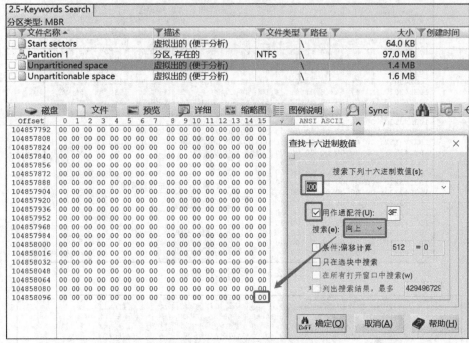

图 2-57　向上搜索非 00 数值

步骤 2：选择十六进制搜索，输入"!00"，勾选"用作通配符"多选框，选择"向上搜索"。搜索第一次后出现的结果不是电话号码，重新选择"十六进制搜索"继续搜索，如图 2-58 所示。最终可以查看到目标电话号码。

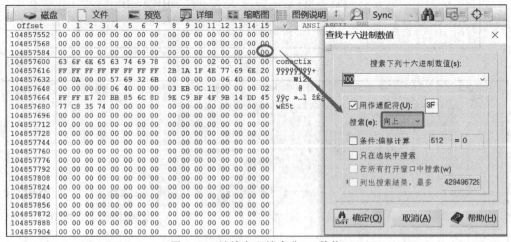

图 2-58　继续向上搜索非 00 数值

子实验 3　搜索并提取图片中的缩略图

一个 JPG 文件中可以保存另一个小的 JPG 文件，这个图片可以被 Windows 系统提取出来，并保存到缩略图库中。本例中使用 2.1-CCFC.e01"分区 9/照片/破损照片 1 张/zhenghui.jpg"为例，练习提取图片中的缩略图。

步骤 1：添加案例文件，过滤并选择"zhenghui.jpg"图片文件，利用"文件"视图模式查看图片的十六进制数值，如图 2-59 所示。

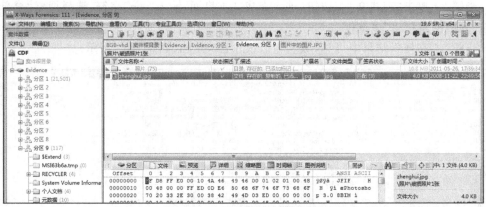

图 2-59　过滤 zhenghui.jpg

步骤 2：选择十六进制搜索，搜索数值 FFD8，选择"向下"按钮。找到第一个位置后，按 F3 键，继续搜索。在偏移地址 274 位置，可以找到 FFD8。这是嵌入的 JPG 文件的头部，如图 2-60 所示。

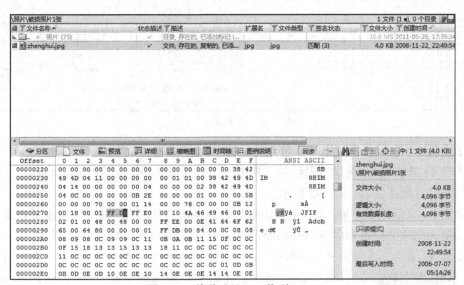

图 2-60　偏移地址 275 找到 FFD8

步骤 3：单击偏移地址 274 位置的 FF，右击选择"选块起始位置"，然后向下至偏移地址 0DFF 位置，选择"选块尾部"。右击选择"编辑"，选择"复制选块"→"至新文件"，并重命名为 zheng.jpg。打开 zheng.jpg，可看到提取的缩略图，如图 2-61 所示。

图 2-61　缩略图提取成功

子实验 4　搜索内存页面文件中的.cn 域名

2.1-CCFC.e01 分区 1 根目录下包含内存页面文件

Pagefile.sys。请搜索内存页面中出现的包含.cn 域名的网址。

步骤 1：通过文件名称过滤 Pagefile.sys 文件，并在文件视图模式下打开该文件。

步骤 2：单击"查找文本"按钮，进入查找文本界面，输入".cn"字符，选择搜索"全部"，勾选"列出搜索结果"多选框。

步骤 3：在搜索结果中可见，域名为 feixin.10086.cn，如图 2-62 所示。

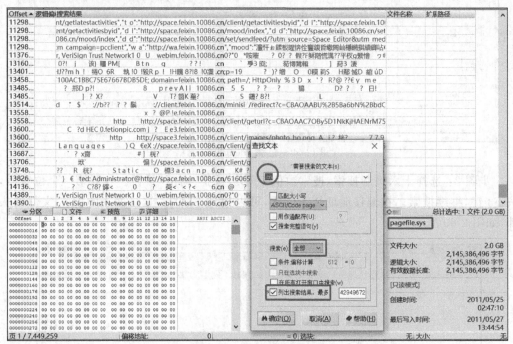

图 2-62　搜索文本".cn"

子实验 5　在所有分区中搜索包含关键词"峰会"和"CCFC"的文档

步骤 1：选择"同步搜索"图标，输入需要搜索的关键词"峰会"和 CCFC，每行一个词，单击"确定"开始搜索，如图 2-63 所示。

步骤 2：显示搜索结果：116 个搜索结果。显示所有搜索结果的优点，是可以查看每一个关键词出现的位置和内容，再继续确定是否是所需的文件，如图 2-64 所示。

步骤 3：查看不重复的文件：勾选"每个文件仅显示 1 个搜索结果"多选框。可以看到，显示出 25 个搜索结果，如图 2-65 所示。可以在本步骤的基础上，进行选择、标记、导出，或进行二次搜索。

子实验 6　在搜索结果中搜索

通过子实验 5，已经筛选出包含"峰会"的 25 个文件。需在这些文档中进行二次搜索，查找有关 2009 年峰会的文件都有哪些。

步骤 1：使用快捷键 CTRL＋A 全选文件，右击选择"标记"。

步骤 2：选择同步搜索，输入关键词"2009"，选择"在标记的数据中搜索"，如图 2-66 所示。

步骤 3：查看搜索结果，通过搜索结果可发现有 12 个文件中包含 2009 这个关键词。

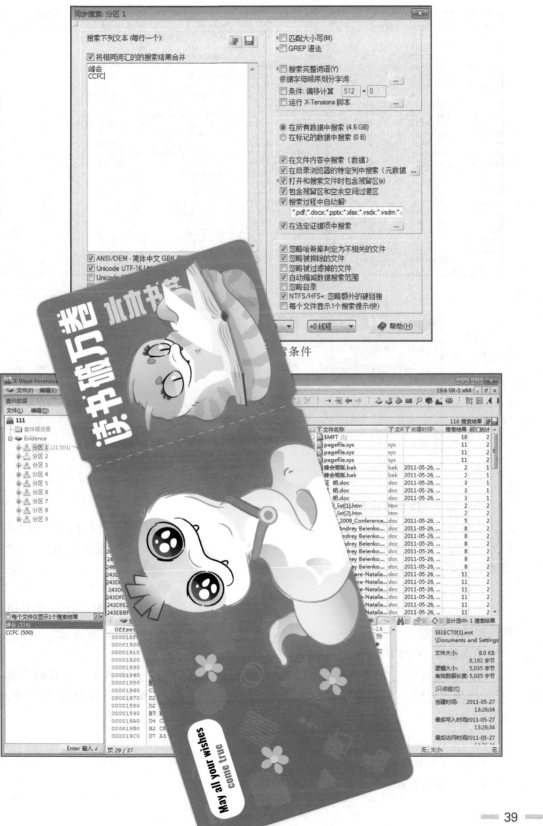

物理偏移	逻辑偏移	描述	搜索结果	□	文件名称	文件	创建时间	搜索结果	词汇统计
			搜索结果 位于｜根目录和子目录				25 搜索结果; 164 个被过滤掉		
C02348F2	2348F2	UTF-16	峰会简版.bak r ;A	□	$MFT (1)			18	2
10369F2...	3B71252	UTF-16	訂 Ñ Ů 楠园八国峰会的 ǧ Ů SC y 口峰	□	pagefile.sys	sys		11	2
	0 [文件名称]		峰会简版.bak	□	峰会简版.bak	bak	2011-05-26, ...	2	1
5258AA4	AA4	UTF-16	偏中国计算机法证技术(2008年会)暨第四届均	□	证 明.doc	doc	2011-05-26, ...	3	1
70DF15D	C15D	CP 936	我刚参加完ccfc峰会，但是我们单位想让我	□	mail_list[1].htm	htm		2	2
5FC26183	C183	CP 936	我刚参加完ccfc峰会，但是我们单位让我	□	mail_list[2].htm	htm		2	2
30040A1A	A1A	UTF-16	应用，计算机法证技术峰会应运而生，旨在更好地	2009	CCFC_2009_Conference...	doc	2011-05-26, ...	5	2
2462ACC0	CC0	UTF-16	圄CCFC计算机法证技术峰会（2009年会）The 5rd	□	2009-Andrey Belenko...	doc	2011-05-26, ...	8	2
243DFA1C	A1C	UTF-16	圄CCFC计算机法证技术峰会（2009年会）The 5rd	□	2009-Passware-Natalia...	doc	2011-05-26, ...	11	2
7F03CA1C	A1C	UTF-16	圄CCFC计算机法证技术峰会（2009年会）The 5rd	□	2009-yuri.doc	doc	2011-05-26, ...	10	2
7EEBCA...	A1C	UTF-16	圄CCFC计算机法证技术峰会暨展会（2010年会）;	□	f0175f441aac414a883a...	doc	2011-05-26, ...	21	2
7EAACA...	A1E	UTF-16	圄CCFC计算机取证技术峰会暨展会(2011年会)注册	□	ccfc2011_hufuyu.doc	doc	2011-05-26, ...	11	2
6F4630DF	2B0DF	UTF-16,	CCFC 2011峰会邀请函 北京市富华技	□	ccfc2011 - 参会注册信息...	doc	2011-05-26, ...	25	2
30A94840	52840	UTF-16	灾冷峻 崦然 崦立 峰值 崦md 峰回路转	□	UniWord.txt	txt	2011-05-25, ...	2	1
FD1BDD...	807D43	UTF-16,	峰周刊 凤凰竹 凤凰座 峰会 凤辉 凤回电源 峰回路转	□	sgim_core.bin	bin		3	1
2BDE0A...	A1C	UTF-16	圄CCFC计算机法证技术峰会暨展会（2011年会）;	□	ccfc2011.doc	doc	2011-05-27, ...	20	2
16928332	332	CP 936	第七届计算机取证技术峰会 </meta ＝	□	0B2F3d01			11	2
58910B5F	4B5F	CP 936	二届ccfc计算机法证技术峰会2011年 大会主席许	□	sprite_guo[1].htm	htm		23	2
59499B60	4B60	CP 936	二届ccfc计算机法证技术峰会2011年会 大会主席许	□	sprite_GUO[2].htm	htm		23	2
56CA5...	186D	CP 936	二届ccfc计算机法证技术峰会2011年会主席</a	□	SELECTO[1].eot	eot		8	2
56CA5950	1950	CP 936,	/w.china-forensic.com峰会网站已经更新了，主会	□	SELECTO[1].eot	eot		8	2
56CA5990	1990	CP 936,	/游清单已经公布。现在离峰会开幕还有一个月的时间	□	SELECTO[1].eot	eot		8	2
56CA59B4	19B4	CP 936,	/月的时间了，希望参加峰会的朋友要抓注注册。	□	SELECTO[1].eot	eot		8	2
56CA5A0E	1A0E	CP 936,	bsp; Sprite一直希望把峰会做成一个平台，促成一	□	SELECTO[1].eot	eot		8	2
5EB51B60	7384B60	CP 936	二届ccfc计算机法证技术峰会2011年会 大会主席许		空余空间 (net)			54	2

图 2-65　包含关键词的 25 个文件

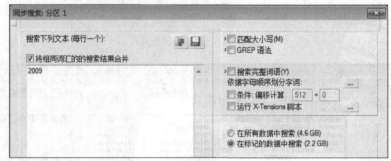

图 2-66　搜索关键词 2009

子实验 7　搜索特定型号手机拍摄的照片

通过搜过图片元数据信息，例如 iphone、canon，可以找到不同数字相机、手机拍摄的照片。如果一个案件中，我们希望找到特定软件、特定相机、特定手机制作的图片，可以搜索特定的关键词。本实验搜索所有 Nokia E72 手机拍摄的照片。

步骤 1：继续实验，设定搜索范围，选择分区 9，标记所有的 JPG 图片。

步骤 2：选择同步搜索，输入关键词 nokia 或手机具体型号 E72，限定在分区 9 中的 JPG 图片中搜索。最终找到 26 幅 Nokia E72 手机拍摄的照片，如图 2-67 所示。

子实验 8　GREP 搜索

在手机和计算机端微信、QQ 和 Telegram 等聊天记录中搜索所有 138 号段的手机号码，可以使用 GREP 表达式：[1][3][8][0-9]{8}，在同步搜索中输入此 GREP 表达式，如图 2-68 所示。

- [1][3][8]代表以 138 开头；
- [0-9]表示 0～9 的任何数字，可以是 0 或 9；
- {8} 表示前面 0～9 的数字，共有 8 位数。

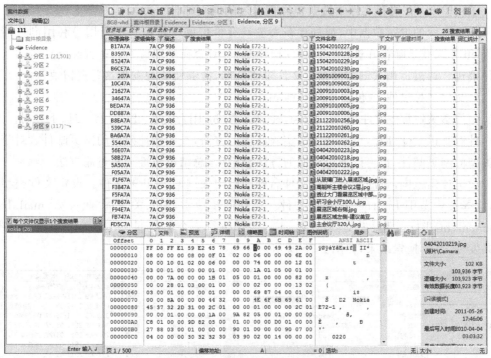

图 2-67 搜索关键词 Nokia

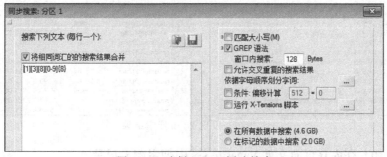

图 2-68 选择 GREP 语法搜索

搜索结果,可见 138 起始的手机号码搜索结果,如图 2-69 所示。

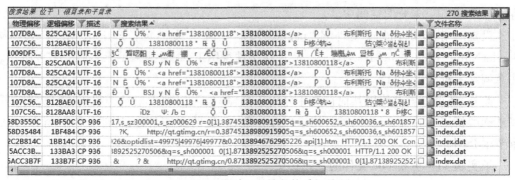

图 2-69 找到 138 号段的手机号码

子实验 9   在缓存文件中搜索曾经查看过的网页邮件

在互联网的遗留数据中,或许存在大量具有价值的遗留信息。当用户利用浏览器通过 Web 方式登录邮箱并进行收发邮件操作时,有时会在本地留下一些曾经浏览过的网页邮件痕迹。通过运用关键词搜索和文件过滤功能,能够便捷地发现这些遗留痕迹。

- 文件名称过滤:(包含字符串):mail。
- 搜索关键词:收件箱、mail_list、readmail、mailID、主题、正文、上一封、下一封。

针对腾讯 QQ 邮件,可以利用本实验所述的方法,查看本地残留的网页邮件。对于其他类型的网页邮件,也可以采用相似的方法分析后,总结出关键词和过滤方法。

设定搜索范围,过滤所有包含文件名称中包含关键词 mail 的文件。设定文件类型过滤,选择搜索范围 Internet 相关的文件。选择同步搜索,输入关键词"收件箱、mail_list、readmail、mailID、主题、正文、上一封、下一封",每行一个关键词。查看搜索和过滤结果,一共发现 28 个搜索结果,如图 2-70 所示。

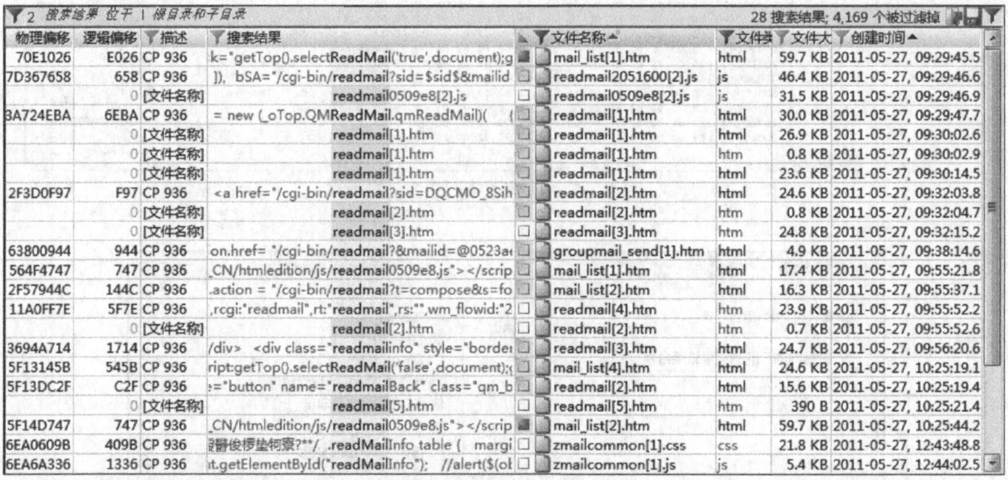

物理偏移	逻辑偏移	描述	搜索结果	文件名称▲	文件类	文件大▲	创建时间▲
70E1026	E026 CP 936	k="getTop().selectReadMail('true',document);g	mail_list[1].htm	html	59.7 KB	2011-05-27, 09:29:45.5
7D367658	658 CP 936	}), bSA="/cgi-bin/readmail?sid=sid&mailid	readmail2051600[2].js	js	46.4 KB	2011-05-27, 09:29:46.6
	0 [文件名称]		readmail0509e8[2].js	js	31.5 KB	2011-05-27, 09:29:46.6
3A724EBA	6EBA CP 936	= new (_oTop.QMReadMail.qmReadMail({	readmail[1].htm	html	30.0 KB	2011-05-27, 09:29:47.7
	0 [文件名称]	readmail[1].htm	readmail[1].htm	html	26.9 KB	2011-05-27, 09:30:02.6
	0 [文件名称]	readmail[1].htm	readmail[1].htm	htm	0.8 KB	2011-05-27, 09:30:02.9
	0 [文件名称]	readmail[1].htm	readmail[1].htm	html	23.6 KB	2011-05-27, 09:30:14.5
2F3D0F97	F97 CP 936	<a href="/cgi-bin/readmail?sid=DQCMO_8Sih	readmail[2].htm	html	24.6 KB	2011-05-27, 09:32:03.8
	0 [文件名称]	readmail[2].htm	readmail[2].htm	html	0.8 KB	2011-05-27, 09:32:04.7
	0 [文件名称]	readmail[3].htm	readmail[3].htm	html	24.8 KB	2011-05-27, 09:32:15.2
63800944	944 CP 936	on.href="/cgi-bin/readmail?&mailid=@0523a	groupmail_send[1].htm	html	4.9 KB	2011-05-27, 09:38:14.6
564F4747	747 CP 936	CN/htmledition/js/readmail0509e8.js"></scrip	mail_list[1].htm	html	17.4 KB	2011-05-27, 09:55:21.8
2F57944C	144C CP 936	action => "/cgi-bin/readmail?t=compose&s=fo	mail_list[2].htm	html	16.3 KB	2011-05-27, 09:55:37.1
11A0FF7E	5F7E CP 936	,rcgi:"readmail",rt:"readmail",rs:"",wm_flowid:"2	readmail[4].htm	html	23.9 KB	2011-05-27, 09:55:52.2
	0 [文件名称]	readmail[2].htm	readmail[2].htm		0.7 KB	2011-05-27, 09:55:52.6
3694A714	1714 CP 936	/div> <div class="readmailinfo" style="border	readmail[3].htm	html	24.7 KB	2011-05-27, 10:25:08.9
5F13145B	545B CP 936	ript:getTop().selectReadMail('false',document);	mail_list[4].htm	html	24.6 KB	2011-05-27, 10:25:19.1
5F13DC2F	C2F CP 936	="button" name="readmailBack" class="qm_b	readmail[2].htm	html	15.6 KB	2011-05-27, 10:25:19.4
	0 [文件名称]	readmail[5].htm	readmail[5].htm	htm	390 B	2011-05-27, 10:25:21.4
5F14D747	747 CP 936	CN/htmledition/js/readmail0509e8.js"></scrip	mail_list[2].htm	html	59.7 KB	2011-05-27, 10:25:44.2
6EA0609B	409B CP 936	學輝俊梳垫钾蓼?**/ .readMailInfo table { margi	zmailcommon[1].css	css	21.8 KB	2011-05-27, 12:43:48.8
6EA6A336	1336 CP 936	t.getElementById("readMailInfo"); //alert($(ol	zmailcommon[1].js	js	5.4 KB	2011-05-27, 12:44:02.5

图 2-70   发现 28 个搜索结果

子实验 10   在内存页面文件 Pagefile.sys 中搜索聊天记录

飞信曾经是一个知名的即时通讯工具,可以用于发送短信。飞信的英文名字为 Fetion。可以过滤包含关键词 Fetion 的路径快速找到飞信目录。飞信聊天记录碎片可能存在于 Pagefile、未分配空间中。

设定搜索范围,过滤文件名"pagefile.sys",输入关键词:Fetion、MessageBody、SenderName、timestring、ReceiverName。在文件视图下,查看搜索结果,如图 2-71 所示。注意调整字符编码"UTF-16"。

此外,还可以尝试使用其他自动化分析工具,解析飞信聊天记录。利用鉴证大师,可以准确解析正确的聊天记录、聊天记录保存位置、收发的文件名称,这部分内容将在后续章节中介绍。

子实验 11   分析 doc 文件的编辑历史

分析 2.7-Blair.zip 中的的文件元数据,分析调查文件作者(Author,注册的公司名)和

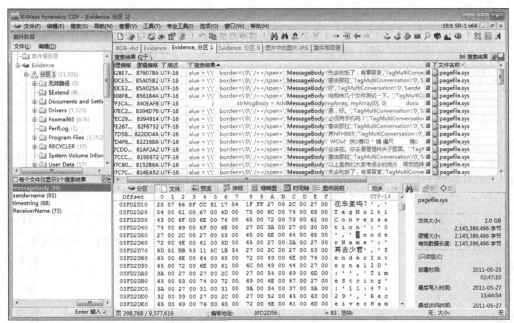

图 2-71　飞信搜索结果

最后保存者(MKhan)以及编辑历史(记录最后的 10 次)。

解压缩 2.7-Blair.zip,使用 WinHex 加载该文件,通过"详细"模式视图查看文件元数据信息,查看元数据中的最后编辑历史,如图 2-72 所示。

Last authors (up to 10):

cic22	C:\DOCUME~1\phamill\LOCALS~1\Temp\AutoRecovery save of Iraq - security.asd
cic22	C:\DOCUME~1\phamill\LOCALS~1\Temp\AutoRecovery save of Iraq - security.asd
cic22	C:\DOCUME~1\phamill\LOCALS~1\Temp\AutoRecovery save of Iraq - security.asd
JPratt	C:\TEMP\Iraq - security.doc
JPratt	A:\Iraq - security.doc
ablackshaw	C:\ABlackshaw\Iraq - security.doc
ablackshaw	C:\ABlackshaw\A;\Iraq - security.doc
ablackshaw	A:\Iraq - security.doc
MKhan	C:\TEMP\Iraq - security.doc
MKhan	C:\WINNT\Profiles\mkhan\Desktop\Iraq.doc

图 2-72　查看最后编辑历史

从结果中可以看到,最早由用户 CIC22 创建,从存储路径可以看到用户名为 phamill,即"Paul Hamill";之后用户名 JPrattb,即 John Pratt,将文档命名为"IRaq-Security.doc",并保存至软盘 A;之后用户 ablckshaw,即 Alison Blackshaw 编辑文档;最后 MKhan,即 Murtaza Khan 编辑文档。从路径中可以看到文件保存在用户 mkhan 的桌面,命名为 Iraq.doc。

经分析可知,该文档共经 4 个人编辑过,文件最后一次编辑者为 MKhan(Murtaza Khan)。

子实验 12　查找所有 Sprite 编辑过的 Office 文件

步骤 1:使用自动化分析工具,分析镜像文件 2.1-CCFC.E01。

步骤 2:选择"文件信息"→"office 文件"进行数据分析,可以看到 44 条记录,如

图 2-73 所示。

图 2-73　查看文件信息-Office 文件

步骤 3：选择作者列，过滤 sprite 字符串。查看过滤结果，可以发现共有 15 个文件的作者是 Sprite，如图 2-74 所示。

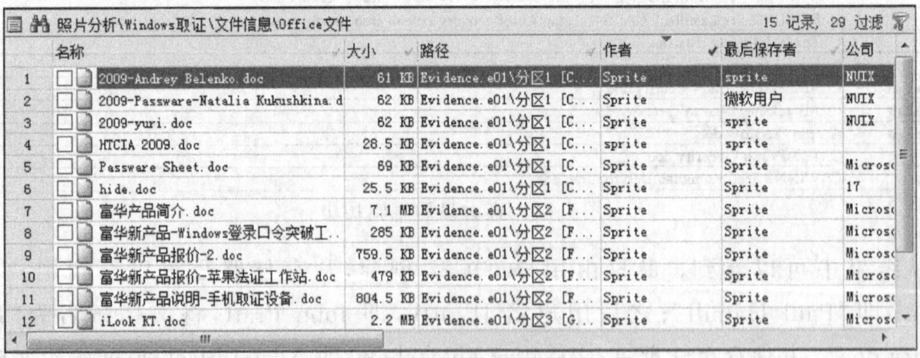

图 2-74　过滤作者结果

第 3 章

证据固定和哈希校验

在涉及电子数据作为证据的场景中,确保电子证据的完整性、真实性和原始性至关重要,以此保障数据的有效性和合法性。因此,在取证过程中,应尽量避免对原始数据进行直接操作。相反,应首先对待取证设备及镜像文件进行备份,然后基于备份文件进行取证分析。证据固定是取证环节的首步,它需要在熟练掌握适用工具的基础上,对不同状态、类型多样的计算机及存储介质进行磁盘镜像,确保流程规范、步骤清晰、证据合规。

本实验着重针对电子数据取证中常见的几种磁盘镜像进行学习,重点练习磁盘镜像制作的方法和工具,并掌握电子数据的哈希校验方法。

实验3.1   证据固定

1. 预备知识

磁盘镜像技术是对原始数据进行逐比特位复制,生成与原始数据完全一致的镜像数据。在此基础上,可以根据需要添加不同类型的元数据,如错误检测、数据哈希和不同性能的压缩算法等,从而形成多种镜像格式,如 DD、E01 和 Smart 格式等。我国法院尚未对证据文件格式作出统一规定。若涉及国际诉讼,建议采用国际通用的取证工具,并选择E01 镜像格式。

(1) 镜像格式

① DD 镜像格式。

磁盘镜像的原始格式,其源起可追溯至 DD 命令,因此通常称为 DD 镜像格式。此种镜像文件通过对原始磁盘或卷进行位对位复制生成,确保原始镜像中的数据未经增删。需注意的是,DD 格式镜像文件中并未嵌入描述镜像文件本身的元数据信息,如操作时间、磁盘信息、哈希值等,此类信息应单独保存在一个文本文件中。

DD 镜像格式的特性如下:

- 兼容性优良:DD 镜像格式被广泛应用,绝大多数磁盘镜像及分析工具均支持此格式。

- 占用空间较大:镜像文件与原始证据磁盘容量完全一致,未进行压缩,因此需要较大的存储空间。即便原始证据磁盘存储数据较少,镜像文件仍需要相同磁盘容量。例如,一个容量为 1TB 的磁盘,存储数据仅 10GB,镜像文件仍需要 1TB 空间。

- 数据处理效率高：为解决镜像文件占用空间大的问题，最直接的方法是采用数据压缩技术。然而，无论使用哪种压缩方法，在分析过程中均须解压缩，导致分析效率降低。DD 镜像采用非压缩格式，因此数据处理效率在所有镜像格式中最高。
- 元数据须单独保存：DD 镜像采用位对位复制嫌疑硬盘，生成的镜像文件中无额外信息存储空间。因此，诸如硬盘序列号、调查员姓名、创建镜像时间及地点等元数据必须保存在镜像文件之外的单独文件中。由于这些信息未保存在镜像文件内部，可能引发一定不便，如描述文件易丢失，易与其他镜像文件混淆等。

② EnCase 镜像格式（E01）。

E01 是取证分析软件 EnCase 使用的一种证据文件格式，有效解决了 DD 镜像所引发的一系列问题。EnCase 可采用分段式镜像文件存储方式，确保各片段可独立调用并解压缩，实现对镜像中数据的无缝访问。自 Encase 7.0 版本起，新型镜像格式 EX01 问世，继承了分段式存储特点，并提供了压缩与加密功能。

所谓镜像文件分段，是指将镜像文件划分为一系列连续、固定大小的分段文件。分段大小可自定义，常见默认值包括 640MB、1GB、2GB、4GB 等。若任何一个镜像分段文件受损或丢失，都可能导致完整镜像文件无法正常打开。

EnCase 证据文件由 3 个核心部分构成：文件头、校验值和数据块。这 3 部分共同构成了对原始证据的全面描述，从而为实现证据文件恢复至硬盘提供了可能。DD 镜像文件并未包含文件头和校验值，其相关数据信息可通过配合 TXT 文本形式文件进行阐述。

在创建 E01 格式证据文件时，软件会要求用户输入与调查案件相关的信息，包括调查人员、地点、机构、备注等元数据。这些元数据将与证据数据信息一同存储在 E01 文件中。为确保文件完整性，每字节都经过 32 位的 CRC 校验，从而使证据被篡改的可能性几乎为零。默认情况下，分析软件以每 64 扇区的数据块进行校验，这种方式在保证速度与完整性的前提下进行了优化。

E01 格式面临的主要问题是兼容性。由于 EnCase 格式是非公开的、拥有知识产权的商业软件镜像格式，其全部细节并不为公众所明确知晓。尽管部分开发人员已对 E01 格式进行反编译并提供了一定程度的兼容性支持，同时许多软件也能打开或创建 E01 文件，但仍有许多公司声明，对于因 E01 兼容性问题导致的数据损失不予负责。因此，用户须谨记：除了该格式的原始研发公司外，其他公司对 E01 格式的掌握并不全面。

③ AFF 镜像格式（Advanced Forensics Format）。

针对 E01 与 DD 镜像文件存在的缺陷，AFFLIB 公司在 2006 年推出了开源的证据文件格式——AFF。与 EnCase 证据文件格式相比，AFF 镜像同样采用压缩片段的方式保存磁盘镜像，从而显著减小镜像文件的容量。不同于 EnCase 镜像，AFF 镜像既可将元数据内置于镜像文件之中，同时也允许元数据单独保存在一个文件中。尽管 AFF 格式设计用于处理大量磁盘镜像任务，但同样适用于仅涉及 1~2 个硬盘的小型案件。当磁盘镜像文件出现破损时，AFF 镜像的内部连续性算法能够尽可能多地修复破损的磁盘镜像。

AFF 分段镜像可借助开源工具 zlib 进行压缩，亦可保持未压缩状态。尽管 AFF 镜像压缩格式能够节省空间，但创建时间较长，且分析处理速度相对较慢。在实际操作中，可根据需求决定是否进行压缩，且未压缩的 AFF 镜像文件可方便地再次压缩。

AFF 格式不存在版权问题,作为开源格式,可供任何开源工具或商业软件使用。目前,越来越多的厂商采纳此格式,有望使之逐渐成为一种标准的镜像格式。

④ AFF4 镜像格式。

AFF4 即高级取证文件格式,是基于 AFF 格式演变而来的一种开放源镜像格式,专为存储数字证据而设计。

⑤ Smart 镜像格式。

美国 ASRData 公司推出的 Smart Linux 专有的镜像格式。

⑥ ProDiscover 镜像格式。

美国取证软件 ProDiscover Forensics 专有的镜像格式。

(2) 虚拟磁盘文件

虚拟机在诸多场景下得到了广泛应用。在各类案件、练习题及考核中,时常会遇到这样一个情况:在一个磁盘中存放着其他虚拟机硬盘文件,这些文件内嵌了不同的操作系统、文件系统及应用程序。目前市场上主流的虚拟机软件包括 VMware、VirtualBox、Parallel Desktop 等。当用户创建虚拟机时,虚拟机软件会为其生成一套文件。这些虚拟机文件存储在虚拟机目录或工作目录内。

虚拟磁盘文件用于保存虚拟机硬盘驱动器的内容。常见的虚拟机磁盘文件类型包括 VMDK、VHD、VDI 等,见表 3-1。

表 3-1 常见的虚拟机磁盘文件类型

扩 展 名	软 件	描 述
VHD VHDX	Windows Virtual PC	VHD(Virtual Hard Disk)是一种虚拟硬盘技术。部分版本的 Windows、Virtual PC 以及 Virtual Box 等软件可直接创建此类虚拟硬盘
VDI	Virtual Box	Virtual Disk Images,Virtual Box 软件的虚拟磁盘文件
VMDK	VMware	关于 VMware 软件的虚拟磁盘文件,若磁盘大小可扩展,文件名中的编号部分将呈现一个"s",如 Windows7-s001.vmdk。若在创建磁盘时已分配全部空间,文件名编号部分则会呈现一个"f",例如 Windows7-f001.vmdk
HDD	Parallels Desktop	Parallels Desktop 的虚拟磁盘

虚拟磁盘由一个或多个虚拟磁盘文件组成。在创建虚拟磁盘时,若用户选择"固定大小",如设定为 100GB,则该文件初始容量即为 100GB,后续不会再增大。若选择"动态分配",则虚拟磁盘会逐步占用物理硬盘空间,随着用户数据量的增加而不断扩展容量,直至达到分配的最大值。部分虚拟机软件支持虚拟磁盘分段设置,例如,用户可以设定将虚拟磁盘划分为 2GB 大小的分段文件,文件数量依据虚拟磁盘总大小而定。当数据添加至虚拟磁盘时,每个文件最大可扩展至 2GB。

(3) 物理磁盘和逻辑磁盘

物理磁盘:涵盖整个磁盘容量,对整个物理磁盘实施的镜像操作称为物理镜像,如图 3-1 所示。

图 3-1　物理磁盘和分区

逻辑磁盘：在磁盘经过分区之后，操作系统会为各个分区分配盘符。因此，每一个拥有盘符的分区都可以视为一个逻辑分区，亦或称为逻辑磁盘。针对特定分区进行的镜像操作被称为逻辑镜像。例如，仅针对 C 盘或 D 盘，亦可对某个目录或文件创建镜像，同样视为逻辑镜像。

根据取证原则，进行证据固定时应对完整磁盘创建磁盘镜像，涵盖全部数据信息。多数取证工具具备物理磁盘或逻辑磁盘数据获取功能，取证人员仅须运用相应工具选择物理磁盘。在特定情形下，若物理磁盘部分磁道损坏，无法完整获取磁盘镜像，但部分分区完好无损。此时，可实施逻辑获取，针对较完整分区进行磁盘镜像。另外，在国际诉讼中，有时要求不得获取与案件无关的数据，仅能提取涉案文件，如电子邮件。在这种情况下，取证人员可仅针对电子邮件目录进行证据固定。

（4）磁盘快照

为了实现数据的全局化和自动化处理，提高工作效率，减轻取证分析人员的工作负担，WinHex 推出了证据预处理功能，称为磁盘快照，如图 3-2 所示。

图 3-2　调用磁盘快照

磁盘快照包括以下几个重要模块，如图 3-3 所示。

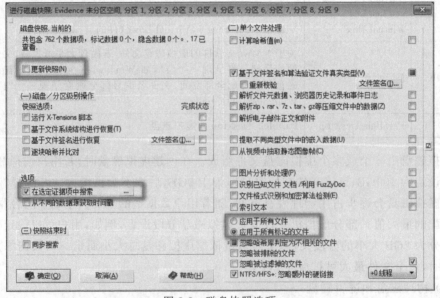

图 3-3　磁盘快照选项

- 磁盘快照更新：对磁盘进行新一轮的快照处理，此过程将清空先前所有解析成果。在进行大容量硬盘的磁盘快照时，解析过程可能耗时数小时，因此务必谨慎选择"更新快照"，以免不必要的重复解析耗费更多时间。
- 在所选证据中搜索：确定执行特定操作的证据项。例如，在一个分区、九个分区或三个硬盘中，选择进行指定的快照操作。
- "应用于所有文件"和"应用于所有标记的文件"：在仅针对某一类别文件进行操作时，可将这些文件进行标记，并在标记后的相应文件中实施操作。例如，若需提取所有"PPT"中的图片，首先对所有 PPT 文件进行标记，随后进行相应操作。

2. 实验目的

通过本实验的学习，了解证据固定的基本方法，掌握磁盘镜像的创建方法。

3. 实验环境

- 浏览器：推荐使用谷歌浏览器。
- FTK Imager 镜像制作软件。
- WinHex 取证分析软件。
- Arsenal Image Mounter 磁盘挂载工具。
- 猎痕镜像挂载。
- 5-L12-PIC-Partition-2.e01 镜像文件。

4. 实验内容

子实验 1　使用 Windows 磁盘管理工具创建一个 VHD 虚拟磁盘

步骤 1：选择"此电脑"，右击选择"管理"。在计算机管理中，单击"磁盘管理"，选择菜单"操作"→"创建 VHD"，如图 3-4 所示。

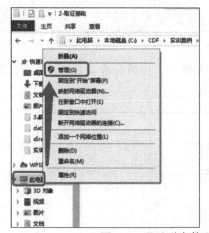

图 3-4　通过磁盘管理创建一个虚拟磁盘

步骤 2：选择保存位置，将 VHD 虚拟磁盘容量设为 1GB，可选择"固定大小"或"动态扩展"，如图 3-5 所示。

步骤 3：此时虚拟磁盘左侧显示为没有初始化，右击选择"初始化磁盘"，如图 3-6

所示。

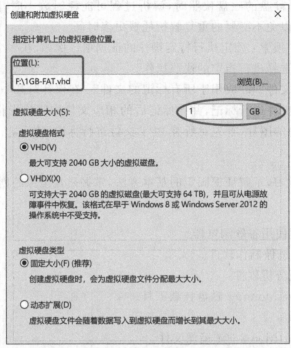

图 3-5　设置虚拟磁盘文件名、路径和大小

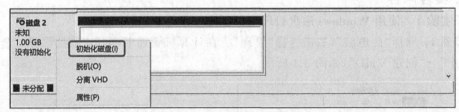

图 3-6　初始化虚拟磁盘

步骤 4：初始化磁盘选项，选择 MBR 分区形式。初始化成功后，虚拟磁盘显示为"联机"状态，如图 3-7 所示。

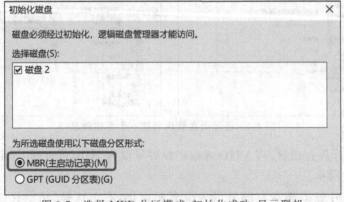

图 3-7　选择 MBR 分区模式，初始化成功，显示联机

步骤 5：新创建的 VHD 虚拟磁盘呈现为"未分配"状态。针对此未分配的磁盘，右击选择"新建简单卷"。通过"新建简单卷"向导，将 VHD 磁盘划分为两个卷。第 1 个卷设定大小为 512MB，文件系统采用 FAT32。第 2 个卷使用剩余的 509MB 空间，文件系统同样设为 FAT32，如图 3-8 所示。

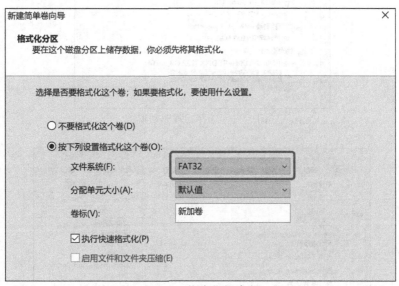

图 3-8　格式化新建卷

步骤 6：单击"此电脑"→"设备和驱动器"，查看创建的 VHD 虚拟磁盘。同时切换至保存虚拟磁盘文件的位置，查看刚刚创建的 1GB-FAT.vhd 虚拟硬盘文件，如图 3-9 所示。

名称	修改日期	类型	大小
1GB-FAT	2021/2/20 18:21	硬盘映像文件	1,048,577 KB

图 3-9　查看已创建的 VHD 虚拟磁盘文件

子实验 2　创建物理磁盘镜像文件

本实验配合子实验 1 中刚建立好的 1GB-FAT.VHD 虚拟磁盘镜像文件，对计算机的物理磁盘进行证据固定。

步骤 1：创建案件，选择"案件数据"→"文件"→"添加存储设备"，将与当前计算机连接的计算机存储介质，如硬盘、闪存卡、USB 存储设备、CD-ROM、DVD 等添加为所需获取/分析的目标，如图 3-10 所示。

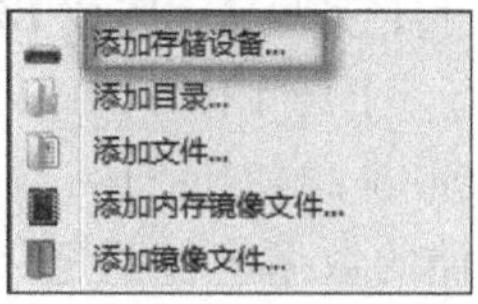

步骤 2：对子实验 1 中创建的 1GB VHD 虚拟磁盘进行获取，将该硬盘加入当前案件中，如图 3-11 所示。

步骤 3：创建磁盘镜像。在磁盘查看方式下，选择菜单中的"文件"→"创建磁盘镜像"。如果发现创建磁盘镜像功能是灰色，无法调用，注意需将视图模式变为"分区"，如图 3-12 所示。

添加存储设备...
添加目录...
添加文件...
添加内存镜像文件...
添加镜像文件...

图 3-10　添加存储设备

图 3-11　选择物理驱动器

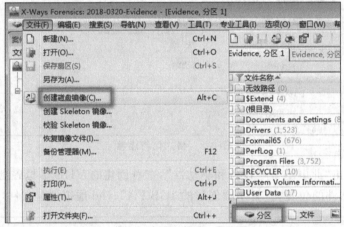

图 3-12　创建磁盘镜像-分区模式

在"创建磁盘镜像"窗口(图 3-13)中,需要注意几方面:

- 镜像文件格式:本例使用.E01 证据文件格式。
- 路径和文件名:选择希望保存镜像文件的位置。
- 设定哈希算法及校验。

镜像获取完成后,WinHex 会自动进行哈希值校验,并最终呈现数据获取报告。

步骤 4:审阅获取报告。报告中包含诸如获取时间、获取工具、存储介质参数、MD5 及 SHA 值等信息。数据获取报告是证据收集的重要依据,应与磁盘镜像文件一同保存。

子实验 3　挂载 BitLocker 加密磁盘镜像并根据密钥解密

5-L12-PIC-Partition-2.e01 是一个加密的 BitLocker 磁盘镜像,解密密钥为"589215-329483-204215-213444-235455-273735-036311-409585",现需对 L12 镜像解密并对其中存储的数据进行固定。

步骤 1:运行 FTK Imager,选择"Image Mounting"挂载磁盘,如图 3-14 所示。

步骤 2:添加镜像文件,挂载方式选择"Block Device /Writable",单击 Mount 按钮挂载,如图 3-15 所示。

步骤 3:在磁盘管理中可以看到设备已经挂载,但是没有被分配盘符,如图 3-16 所示。

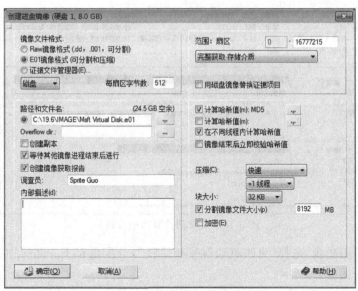

图 3-13　创建磁盘镜像

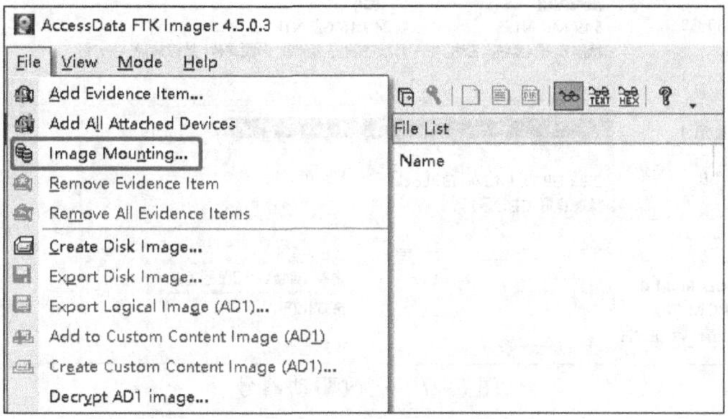

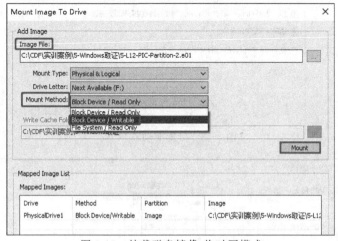

图 3-14　挂载磁盘镜像

图 3-15　挂载磁盘镜像-临时写模式

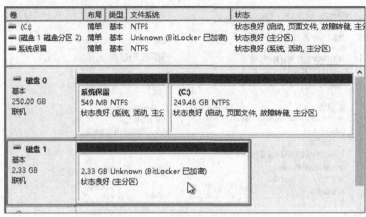

图 3-16　可看到挂载出的分区

步骤 4：单击磁盘，选择"更改驱动器号和路径"，分配盘符 E。此时加密分区挂载成功，如图 3-17～图 3-19 所示。

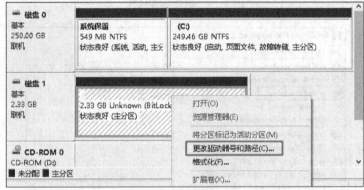

图 3-17　更改驱动器号

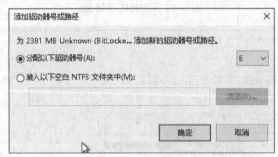

图 3-18　分配驱动器号 E

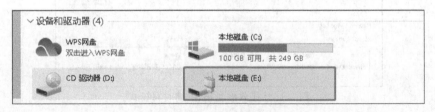

图 3-19　加密分区挂载成功

步骤 5：输入密钥"589215-329483-204215-213444-235455-273735-036311-409585"即可解密成功，如图 3-20 所示。

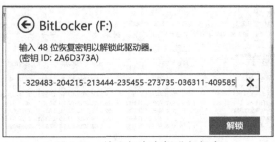

图 3-20 输入解密密钥进行解密

步骤 6：使用猎痕镜像挂载或 Arsenal Image Mounter 挂载软件，执行上述步骤，挂载 5-L12-PIC-Partition-2.e01 镜像文件，即可挂载出虚拟磁盘，分配盘符 F。输入密钥进行加密磁盘的解密，如图 3-21 所示。

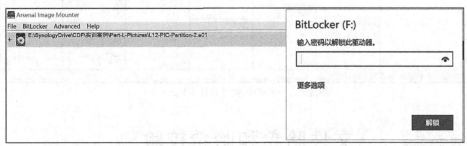

图 3-21 挂载后可以对 BitLocker 分区进行解密

子实验 4 获取 BitLocker 解密分区 E01 格式镜像

在运行的计算机中，若发现驱动器图标呈现加密状态且正处于解密过程，此时应在开机状态下对加密分区进行证据固定。本实验基于子实验 3，进一步对运行计算机中的加密分区实施证据固定。

步骤 1：继续子实验 3，此时 BitLokcer 加密磁盘已挂载并成功解密。通过加载逻辑驱动器方式进行磁盘镜像。

步骤 2：利用 WinHex 加载物理驱动器时，可以看到一个虚拟出的 BitLocker 文件，无法看到磁盘中的具体目录和文件，如图 3-22 所示。

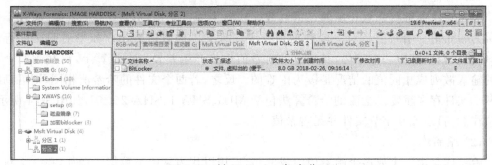

图 3-22 被 BitLocker 加密分区

加载逻辑驱动器时,可以直接看到分区中的目录和下级文件,预览所有的文件,如图 3-23 所示。

图 3-23　解密状态的 BitLocker 分区

实验3.2　文件哈希和哈希校验

1. 预备知识

哈希技术作为一种获取文件摘要的方法,具备检验文件一致性、验证文件唯一性以及密码验证等功能。在取证分析场景中,通过计算并验证哈希值,可以确保磁盘镜像与原始状态的一致性,还可以发现案件中文件名不同但内容相同的文件。借助哈希库,能够有效排除硬盘中无用的操作系统文件和应用程序文件,同时识别已知的恶意代码程序和暴恐音视频文件,从而降低无关数据对数据分析的干扰,提升数据分析的效率,准确识别案件相关的关键数据。

（1）哈希值

哈希算法能够将任意长度的二进制数据映射为固定长度的较小二进制值,此较小值被称为哈希值。哈希值是对一段数据独一无二且紧凑的数值表示。如果对明文进行修改,即使仅修改其中一个字母,其后续的哈希值也将产生差异。在计算上,要找到两个不同的输入散列成相同值的情况是极为困难的。反之,若两个文件的哈希值相同,则可判断这两个文件存在重复。主流的哈希算法包括 MD5、SHA-1、SHA-256 等,如图 3-24 所示。但须注意,目录或 0 字节文件并无哈希值。

（2）哈希库

哈希库是由一个或多个哈希值组成的集合,用以代表某一类数据。例如,在一个新安

装的 Windows 操作系统中,大部分数据是标准的程序文件,不含多少个人数据。若从当
前案件中将这些大量的公用程序去除,将有助于缩
短文件搜索时间。

哈希库可自行下载、购买或制作。诸如 Windows 7
哈希库、Windows 10 哈希库、Office 2017 哈希库、已
知图片哈希库等,均可由用户自行创建。

在 WinHex 中,哈希库可分为两类,可根据需求
定义为 MD5 和 SHA-1,亦可设置为 SHA-256 等。
每个哈希库中包含多个子库,即哈希集。哈希集相
当于哈希库中的细分分类,或用于存储不同案件的
数据子库。

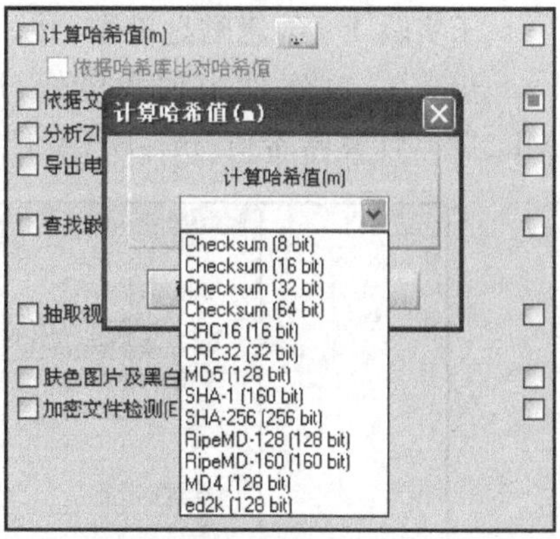

图 3-24　哈希算法选择

（3）哈希分类

哈希分类可根据后续应用需求设定为"无关的"、"关注的"和"恶意的"等不同类别。
以实例说明,假设新安装了 Windows 操作系统和 Office 软件,欲构建包含 Windows 及
Office 所有文件哈希值的集合。这些文件是 Windows 系统及程序文件,为通用数据,与
分析无关,可在案件分析时予以忽略。此类数据可以归为"无关的"类别。而"恶意代码程
序、邪教数据、暴恐数据、色情视频"等在后续分析中须重点关注的内容,则应归属于"关注
的"和"恶意的"类别。

为了实现哈希库的长期保存或与他人共享,须为创建的哈希库赋予一个明确且易于
理解的名称。所创建的哈希库将自动保存至 WinHex 设定的目录下。若须将哈希值导
出至其他分析软件,可在"哈希库"界面选择所需的哈希集,并单击"导出"按钮。导出的哈
希值将保存为一个文本文件。

（4）哈希对比

在执行文件哈希值计算过程中,WinHex 具备将所得文件哈希值与哈希库中的数据
进行对比的功能,进而生成哈希分类,并可运用文件过滤器屏蔽特定类型的文件。例如,
用户可通过此功能排除已知的 Windows 系统文件及其他已知应用程序。通过哈希数据
库认定为"无关"的文件得以排除,这在后续的分析操作中能显著节省时间。

2. 实验目的

通过本实验的学习,深入了解哈希和哈希库,并利用哈希库对相同数据进行快速查找
和比对。在此过程中,学会精确标记或排除无关的操作系统和 Office 程序。读者应能自
行构建具有针对性的哈希库,并在实际案件中准确地找到具有相同内容的文件,为后续的
数据分析和证据收集打下坚实基础。

3. 实验环境

- 浏览器:推荐使用谷歌浏览器。
- WinHex 取证分析软件。
- 2.1-CCFC.e01 镜像文件、4-L07-原始.e01。

4. 实验内容

子实验1 创建磁盘镜像,并计算哈希值

步骤1:在案件中加载镜像,选择分区9,创建磁盘镜像,勾选"计算哈希值(m):MD5"和"计算哈希值(m):SHA-1"多选框,如图 3-25 所示。

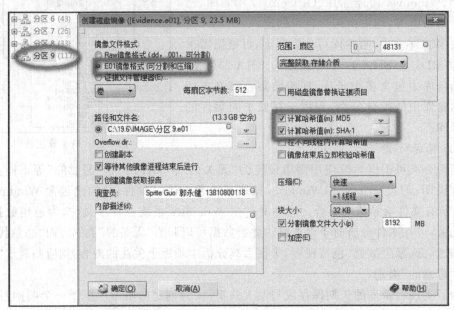

图 3-25 针对分区 9 创建镜像,选择 MD5 和 SHA-1 哈希值

步骤2:获取镜像结束,查看镜像报告中,可以看到哈希值。

- 源数据的哈希值:3D2BB089231D3DFA78CB502790726B34(MD5)。
- 源数据的哈希值:E769FC30A0546A654ABB707360FB79C00FA8E64A(SHA-1)。

子实验2 校验 E01 文件的哈希值

步骤1:选择 2.1-CCFC.e01 镜像,右击选择"属性",如图 3-26 所示。

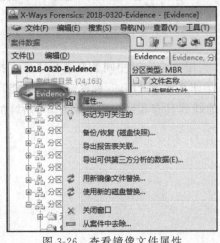

图 3-26 查看镜像文件属性

可以看到图 3-27 中,包含镜像文件的 MD5 哈希值。单击"校验哈希(V)"按钮,重新进行 MD5 哈希值计算。结果如图 3-28 所示,哈希值校验结果一致。

步骤2:计算镜像文件的 SHA-1 哈希值,单击"计算哈希值(m)"按钮,如图 3-29 所示。

计算结束之后,显示出 SHA-1 哈希值结果,如图 3-30 所示。

子实验3 计算某个文件的哈希值

步骤1:通过过滤,找到分区 1 中"att4.DOC"文件。

步骤2:右击该文件,选择"磁盘快照"→"计

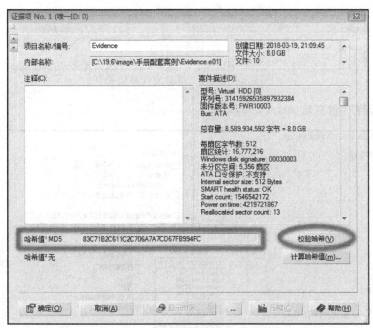

图 3-27　校验 MD5 哈希值

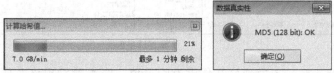

图 3-28　验证 MD5 哈希值一致

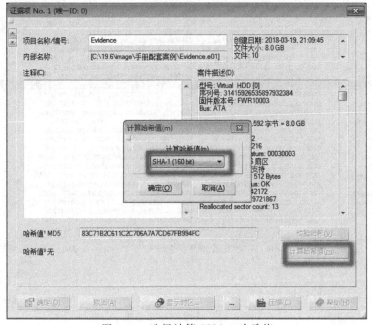

图 3-29　选择计算 SHA-1 哈希值

图 3-30　SHA-1 哈希值计算结果

算哈希值",选择哈希算法 SHA-256,如图 3-31 所示。

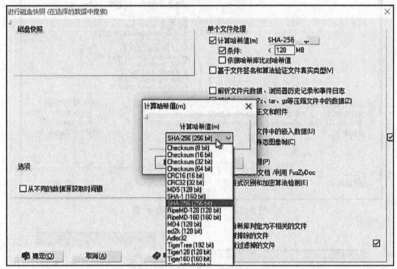

图 3-31　计算 SHA-256

步骤 3:查看 att4.doc,发现该文件没有哈希值。经查看发现该文件为 0 字节文件,没有哈希值,如图 3-32 所示。

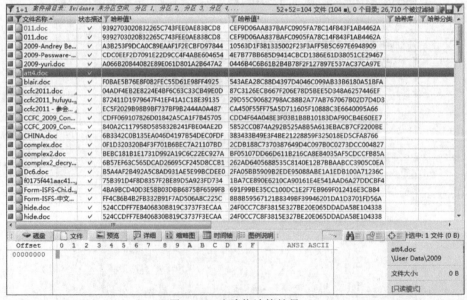

图 3-32　哈希值计算结果

子实验 4　计算所有 doc 文件的哈希值,并隐藏重复的文件

步骤 1:过滤所有 doc 文件,全选选中所有文件,右击选择"标记",如图 3-33 所示。

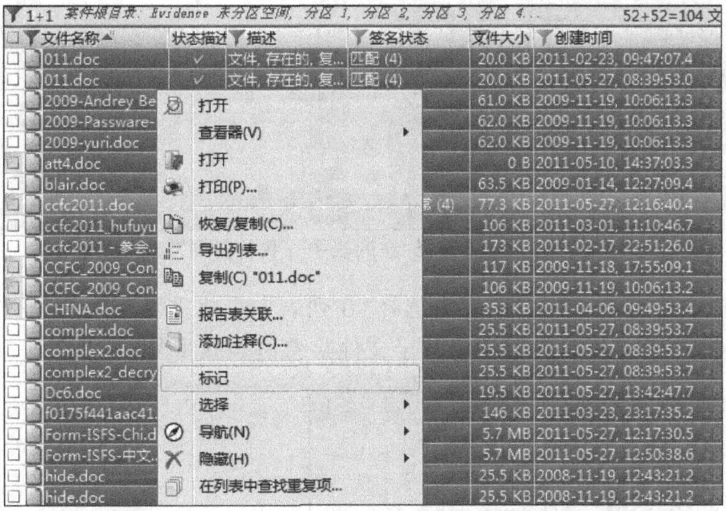

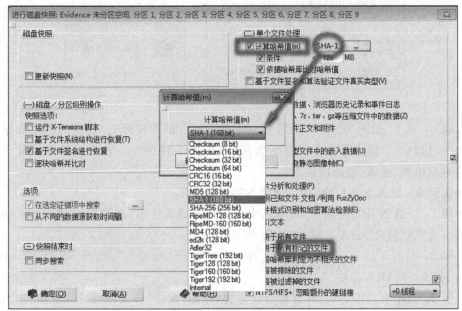

图 3-33　标记 DOC 文件

步骤 2:进行磁盘快照,勾选"计算哈希值(m)"多选框,选择哈希算法 SHA-1 或 MD5 或同时计算两个值。可将第 1 个哈希算法设定为 MD5,第 2 个设定为 SHA-1。最后单击"确定"按钮,如图 3-34 所示。

图 3-34　磁盘快照,选择哈希算法

步骤 3:哈希计算完成后,通过调整列宽,将哈希值 1、哈希值 2、哈希库、哈希分类这 4 列显示出来。哈希值 1 显示 MD5 值,哈希值 2 显示 SHA-1 值,如图 3-35 所示。

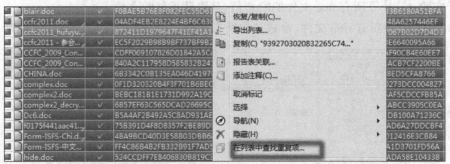

图 3-35　选择"在列表中查找重复项"

步骤 4：选中所有 DOC 文件，右击选择"在列表中查找重复项"。

步骤 5：选择"哈希值"，表示期望基于文件哈希值查找重复项，如图 3-36 所示。

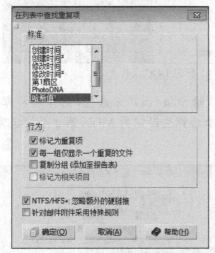

图 3-36　找到并隐藏 56 个重复项

步骤 6：通过"描述"列查看，可以看到所有重复数据都被标记"发现的重复数据"，被隐藏的项目被标记"隐含数据"，并显示为灰色，如图 3-37 所示。被隐藏的项目将不再被后续的磁盘快照、搜索、过滤所使用。

子实验 5　导入 NSRL 哈希库，创建 NSRL 哈希集

步骤 1：下载 NSRL 哈希库，截取其中 10MB 的哈希样本，如图 3-38 所示。从图中可以看到哈希库中包含 SHA-1 和 MD5 值。

步骤 2：如图 3-39 所示，选择菜单栏中的"工具"→"哈希库"，选择 NSRL 哈希库，将其导入 HDB♯1：MD5 库中。

步骤 3：创建哈希集，并为其设置哈希分类，单击"确定"按钮即可导入成功，如图 3-40 所示。

子实验 6　创建"CDF 关注图片"哈希集

步骤 1：选择"4-L07-原始.e01"镜像，通过过滤将所有图片筛选出来。

步骤 2：全选所有图片文件，右击选择"创建哈希集"，如图 3-41 所示。

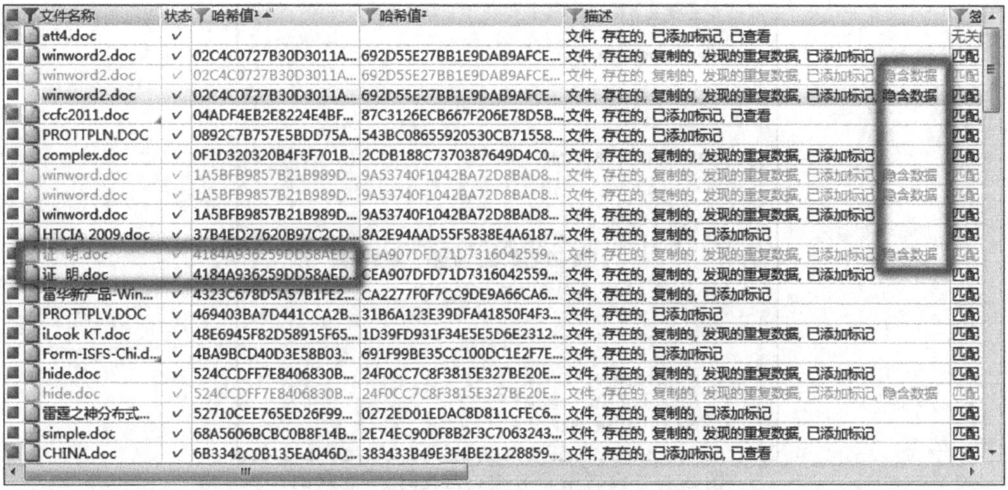

图 3-37　隐藏的重复数据

图 3-38　NSRL 哈希库样本

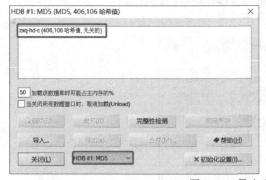
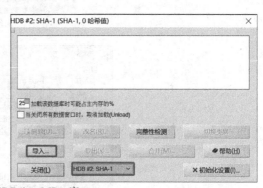

图 3-39　导入 HDB＃1：MD5 库

步骤 3：在创建哈希集界面中，选择合适的哈希算法。如果希望与国际标准一致，建议用 SHA-1。设置哈希分类，本例中的照片需要在后续分析中使用，作为查找目标，因此定义为"关注的"。最后将哈希集命名为"CDF 关注的图片"。单击"确定"按钮，如图 3-42 所示。

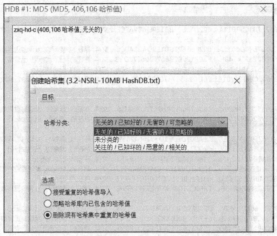

图 3-40　设置哈希分类：无关的、可忽略的

图 3-41　创建哈希集

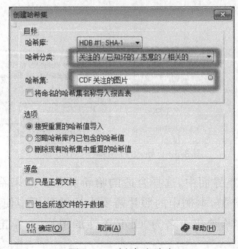

图 3-42　创建哈希库

步骤 3：弹出如图 3-43 所示的界面，表示哈希库创建成功。

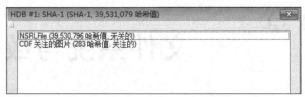

图 3-43　创建"CDF 关注的图片"哈希库

子实验 7　通过哈希集查找相同的文件

步骤 1：在 2.1-CCFC.e01 案件中，过滤所有图片文件，全选所有的图片并标记。

步骤 2：单击"磁盘快照"按钮，在弹出的界面上，勾选"计算哈希值（m）"多选框，并选择用 MD5 算法和 SHA-1 算法计算文件的哈希值。勾选"依据哈希库比对哈希值"多选框，如图 3-44 所示。

步骤 3：选择需要比对的哈希库，选中"CDF 关注的图片"，如图 3-45 所示。

图 3-44　磁盘快照

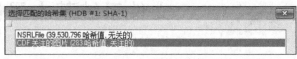

图 3-45　选择哈希库

步骤 4：通过"哈希库"过滤，选择"CDF 关注的图片"。或通过"哈希分类"过滤"未分类的 & 关注的"，单击"确定"按钮，开始查找重复的图片，如图 3-46 所示。

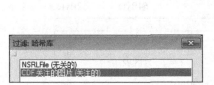

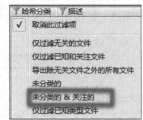

图 3-46　过滤出完全相同的图片

步骤 5：在如图 3-47 所示的界面上，可以看到相同的图片被筛选出来，一共有 26 个哈希值相同的图片文件。

文件名称	状态	哈希值¹	哈希值²	哈希库	哈希分	描述	签名状态	分类描述
透过大门看展览...	✓	05B55615...	ACB6F347F4...	CDF 关注的图片	关注的	文件，存在的，复制的，已添加标记	匹配 (3)	Pictures
研习会小厅100人...	✓	0D65DEB...	586B62F6C4...	CDF 关注的图片	关注的	文件，存在的，复制的，已添加标记	匹配 (3)	Pictures
20091010005.jpg	✓	26799A5C...	64E1B871A3...	CDF 关注的图片	关注的	文件，存在的，复制的，已添加标记	匹配 (3)	Pictures
20091010006.jpg	✓	2E835F4A...	7CDD69AB8...	CDF 关注的图片	关注的	文件，存在的，复制的，已添加标记	匹配 (3)	Pictures
21122010256.jpg	✓	38A367B2...	A4C0C3D552...	CDF 关注的图片	关注的	文件，存在的，复制的，已添加标记	匹配 (3)	Pictures
21122010260.jpg	✓	51A52FED...	DA9127A22B...	CDF 关注的图片	关注的	文件，存在的，复制的，已添加标记	匹配 (3)	Pictures
04042010219.jpg	✓	649D169F...	50BC0ADAA...	CDF 关注的图片	关注的	文件，存在的，复制的，已添加标记	匹配 (3)	Pictures
04042010223.jpg	✓	69321F18...	BBD71EB9D...	CDF 关注的图片	关注的	文件，存在的，复制的，已添加标记	匹配 (3)	Pictures
21122010261.jpg	✓	6BF45429...	E6A85577A6...	CDF 关注的图片	关注的	文件，存在的，复制的，已添加标记	匹配 (3)	Pictures
04042010222.jpg	✓	7EB736ED...	75286A6405...	CDF 关注的图片	关注的	文件，存在的，复制的，已添加标记	匹配 (3)	Pictures
20091010004.jpg	✓	A39FB864...	E1929B89A2...	CDF 关注的图片	关注的	文件，存在的，复制的，已添加标记	匹配 (3)	Pictures

图 3-47　过滤出哈希值相同的图片

第4章 文件系统与数据恢复

文件系统是操作系统用于调控数据存储与检索方式的方法及数据结构,常见的文件系统包括 FAT、exFAT、NTFS、XFS 等。各类文件系统具备独特的设计和特性,取证人员应充分了解并掌握不同文件系统的架构及特点。本实验重点关注 NTFS 文件系统,旨在深入分析其结构、属性等信息,并掌握 NTFS 文件系统的数据恢复方法。

实验4.1 文件系统基本属性

1. 预备知识

（1）MBR 分区

主引导记录（master boot record，MBR）亦称为主引导扇区,位于硬盘的 0 柱面 0 磁道 1 扇区（CHS 地址为 001），且为 LBA 地址的第 0 号扇区。在计算机开启电源后,MBR 是首个被访问的扇区,负责引导操作系统启动。MBR 分区的结构如图 4-1 所示。

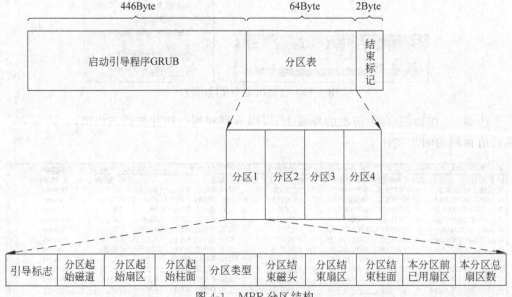

图 4-1　MBR 分区结构

MBR 分区由启动引导程序(0x000～0x1BD,共 446 字节)、分区表(0x1BE～0x1FD,共 64 字节)和结束标志(0x1FE～0x1FF,共 2 字节)组成,如表 4-1 所示。其中,偏移地址是相对于某个起始位置的地址,或距离某个起始位置的字节数。实际上,由于启动引导程序和结束标识部分的数据都是相对固定的内容,在进行分析时,取证人员应着重关注分区表的内容。

表 4-1　MBR 扇区的基本结构

地　　　址	长度(字节)	偏移地址	描　　　述
0x000～0x1BD	446	0x000	代码区
0x1BE～0x1FD	64	0x1BE	分区表(含四个 16 字节的项目)
0x1FE～0x1FF	2	0x1FE	结束标志(0xaa55)

在分区表部分,每个分区表项占用 16 字节。如图 4-2 所示,带框部分展示的是第 1 个分区表项,原始数据为"8020210007 fe ff ff0008000000001f01"。首字节用于表示分区是否可引导,若可引导,则设置为 0x80,否则为 0x00。在此例中,第 1 个分区具备引导功能。接下来的 3 字节(202100)表示分区起始位置的 CHS 地址,紧接着的 1 字节(07)代表分区类型,之后的 3 字节(fe ff ff)表示分区结束位置的 CHS 地址,然后的 4 字节(00080000)表示分区起始位置的 LBA 地址,最后的 4 字节(00001f01)则代表该分区中的扇区数量。

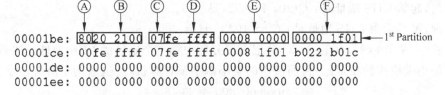

A: 第1个属性,0x80　　B 和 D: CHS 起始和结束位置
C: 分区类型　　E: 起始 LBA 位置　　F:分区大小
图 4-2　分区表数据

(2) DBR 分区

分区引导扇区(DOS boot record,DBR)是由 FORMAT 高级格式化命令写入该扇区的内容,DBR 是由硬盘的 MBR 装载的程序段。在 DBR 装入内存后,引导程序段开始执行,其主要功能是实现操作系统的自举,并将控制权传递给操作系统。每个分区均具备引导扇区,但仅当某个分区被设置为活动分区时,其 DBR 才会被 MBR 装入内存并运行。根据分区所采用的文件系统种类(如常见的 FAT32 和 NTFS)以及分区大小的不同,DBR 的内容因而有所差异。

2. 实验目的

通过本实验的学习,了解磁盘分区的基本概念,掌握分区结构分析方法。

3. 实验环境

- 浏览器：推荐使用谷歌浏览器。
- WinHex 取证分析软件。
- 2.1-CCFC.E01，4-B14-重新分区 4 合 1.e01。

4. 实验内容

子实验 1　理解 MBR 分区信息

分析图 4-2 中第 1 个分区的详细信息，记录分区起始 LBA 地址、分区的扇区数、分区大小、分区类型。

步骤 1：获取第 1 个分区表项内容，如表 4-2 所示。

表 4-2　第 1 个分区的基本结构

原始数据	80	20	21	00	07	fe	ff	ff	00	08	00	00	00	00	1f	01
字节偏移	0	1	2	3	4	5	6	7	8	9	A	B	C	D	E	F

步骤 2：根据分区表项的结构，在字节偏移 1～3 处找到起始 CHS 地址（20 21 00）。

- 柱面数：共 10 位，其中 9～8 位保存于第 2 个字节的 7～6 位中，7～0 位在第 3 个字节中，即柱面数的二进制表示形式为 $(00\ 000000000)2 = 0$。
- 磁头数：共 8 位，来自第 1 个字节，即 $0x20 = 32$。
- 扇区数：共 6 位，来自第 2 个字节的 5～0 位，即 $(100001)2 = 33$。

因此，起始 CHS 地址是：C＝0，H＝32，S＝33。

同理，可得结束 CHS 地址是：C ＝ 1023，H ＝ 254，S ＝ 63。

步骤 3：字节 8～11（00 08 00 00）记录了分区中第 1 个扇区的 LBA 地址。注意，这里应用的是小端模式转换，因为目前使用的是小端字节计算机，这也适用于所有多字节值。

$$0x00000800 = 2048$$

步骤 4：字节 12～15（00 00 1f 01）记录了分区中扇区个数，即 $(0x011f0000)_{16} = (18808832)_{10}$。

步骤 5：根据前面的分析，可以计算出分区的大小（单位 GB）为

$$18808832 * 512 / 1024 / 1024 = 8.96875GB$$

步骤 6：字节偏移为 0 处的字节（80）表示该分区为活动分区，操作系统会从该分区中启动。

步骤 7：字节偏移为 4 处的字节（07）表示该分区的文件系统为 NTFS。（0F）表示为扩展分区。

子实验 2　查看被删除的分区信息

步骤 1：在案件中加载镜像文件 2.1-CCFC.E01，查看名称为 Evidence 的磁盘，如图 4-3 所示，发现显示共有 9 个分区。查看分区 2 描述，显示为"分区表内未提及"，状态为×，表明此分区是被删除的。

步骤 2：利用其他取证软件（例如鉴证大师）查看，发现只能看到 8 个分区。说明对于普通删除的分区，WinHex 可以直接看到并显示出分区中的数据，这部分的性能强于其他

图 4-3　查看分区状态和描述

分析工具,如图 4-4 所示。

图 4-4　鉴证大师查看分区列表

子实验 3　重新分区后恢复丢失的分区

步骤 1:在案件中加载 4-B14-重新分区 4 合 1.e01 镜像文件。在磁盘模式下,选择"磁盘图标",选择"工具"→"磁盘工具"→"扫描丢失的分区",如图 4-5 所示。

步骤 2:扫描完成后,如图 4-6 所示,出现了 3 个状态为×的分区,其描述均为"分区,分区表内未提及",表示这 3 个分区都是被删除的分区。

步骤 3:如图 4-7 所示,选中这 3 个分区,右击选择"添加至 当前活动的案件",就可以将被删除的分区重新加入案件中进行取证分析。

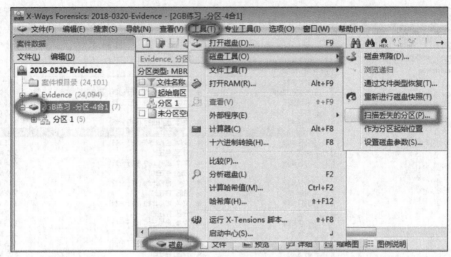

图 4-5　扫描丢失分区步骤

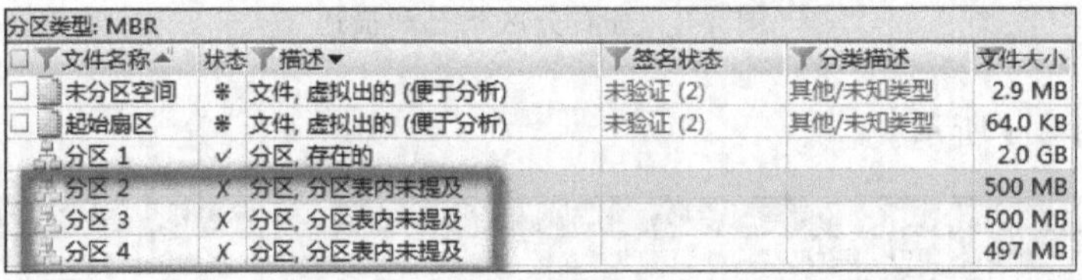

	分区类型: MBR				
□ 文件名称 ▲	状态	描述	签名状态	分类描述	文件大小
□ 未分区空间	✳	文件, 虚拟出的 (便于分析)	未验证 (2)	其他/未知类型	2.9 MB
□ 起始扇区	✳	文件, 虚拟出的 (便于分析)	未验证 (2)	其他/未知类型	64.0 KB
🖵 分区 1	✓	分区, 存在的			2.0 GB
🖵 分区 2	✕	分区, 分区表内未提及			500 MB
🖵 分区 3	✕	分区, 分区表内未提及			500 MB
🖵 分区 4	✕	分区, 分区表内未提及			497 MB

图 4-6　3 个分区状态

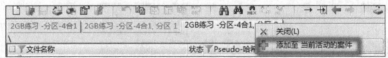

图 4-7　将分区添加至当前案件

实验4.2　FAT 文件系统与数据恢复

1. 预备知识

FAT(file allocation table,文件分配表)文件系统,作为 Windows 操作系统所采纳的一种文件系统,其发展历程涵盖了 FAT12、FAT16 和 FAT32 三个阶段。在 FAT 文件系统中,以"簇"作为数据单元,每个"簇"由一组连续的扇区构成,且簇中所含扇区数必须为 2 的整数次幂。簇的最大值为 64 个扇区,即 32KB。自编号 2 起,可用簇依次编排,用户文件及目录均存放于簇内。

(1) FAT 文件系统的版本号

在 FAT 文件系统中,确定其版本号的方法很多。例如,通过分析分区引导扇区中偏移 82～85 字节位置的数据,可以精确识别出 FAT 文件系统的具体版本。在 FAT 文件系统中,采用特定特殊签名用以标识文件尾部或簇链末尾。以下分别是 FAT 文件系统各版本所采用的特殊签名：
- 0xfff(FAT12)；
- 0xffff(FAT16)；
- 0xffffffff(FAT32)。

（2）FAT 根目录的位置

在不同版本的 FAT 文件系统中，寻找根目录位置的方法各异。

对于 FAT12/16，这个过程相对简单。首先，根目录紧随 FAT 区域之后，从而明确了根目录的起始位置。其次，通过分析分区引导扇区中字节偏移 17～18 位置的数据，可以获取根目录中的目录项。每个目录项占据 2 字节。随后，将目录条目数量乘以条目大小，即可得知根目录的大小。最后，据此确定根目录的位置。

对于 FAT32 文件系统，其文件分配表的管理方式与我们查找文件的方法相似。首先，通过分析分区引导扇区中字节偏移 44～47 位置的数据，可以确定分配给根目录的起始簇。其次，查阅与起始簇对应的 FAT 表项，确定根目录下一个簇的地址，直至找到所有属于根目录的簇。

（3）卷松弛

分区或逻辑驱动器在使用前必须经过格式化，以实现数据存储。然而，在某些情况下，分区或逻辑驱动器未被完全利用，部分空间未经过格式化。此部分空间无法分配给文件，被称为卷松弛。卷松弛是指文件系统末端与所驻留分区末端之间的未使用空间。若发现磁盘分区与分区内的文件系统大小存在差异，即可判断卷松弛的存在。

（4）地址转换

在 FAT 文件系统中计算簇 C 的扇区地址 S 的基本公式为

（C－2）＊（每个簇的扇区数）＋（簇 2 的扇区地址）

逆转该过程并将扇区地址 S 转换为簇地址，可用以下公式：

（（S－簇 2 的扇区地址）/（每个簇的扇区数））＋2

在执行上述公式转换前，需明确所处理的 FAT 文件系统版本，分别为 FAT32 或 FAT12/16。根据各自版本差异，可确定簇 2 的位置。对于 FAT32，簇 2 位于数据区的起始位置或紧随 FAT 区之后，即数据区的首个扇区；而对于 FAT12/16，簇 2 则位于根目录之后。

（5）字节顺序

在进行多字节数字写入磁盘的操作时，我们需要根据所使用的计算机系统类型来考虑字节顺序问题。字节顺序有两种，分别为"小端"和"大端"。在从二进制数据文件中读取或写入多字节数据的过程中，机器所采用的字节顺序将决定是大端字节转换还是小端字节转换。

（6）FAT 分区引导扇区的数据结构

根据 FAT 文件系统的版本不同，其引导扇区的数据结构也有所区别，具体如表 4-3 和表 4-4 所示。

表 4-3　FAT12 / 16 分区引导扇区的数据结构

字节偏移地址 （十六进制）	长度 （十进制）	字节范围 （十进制）	内 容 含 义
0x00	36	0～35	参考表 4-1
0x24	1	36～36	物理驱动器类型（可移动存储介质为 0x00，硬盘为 0x80）
0x25	1	37～37	未使用
0x26	1	38～38	扩展启动签名。用于识别接下来的三个数值是否有效，如果有效，签名值为 0x29
0x27	4	39～42	卷序列号，某些版本的 Windows 将根据创建日期和时间计算该序列号
0x2b	11	14～25	卷标，不足位数用空格填充（即 0x20）
0x36	8	54～61	文件系统类型标签，ASCII 标准值为 FAT、FAT12 和 FAT16。但实际无数据。注：有些工具按此处信息显示结果，但实际并不是磁盘类型
0x3e	448	28～31	未使用。此部分可以包含操作系统启动代码
0x1fe	2	510～511	引导扇区签名（0x55 0xAA）

表 4-4　FAT32 分区引导扇区的数据结构

字节偏移地址 （十六进制）	长度 （十进制）	字节范围 （十进制）	内 容 含 义
0x00	36	0～35	参考表 4-1
0x24	4	36～39	FAT 表的大小
0x28	2	40～41	定义多个 FAT 表的写入方法。如果位 7 为 1，则仅使用 1 个 FAT 表为活动状态，索引在位 0～3 中描述；否则，启动 FAT 表同步备份
0x2a	2	42～43	版本，主版本号和次版本号（定义为 0）
0x2c	4	44～47	根目录的起始簇号
0x30	2	48～49	FS 信息扇区的扇区号，即 DBR 的大小
0x32	2	50～51	引导扇区的备份扇区位置（如果不存在备份扇区，则为 0）
0x34	12	52～63	保留
0x40	1	64～64	物理驱动器号（请参考 FAT 12 / 16 引导扇区，偏移为 0x24 位置）
0x41	1	65～65	保留（请参考 FAT 12 / 16 引导扇区，偏移 0x25 位置）
0x42	1	66～66	扩展引导标记（请参考 FAT 12 / 16 引导扇区，偏移 0x26 位置）
0x43	4	67～70	ID（序列号）
0x47	11	71～81	卷标
0x52	8	82～89	FAT 文件系统类型：FAT32
0x5a	420	90～509	未使用。此部分可以包含操作系统启动代码
0x1fe	2	510～511	引导扇区签名（0x55 0xAA）

2. 实验目的

通过本实验的学习,了解 FAT 文件系统取证和数据恢复的基础知识,更好地理解 FAT 文件系统的工作原理。

3. 实验环境

- 浏览器:推荐使用谷歌浏览器。
- WinHex 取证分析软件。
- 2.1-CCFC.E01、5-L09-PIC-JPEG.E01。

4. 实验内容

子实验 1　分析 FAT 文件系统下删除和格式化后的数据状态

步骤 1:在案件中加载 2.1-CCFC.E01 镜像,分别查看分区 4、分区 5、分区 6 的状态。在分区 4 中,文件和目录正常可见,显示文件系统为 NTFS,如图 4-8 所示。

图 4-8　分区 4 正常的数据

步骤 2:对比可发现,分区 5 的数据是从分区 4 中直接复制过来的,所有数据完全一致。然而,在复制完成后,分区 5 中的所有文件和目录被彻底删除。通过与分区 4 进行对比,我们发现虽然分区 5 中的文件已被删除,但其原始的目录结构及文件基本保持不变。在 FAT32 文件系统中,当文件被直接删除时,不需要任何操作即可观察到删除的数据,如图 4-9 所示。

步骤 3:查看分区 6,可见该分区在复制分区 4 的数据后,被格式化为 FAT32 文件系统,导致磁盘上的文件信息不可见,如图 4-10 所示。请注意,图中显示的具有时间属性的文件在磁盘格式化后不应存在,但由于操作系统对磁盘执行了特定操作,因此产生了临时目录。

步骤 4:尽管分区 5 的数据已被彻底清除,但我们仍可观察到删除的文件。然而,当采用"依据文件系统恢复文件"的方法进行磁盘快照时,如图 4-11 所示,并未发现任何新增数据。因此,针对仅涉及删除操作的情况,磁盘快照的首选方法"根据文件系统查找恢

驱动器 C:	Evidence	Evidence, 分区 1	Evidence, 分区 5				

0+122+6=128 文件, 2+7=9 个目录

文件名称	文件大小	文件	描述	文	创建时间 ▲	访问时间	修改时间
(根目录)	782 MB		根目...				
?tp (0)	0 B		目录, ...		2011-05-26, 18:24:23.1 LT	2011-05-26 LT	2011-05-26, 18:24:24 LT
xw_forensics154 (0)	0 B		目录, ...		2011-05-26, 18:25:36.6 LT	2011-05-26 LT	2011-05-26, 18:25:38 LT
?FED (0)	0 B		目录, ...		2011-05-26, 18:27:37.1 LT	2011-05-26 LT	2011-05-26, 18:27:38 LT
Speaker (0)	0 B		目录, ...		2011-05-26, 18:47:33.1 LT	2011-05-26 LT	2011-05-26, 18:47:34 LT
Recycled (577)	113 MB	SH	目录, ...		2011-05-27, 08:40:53.2 LT	2011-05-27 LT	2011-05-27, 08:40:54 LT
?760593_ (0)	0 B		目录, ...		2011-05-27, 11:26:27.7 LT	2011-05-27 LT	2011-05-27, 11:26:28 LT
MSI5f50b.tmp (0)	0 B		目录, ...		2011-05-27, 11:26:46.9 LT	2011-05-27 LT	2011-05-27, 11:26:48 LT
MSI63b66.tmp (0)	0 B		目录, ...		2011-05-27, 12:54:30.0 LT	2011-05-27 LT	2011-05-27, 12:54:32 LT
?MG_2395JPG	566 KB	A	文件, ... jpg		2008-11-19, 12:43:38.9 LT	2011-05-27 LT	2006-11-28, 13:51:04 LT
?MG_2403JPG	657 KB	A	文件, ... jpg		2008-11-19, 12:43:39.5 LT	2011-05-27 LT	2006-11-28, 14:04:02 LT
?MG_2418JPG	570 KB	A	文件, ... jpg		2008-11-19, 12:43:40.1 LT	2011-05-27 LT	2006-11-28, 14:20:50 LT
?MG_2442JPG	473 KB	A	文件, ... jpg		2008-11-19, 12:43:40.5 LT	2011-05-27 LT	2006-11-29, 12:11:32 LT
?MG_2447JPG	540 KB	A	文件, ... jpg		2008-11-19, 12:43:40.9 LT	2011-05-27 LT	2006-11-29, 15:51:04 LT

分区 | 文件 | 预览 | 详细 | 缩略图 | 时间轴 | 图例说明 | 同步

Offset	0 1 2 3 4 5 6 7 8 9 A B C D E F		
00000000	EB 58 90 4D 53 44 4F 53 35 2E 30 00 02 08 24 00	ëX MSDO	[Evidence.e01], 分区 5 ... 100% 空余
00000010	02 00 00 00 00 F8 00 00 3F 00 FF 00 3F 00 00 00	ø ? ?	文件系统: ... FAT32
00000020	C2 EE 0F 00 FA 03 00 00	Âî ú	卷标: ... FAT32DEL

图 4-9 分区 5 被删除

驱动器 C:	Evidence	Evidence, 分区 1	Evidence, 分区 5	Evidence, 分区 4	Evidence, 分区 6

0+0+6 文件, 2+3=5 个目录

文件名称	文件大小	文件	描述	文	创建时间 ▲	访问时间	修改时间
(根目录)	510 MB		根目录, 存在的				
Recycled (3)	150 B	SH	目录, 存在的		2011-05-27, 09:01:00.3 LT	2011-05-27 LT	2011-05-27, 09:01:02 LT
?760625_ (0)	0 B		目录, 曾经存在, 内容可能...		2011-05-27, 11:26:27.7 LT	2011-05-27 LT	2011-05-27, 11:26:28 LT
MSI5f50c.tmp (0)	0 B		目录, 曾经存在, 内容可能...		2011-05-27, 11:26:46.9 LT	2011-05-27 LT	2011-05-27, 11:26:48 LT
MSI63b67.tmp (0)	0 B		目录, 曾经存在, 内容可能...		2011-05-27, 12:54:30.1 LT	2011-05-27 LT	2011-05-27, 12:54:32 LT
FAT 1	509 KB		文件, 虚拟出的 (便于分析)				
FAT 2	509 KB		文件, 虚拟出的 (便于分析)				
卷残留空间	1.0 KB		文件, 虚拟出的 (便于分析)				
引导扇区	18.0 KB		文件, 虚拟出的 (便于分析)				
空余空间 (net)	509 MB		文件, 虚拟出的 (便于分析)				
空闲空间	?		文件, 虚拟出的 (便于分析)				

分区 | 文件 | 预览 | 详细 | 缩略图 | 时间轴 | 图例说明 | 同步

Offset	0 1 2 3 4 5 6 7 8 9 A B C D E F		
00000000	EB 58 90 4D 53 44 4F 53 35 2E 30 00 02 08 24 00	ëX MSDO	[Evidence.e01], 分区 6 ... 100% 空余
00000010	02 00 00 00 00 F8 00 00 3F 00 FF 00 3F 00 00 00	ø ? ?	文件系统: ... FAT32
00000020	C2 EE 0F 00 FA 03 00 00 00 00 00 00 02 00 00 00	Âî ú	卷标: ... FATFORMATED

图 4-10 分区 6 被格式化

图 4-11 分区 5 基于文件系统恢复没有任何数据

复删除文件"是无效的。

步骤 5：针对分区 6，同样用磁盘快照中的"根据文件系统查找恢复删除文件"功能，可看到图 4-12 中的显示结果，磁盘快照之后新增了 447 个文件。

图 4-12 分区 6 基于文件系统恢复发现新增数据

步骤 6：通过对比分区 5 和分区 6 的文件目录结构，发现原来丢失的目录被保存在"无效目录"中，原始目录名称已经丢失。下级目录的目录名和文件名则可正常显示。目录中的文件数量也全部一样，如图 4-13 所示。

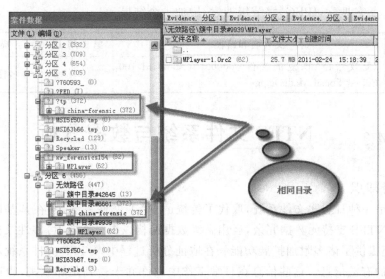

图 4-13 分区 5 与分区 6 目录对比

子实验 2 提取镜像中的图片

步骤 1：在案件中添加 5-L09-PIC-JPEG.E01，该镜像文件中被放置了 10 幅图片，每一幅图片内容中均包含文字"I Am Picture ♯"和图片编号。

步骤 2：直接缩略图方式查看，可以得到如下 5 个结果。

图 片 编 号	文件名和路径	第 1 扇区	描　　　述
♯1	\alloc\file1.jpg	530	缩略图查看，直接可以发现
♯2	\alloc\file2.dat	10056	
♯3	\del1\file6.jpg	1705	缩略图查看，直接可以发现
♯4	\del2\file7.hmm	1066	缩略图查看，直接可以发现
♯10	misc\file13.dll:here	6688	ADS 数据流，文件名 here

步骤 3：解析压缩文件，增加 3 个结果。

图 片 编 号	文件名和路径	第 1 扇 区	描　　述
♯5	\archive\file8.zip\file8.jpg	10810	解析压缩文件后
♯6	archive\file9.boo\file9.jpg	11466	解析压缩文件后
♯7	\archive\file5.tar.gz\file5.tar\file5.jpg	10405	解析压缩文件后

步骤 4：提取不同类型文档中的嵌入数据，增加 1 个结果。

图 片 编 号	文件名和路径	第 1 扇 区	描　　述
♯9	\misc\file12.doc\lillet：Users：bcarrier：proj：dftt：8-jpeg-search：files：pict9.jpg	12583	Word 文件中

步骤 5：签名搜索，JPEG，字节级搜索，增加 1 个结果。

图 片 编 号	文件名和路径	第 1 扇 区	描　　述
♯8	\无效路径\恢复的文件\000001（Standard 100 Edited/Social Media).jpg	12044	签名搜索，字节级

实验4.3　NTFS 文件系统与数据分析

1. 预备知识

NTFS 是一种日志式文件系统，取代了传统的 FAT 文件系统，并在其基础上进行了多项优化。NTFS 支持元数据冗余，运用高级数据结构以提升性能、可靠性及磁盘空间利用率，同时还提供了诸多附加扩展功能。在取证分析过程中，NTFS 文件系统和元数据中蕴含着丰富的有益信息。这些信息在日常工作中或许并未受到足够重视，也或许因缺乏适当工具而难以解析。例如，我们是否能够了解文件的创建、删除和修改时间？文件或文件夹是否曾被打开？何时首次被打开？关于木马的底层操作，是否能找到证据证明其行为?本章将聚焦于 NTFS 文件系统的元数据，深入探讨 ADS 数据流、USN 日志、$ LogFile 等概念，以期在文件创建、运行、删除等方面找到痕迹。结合所学知识，有助于完善对时间和行为分析的准确性。

（1）NTFS 元数据文件类型

在 NTFS 文件系统中，$ MFT、$ UsnJrnl、$ LogFile、$ Secure、$ I30 等文件至关重要，统称为元数据。当一个卷被设定为 NTFS 文件系统后，这些文件将自动存在于每个卷之中，并在 NTFS 卷的根目录下自动创建。NTFS 的元数据可以理解为描述其文件系统的数据，也可视为记录系统变化且具备不同功能的日志。这些元数据文件的文件名首个字符均为"$"，表明它们为隐藏文件，通常情况下，用户无法直接访问或修改。

（2）主文件表 $ MFT

MFT(master file table)用于记载 NTFS 文件系统中的文件和文件夹信息，详细记录了每个文件的标识号和存储位置。将其视为一本字典的索引目录相当贴切,尽管这个索引目录的复杂性远超实际字典目录。

（3）日志文件 ＄LogFile

LogFile 文件是 NTFS 为实现提高可恢复性和安全性而设计的关键组件,其默认大小为 65536KB(64MB)。在系统运行过程中,NTFS 会在日志文件中记录所有影响 NTFS 卷结构的操作,包括但不限于文件创建和更改目录结构的命令,以便在系统发生故障时实现 NTFS 卷的恢复。

＄LogFile 位于 MFT 编号 2 的位置,每当 NTFS 元数据发生变动时,相应的更改记录将被保存至 ＄LogFile。这一记录的作用在于支持文件系统中的撤销或重复操作。在操作被记录于 ＄LogFile 之后,文件系统方才执行后续的文件更改。更改完成后,＄LogFile 将生成新记录以确认该操作。通过 ＄LogFile,未获确认的操作可得以恢复,从而实现撤销操作。

在取证分析过程中,＄LogFile 的重要性在于其保存了 NTFS 卷内所有文件操作的详细信息,如文件创建、更名、删除和编辑等。在实际应用中,这一功能尤为体现在审查各类软件生成临时文件的创建与删除痕迹方面。例如,在编辑 Word 文档和百度云盘上传数据的过程中,都会产生临时文件,这些操作都会被 ＄LogFile 详细记录。此外,＄LogFile 记录可在 WinHex 工具中直接查看与预览。

（4）日志文件 ＄USNJrnl

USN 日志用于存储 NTFS 卷(Volume)上文件和目录变更的信息。当文件系统中的文件或目录发生变动时,日志将追加相应记录。记录内容通常包括文件名、变更时间及变更类型,而实际数据不予记录,从而确保日志文件保持较小尺寸。每个 NTFS 卷均拥有其独立的 USN 日志,监控这些信息可查看文件历史变化。

在初始化 USN 日志时,Windows 系统会在 NTFS 卷上生成一个空白文件。随着系统内数据的不断变动,关于文件和目录的变化记录将持续追加至日志中。每条日志均具有一个 64 位标识,即 USN(更新序列号),通过比较 USN 可明确改变发生的顺序(编号越小,发生时间越早)。然而,需注意的是,USN 编号并不一定保持连续。

在 ＄USNJrnl 文件中,包含两个 ADS 属性文件,分别为 ＄J 和 ＄Max。＄USNJrnl：＄Max 用于记录与用户日志相关的高级设置信息等参数。而 ＄USNJrnl：＄J 则详述了所有文件变动情况,具备如下特点:

＄J 是保存在 ＄UsnJrnl 中的 ADS 数据流文件,全称为 ＄USNJrnl：＄J。＄USNJrnl：＄J 详细记录了文件和目录的创建、修改、删除、更名等操作,包括具体时间和文件 ID。然而,＄USNJrnl：＄J 无法明确指出文件所在的具体路径,须结合 ＄MFT 进行解析。＄USNJrnl：＄J 文件的体积可能较大,若记录时间较长,甚至可能超过 10GB。然而,该文件具备稀疏特性,随着系统运行,旧数据会被持续清除,但其占用的空间并未得到释放。操作系统分区下的 ＄USNJrnl：＄J 默认处于启用状态,其他 NTFS 分区或 USB 存储设备则不一定。用户可以利用命令来启用或禁用。

2. 实验目的

通过本实验的学习,掌握 NTFS 文件系统取证与数据恢复的基本原理,从而深入理解 NTFS 文件系统的工作机制。

3. 实验环境

- 浏览器：推荐使用谷歌浏览器。
- WinHex 取证分析软件。
- 5-A02-SU.E01、10-C02-百度云盘.001、5-C10-Myfile.e01。

4. 实验内容

子实验 1　在 $ LogFile 中分析指定文件的编辑痕迹

步骤 1：在案件中加载 5-A02-SU. E01 镜像，搜索 $ LogFile 文件。此文件位于 NTFS 文件系统分区的根目录，具备系统和隐含属性。通过文件名筛选出该文件，如图 4-14 所示。文件创建时间代表分区格式化时间，文件大小固定为 64MB，数据记录满后，自动覆盖较早的日期数据。

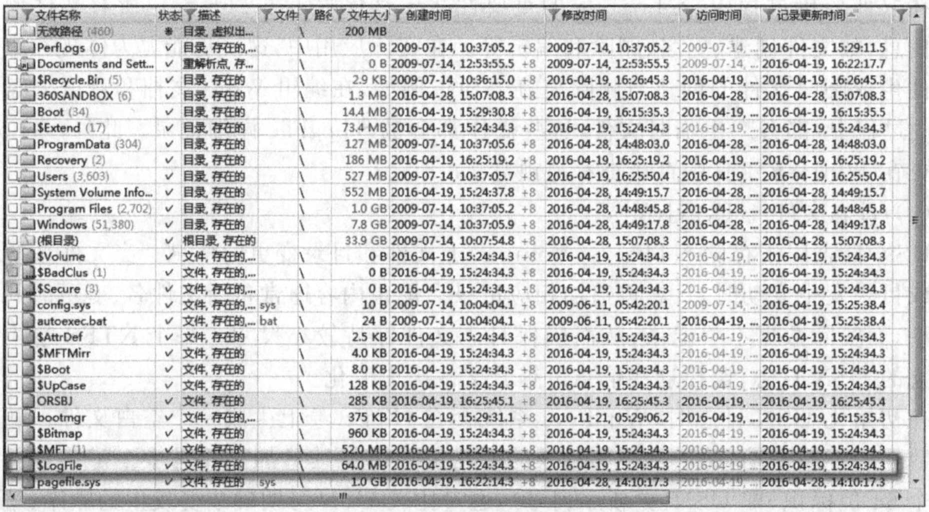

文件名称	状态	描述	文件	路径	文件大小	创建时间	修改时间	访问时间	记录更新时间
无效路径 (460)	*	目录, 虚拟出...		\	200 MB				
PerfLogs (0)	✓	目录, 存在的,...		\	0 B	2009-07-14, 10:37:05.2 +8	2009-07-14, 10:37:05.2	2009-07-14, ...	2016-04-19, 15:29:11.5
Documents and Sett...	✓	重解析点, 存...		\	0 B	2009-07-14, 12:53:55.5 +8	2009-07-14, 12:53:55.5	2009-07-14, ...	2016-04-19, 16:22:17.7
$Recycle.Bin (5)	✓	目录, 存在的		\	2.9 KB	2009-07-14, 10:36:15.0 +8	2016-04-19, 16:26:45.3	2016-04-19, ...	2016-04-19, 16:26:45.3
360SANDBOX (6)	✓	目录, 存在的		\	1.3 MB	2016-04-28, 15:07:08.3 +8	2016-04-28, 15:07:08.3	2016-04-28, ...	2016-04-28, 15:07:08.3
Boot (34)	✓	目录, 存在的		\	14.4 MB	2016-04-19, 15:29:30.8 +8	2016-04-19, 16:15:35.3	2016-04-19, ...	2016-04-19, 16:15:35.5
$Extend (17)	✓	目录, 存在的		\	73.4 MB	2016-04-19, 15:24:34.3 +8	2016-04-19, 15:24:34.3	2016-04-19, ...	2016-04-19, 15:24:34.3
ProgramData (304)	✓	目录, 存在的		\	127 MB	2009-07-14, 10:37:05.6 +8	2016-04-28, 14:48:03.0	2016-04-28, ...	2016-04-28, 14:48:03.0
Recovery (2)	✓	目录, 存在的		\	186 MB	2016-04-19, 16:25:19.2 +8	2016-04-19, 16:25:19.2	2016-04-19, ...	2016-04-19, 16:25:19.2
Users (3,603)	✓	目录, 存在的		\	527 MB	2009-07-14, 10:37:05.7 +8	2016-04-19, 16:25:50.4	2016-04-19, ...	2016-04-19, 16:25:50.4
System Volume Info...	✓	目录, 存在的		\	552 MB	2016-04-19, 15:24:37.8 +8	2016-04-28, 14:49:15.7	2016-04-28, ...	2016-04-28, 14:49:15.7
Program Files (2,702)	✓	目录, 存在的		\	1.0 GB	2009-07-14, 10:37:05.2 +8	2016-04-28, 14:48:45.8	2016-04-28, ...	2016-04-28, 14:48:45.8
Windows (51,380)	✓	目录, 存在的		\	7.8 GB	2009-07-14, 10:37:05.9 +8	2016-04-28, 14:49:17.8	2016-04-28, ...	2016-04-28, 14:49:17.8
(根目录)	✓	根目录, 存在的			33.9 GB	2009-07-14, 10:07:54.8 +8	2016-04-28, 15:07:08.3	2016-04-28, ...	2016-04-28, 15:07:08.3
$Volume	✓	文件, 存在的,...		\	0 B	2016-04-19, 15:24:34.3 +8	2016-04-19, 15:24:34.3	2016-04-19, ...	2016-04-19, 15:24:34.3
$BadClus (1)	✓	文件, 存在的,...		\	0 B	2016-04-19, 15:24:34.3 +8	2016-04-19, 15:24:34.3	2016-04-19, ...	2016-04-19, 15:24:34.3
$Secure (3)	✓	文件, 存在的,...		\	0 B	2016-04-19, 15:24:34.3 +8	2016-04-19, 15:24:34.3	2016-04-19, ...	2016-04-19, 15:24:34.3
config.sys	✓	文件, 存在的,...	sys	\	10 B	2009-07-14, 10:04:04.1 +8	2009-06-11, 05:42:20.1	2009-07-14, ...	2016-04-19, 15:25:38.4
autoexec.bat	✓	文件, 存在的,...	bat	\	24 B	2009-07-14, 10:04:04.1 +8	2009-06-11, 05:42:20.1	2016-04-19, ...	2016-04-19, 15:25:38.4
$AttrDef	✓	文件, 存在的		\	2.5 KB	2016-04-19, 15:24:34.3 +8	2016-04-19, 15:24:34.3	2016-04-19, ...	2016-04-19, 15:24:34.3
$MFTMirr	✓	文件, 存在的		\	4.0 KB	2016-04-19, 15:24:34.3 +8	2016-04-19, 15:24:34.3	2016-04-19, ...	2016-04-19, 15:24:34.3
$Boot	✓	文件, 存在的		\	8.0 KB	2016-04-19, 15:24:34.3 +8	2016-04-19, 15:24:34.3	2016-04-19, ...	2016-04-19, 15:24:34.3
$UpCase	✓	文件, 存在的		\	128 KB	2016-04-19, 15:24:34.3 +8	2016-04-19, 15:24:34.3	2016-04-19, ...	2016-04-19, 15:24:34.3
ORSBJ	✓	文件, 存在的		\	285 KB	2016-04-19, 16:25:45.1 +8	2016-04-19, 16:25:45.3	2016-04-19, ...	2016-04-19, 16:25:45.4
bootmgr	✓	文件, 存在的,...		\	375 KB	2016-04-19, 15:29:31.1 +8	2010-11-21, 05:29:06.2	2016-04-19, ...	2016-04-19, 16:15:35.3
$Bitmap	✓	文件, 存在的		\	960 KB	2016-04-19, 15:24:34.3 +8	2016-04-19, 15:24:34.3	2016-04-19, ...	2016-04-19, 15:24:34.3
$MFT (1)	✓	文件, 存在的		\	52.0 MB	2016-04-19, 15:24:34.3 +8	2016-04-19, 15:24:34.3	2016-04-19, ...	2016-04-19, 15:24:34.3
$LogFile	✓	文件, 存在的		\	64.0 MB	2016-04-19, 15:24:34.3 +8	2016-04-19, 15:24:34.3	2016-04-19, ...	2016-04-19, 15:24:34.3
pagefile.sys	✓	文件, 存在的	sys	\	1.0 GB	2016-04-19, 16:22:14.3 +8	2016-04-28, 14:10:17.3	2016-04-19, ...	2016-04-28, 14:10:17.3

图 4-14　过滤 $ LogFile

步骤 2：预览 $ LogFile 文件内容。WinHex 支持 $ LogFile 文件的解析和预览，其他取证工具则会提取其中的信息显示为自己的格式，或生成 CSV 格式报告。在 WinHex 中以预览模式查看 $ LogFile 文件，可以看到很多文件记录具有 4 个或 5 个时间属性，其中包含具体文件的创建、修改、更新、访问和删除时间，如图 4-15 所示。

hxjm7~0EE802.tmp

Not in volume snapshot	true
LogFile Offset	0x3B3D70
File ID	73755
Sequence Number	2
Parent	507
Flags	A
File Size	44468
Creation	2018/03/23 10:33:12 +8
File Modified	2018/03/23 10:55:27 +8
MFT Modified	2018/03/23 16:35:07 +8
Accessed	2018/03/23 10:55:27 +8
Deleted	2018/03/23 16:35:07 +8

图 4-15　以预览模式查看 $ LogFile 文件

步骤 3：预览 ＄LogFile 文件。无须搜索，仅须向下移动少许，即可看到以 hxjm 开头的几个文件名，如图 4-16 所示。

hxjm7~0EE802.tmp

Not in volume snapshot	true
LogFile Offset	0x3B3D70
File ID	73755
Sequence Number	2
Parent	507
Flags	A
File Size	44468
Creation	2018/03/23 10:33:12 +8
File Modified	2018/03/23 10:55:27 +8
MFT Modified	2018/03/23 16:35:07 +8
Accessed	2018/03/23 10:55:27 +8
Deleted	2018/03/23 16:35:07 +8

~$hxjm7.doc

Not in volume snapshot	true
LogFile Offset	0x3B5450

分区　　文件　　预览　　详细　　缩略图　　时间轴　　图例说明　　RAW 文本　　计选中：

$hxjm7.doc

Not in volume snapshot	true
LogFile Offset	0x3A9850
File ID	75134
Sequence Number	5
Parent	507
Flags	HA
File Size	162
Creation	2018/03/23 16:33:59 +8
File Modified	2018/03/23 16:33:59 +8
MFT Modified	2018/03/23 16:33:59 +8
Accessed	2018/03/23 16:33:59 +8

Find

Text to find

☑ Forward　☐ Match case
☐ Backward

Find　Cancel

~$hxjm7.doc

Not in volume snapshot	true
LogFile Offset	0x3B0700
File ID	73899
Sequence Number	4
Parent	507
Flags	HA
File Size	162
Creation	2018/03/23 16:33:59 +8
File Modified	2018/03/23 16:35:07 +8
MFT Modified	2018/03/23 16:35:07 +8

图 4-16　找到指定文件的日志记录

步骤 4：通过对文件名和记录中的时间信息进行分析，可以得出如下结论：从文件名分析，这是"hxjm7.doc"文件打开过程中的临时文件，证明此文件被打开和编辑过；这个临时文件的创建时间是 16：33：59，修改和删除时间是 16：35：07，总计编辑约 68 秒。

子实验 2　在 ＄LogFile 中分析百度云盘上传或下载文件的痕迹

步骤 1：在案件中加载 10-C02-百度云盘.001 镜像，查找并预览 ＄LogFile 文件，使用组合键 Ctrl＋F 调出搜索窗口，搜索字符"baiduyun"，可以看到如图 4-17 所示的内容。

步骤 2：通过分析其时间信息，可知用户在 2020-03-17 21：31：28 时曾利用百度云盘

图 4-17　$LogFile 文件中查找"baiduyun"

下载"Kali Linux 渗透测试从基础掌握到实战操作教程【2019 新课】.rar"文件。

子实验 3　在 $ LogFile 中分析文件的删除时间

在案件中加载 10-C02-百度云盘.001 镜像，查找并预览 $LogFile 文件，搜索字符 myhex，可以看到如图 4-18 所示的内容，发现两个文件。

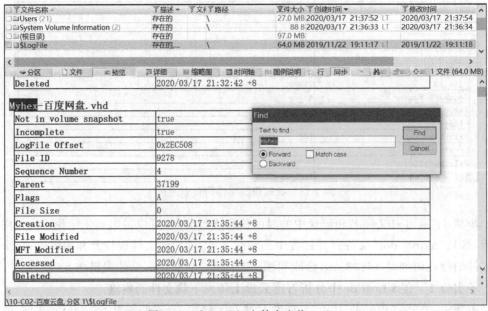

图 4-18　$LogFile 文件中查找 myhex

子实验 4　通过 $UsnJrnl 日志分析文件造假行为和存储劫持

步骤 1：在案件中加载 5-C10-Myfile.e01 镜像，查找并预览 $UsnJrnl 日志文件，使用预览模式查看 $UsnJrnl 文件中的"$J"文件，可见该文件大小约为 12GB。按 Ctrl＋F 快捷键，搜索"MYFILE.XLSX"，如图 4-19 所示。

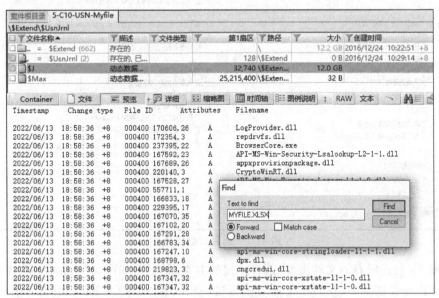

图 4-19　在 $UsnJrnl 日志文件中查找指定文件

步骤 2：单击 Find 按钮，得到搜索结果，如图 4-20 所示。

```
2022/06/15  09:50:53  +8  Data    100343,57    A     data_0
2022/06/15  09:50:53  +8  Data    100154,59    A     data_3
2022/06/15  09:50:53  +8  Data    110627,59    SHA   dosvcState.dat.LOG2
2022/06/15  09:50:53  +8  Data    100308,60    A     index
2022/06/15  09:50:53  +8  Data    110430,60    A     DataStore.jfm
2022/06/15  09:50:53  +8  Create  2249,63      A     9ca8e750-39ea-426b-b730-6f5a01d0704a
2022/06/15  09:50:53  +8  Data    230071,64    A     360sdupdw
2022/06/15  09:50:53  +8  Data    100342,66    A     index
2022/06/15  09:50:53  +8  Data    110351,71    A     Microsoft-Windows-AppXDeployment%4Operational.evtx
2022/06/15  09:50:53  +8  Data    99159,79     A     index
2022/06/15  09:50:53  +8  Data    100152,84    A     data_2
2022/06/15  09:50:53  +8  Data    295,93 A           ^DF92BE0D9E4910B91A.TMP
2022/06/15  09:50:53  +8  Create  8553,101     A     zrtcservice_2022_06_14.log
2015/07/13  21:10:57  +8  Create+       361,72 A     myfile.xlsx
2015/07/13  21:10:58  +8  Create 1723,25   <DIR>     S-1-5-21-62010786-1228621838-106190245-500
2015/07/13  21:10:58  +8  Create+     12369,26  A     desktop.ini
2022/07/13  22:15:42  +8  Data    32,1    A          $TxfLog.blf
2022/07/13  22:15:42  +8         80000000     32    20     $TxfLog.blf
```

图 4-20　查找结果

步骤 3：从日志日期判断，可知 2015 年 7 月 13 日，出现文件的创建痕迹。

```
2015/07/13  21:10:57  +8 Create+  361,72  A myfile.xlsx
```

但结合之前的时间，2022 年 6 月 15 日 09：50，可发现系统时间有修改的痕迹。系统时间应该从 2022 年 6 月 15 日修改至 2015 年 7 月 13 日。

子实验 5　NTFS 文件系统格式化后的数据恢复

步骤 1：打开 WinHex 取证软件，新建一个案件，在案件中加载 2.1-CCFC.e01 镜像。选择"磁盘快照"功能，勾选"基于文件签名进行恢复"多选框，如图 4-21 所示。

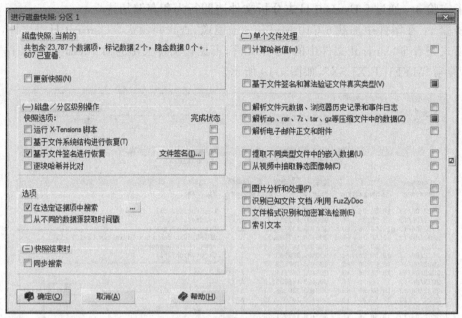

图 4-21　选择磁盘快照

步骤 2：勾选所有的文件类型，选择恢复所有类型文件，如图 4-22 所示。为了方便区分哪些文件是被恢复的，我们在文件名前缀这一栏设置"RECOVER_"前缀。请注意，这里选择文件类型越多，恢复速度越慢。

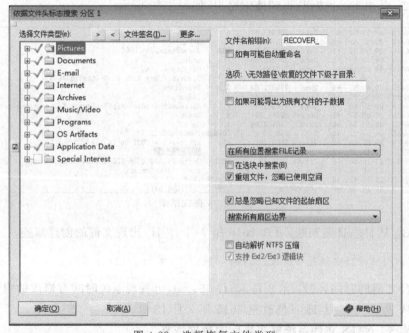

图 4-22　选择恢复文件类型

步骤 3：恢复操作完毕后，通过文件名过滤"RECOVER＊"过滤，查找恢复的文件，结果如图 4-23 所示。

图 4-23　过滤恢复的文件

第5章

Windows 取证

Windows 是由微软公司开发的闭源图形化操作系统,其众多版本广泛应用于各类设备。主要版本如 Windows XP、Windows 7、Windows 8、Windows 8.1、Windows 10、Windows 11,以及 Windows Server 2003、Windows Server 2008、Windows Server 2012、Windows Server 2016、Windows Server 2019 和 Windows Server 2022。随着 Windows 版本的迭代更新,Windows 10 和 Windows 11 已逐渐成为市场份额的主要占据者。本章将主要基于这两大版本展开实验,包括 Windows 系统的重要痕迹、Windows 注册表、事件日志,以及 Windows 内存取证。

实验5.1 卷影复制

1. 预备知识

卷影复制,又称卷影副本、卷影拷贝(Volume Shadow Copy,VSC),是微软公司提供的一项自动或手动备份服务,旨在实现对卷内文件的有效快照。

系统还原点是指在特定时刻 Windows 操作系统所创建的系统快照,其目的在于协助操作系统恢复至某一特定时刻的正常运行状态,从而解决计算机运行速度缓慢或出现故障的问题。当 Windows 操作系统遭遇损坏时,系统可能会建议用户通过还原点进行恢复。用户可以手动创建还原点,或在重大系统事件(如系统更新、安装程序)发生前,由系统自动创建。默认情况下,还原点功能已启用,并每日自动生成一次快照。

卷影复制服务是自 Windows 7 操作系统起,各项操作系统所具备的一项功能。该服务通过为还原点创建数据快照,实现对操作系统的保护。换言之,该服务为还原点提供源数据,这些源数据即为卷影副本,且每个还原点均对应一个卷影副本。值得注意的是,卷影复制服务仅支持 NTFS 格式的分区或卷。

在数字取证过程中,调查人员能够通过分析卷影副本获取诸多有益的证据信息。这是因为卷影副本中可能保存了已删除文件的原件,例如已删除的 BitLocker 密钥,或已经删除的文件等。然而,卷影副本并不包含未分配簇、松弛扇区以及休眠文件等数据。为解析卷影副本,调查人员可运用 X-Ways Forensics、自动化分析或 ShadowExplorer 等工具。

2. 实验目的

通过本实验的学习,了解卷影副本的基本概念,掌握卷影副本分析方法。

3. 实验环境

- 浏览器：推荐使用谷歌浏览器。
- 镜像挂载工具、ShadowExplorer。
- 5-A02-SU.E01。

4. 实验内容

步骤 1：利用镜像挂载工具，挂载 5-A02-SU.E01 镜像，查看盘符，发现本实验中盘符为 J。查看 J 盘的属性，单击"以前的版本"，如图 5-1 所示，可看到存在 2018 年 3 月 23 日的两个卷影副本信息，如图 5-1 所示。

图 5-1　存在两个还原点

步骤 2：运行 ShadowExplorer 软件，可读取出对应盘符中的卷影副本。比较两次还原点中的数据变化，可以参考如图 5-2 和图 5-3 所示的信息。

图 5-2　包含 2018 年 3 月 23 日 setup_jiami.exe 文件

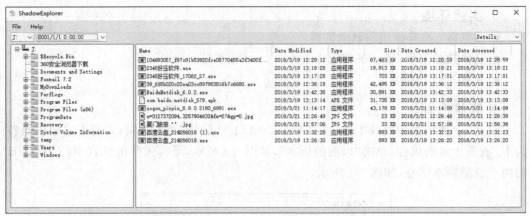

图 5-3　未包含 2018 年 3 月 23 日 setup_jiami.exe 文件

实验5.2　回收站

1. 预备知识

回收站作为 Windows 操作系统中的一项功能,主要用于存储用户已删除的文件,同时具备系统及隐含属性。在用户删除一份文件后,该文件会被默认存放至回收站,并持续保存。用户可选择"还原"操作将回收站内的文件恢复至原始位置,或选择"清空回收站"以彻底删除数据。在涉及企业内部调查的案件中,离职员工窃取并故意删除公司数据的情况屡见不鲜。那么,是否有办法追溯一个人在何时删除了哪些数据呢? 通过深入分析回收站,调查人员有望揭示被删除数据及其删除时间。

在 Windows 操作系统中,当文件被删除时,若未清空回收站,实则该文件仍存储于磁盘,仅将之移至"回收站"。待用户执行"清空回收站"操作后,数据才被真正消除。若删除文件时按 SHIFT 键,文件将直接被彻底删除,不予进入回收站。回收站内的文件具有隐含及系统属性,且会被重新命名。在需要时,用户可将回收站中的文件恢复至原始位置。因此,文件原始信息实际上均被回收站保存。需要注意的是,不同版本的 Windows 在保存和处理这些信息方面存在差异。

(1) Windows XP 回收站格式分析

在 Windows XP 操作系统中,回收站的路径为 X:\RECYCLER,其中,X 代表驱动器的盘符。在该路径下,存在多个以 SID 命名的子文件夹,这些子文件夹分别存储着不同用户删除的内容。当文件被移入回收站后,其文件名会被修改为"DC♯♯.XXX",其中,"DC"为固定不变的字符,"♯"为被删除文件自动设定的编号,"XXX"为被删除文件的原始扩展名。

在 RECYCLER 文件夹内,有一个名为 INFO2 的文件,该文件详细记录了已删除文件的原始路径、删除时间以及文件大小等信息。利用 WinHex 工具,可以直接解析 INFO2 文件,并通过预览模式查阅其内容。

不同 Windows 版本的回收站名称见表 5-1。

表 5-1　不同 Windows 版本的回收站名称

操 作 系 统	文 件 系 统	位置和名称
Windows 95/98/ME	FAT32	:\Recylced\INFO2
Windows NT/2000/XP	NTFS	:\Recycler\<ID>\INFO2
Windows Vista/7	NTFS	:\$Recycles.Bin\<USER ID>

（2）Windows 7 及后续版本回收站格式分析

自 Windows 7 至 Windows 11，回收站的路径固定为 X:\$Recycle.Bin，其中，X 代表相应驱动器的盘符。同时，$Recycle.Bin 文件夹内包含多个以 SID 命名的子文件夹，这些子文件夹存储了不同用户删除的各种数据。值得注意的是，与 Windows XP 回收站的命名规则不同，每个单独删除的文件在 $Recycle.Bin 文件夹中均对应两个文件。

在 Windows 系统删除文件的过程中，首先会生成一个文件，该文件用于记录被删除文件的原始名称、大小、路径和删除时间。该文件名的生成规则为"$I+6 位字母和数字组合的随机数+原始文件扩展名"。接着，回收站中原始文件的名称会被更改，命名规则为"$R+相同的 6 位随机数+原始扩展名"。因此，$I 文件保存了被删除文件的原始信息，而 $R 文件则为被删除的原始文件。两者后 6 位随机数相同。若要对 $I 文件进行解析，须借助专业工具，如 WinHex、RBCmd 和 $I_Parse 等。

需要注意的是，随着 Windows 系统的不断升级，不同版本回收站中的 $I 文件格式存在一定差异。图 5-4 和图 5-5 分别是 Windows 8 和 Windows 11 系统中 $I 文件的格式。

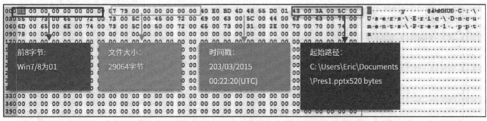

图 5-4　Windows 8 系统中 $I 文件的格式

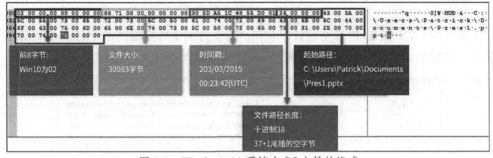

图 5-5　Windows 11 系统中 $I 文件的格式

2. 实验目的

通过本实验的学习，了解不同版本的操作系统中回收站的文件格式。

3. 实验环境

- 浏览器：推荐使用谷歌浏览器。
- WinHex 取证分析软件。
- 2.1-CCFC.E01、5-L04-PIC-FAT32.e01。

4. 实验内容

子实验 1 Windows XP 回收站日志分析

步骤 1：在案件中加载 2.1-CCFC.E01 镜像，通过文件名称过滤查找"INFO2"文件。在目录管理器窗口中，可以看到"分区 1"包含两个 INFO2 文件。通过路径中存在的两个不同的 SID，说明是两个不同的用户所属的回收站，如图 5-6 所示。

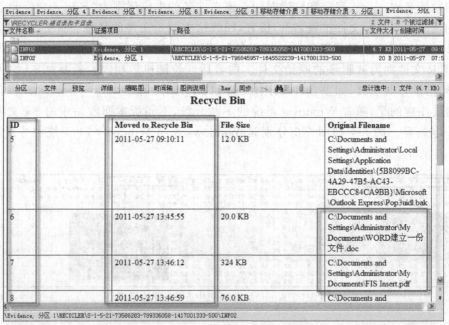

图 5-6 INFO2 预览

步骤 2：图 5-6 中 ID 栏目中的数字与图 5-7 文件名 DC 后面的数字相对应。分析可知删除文件的原始名称、原始路径和转移到回收站的时间。

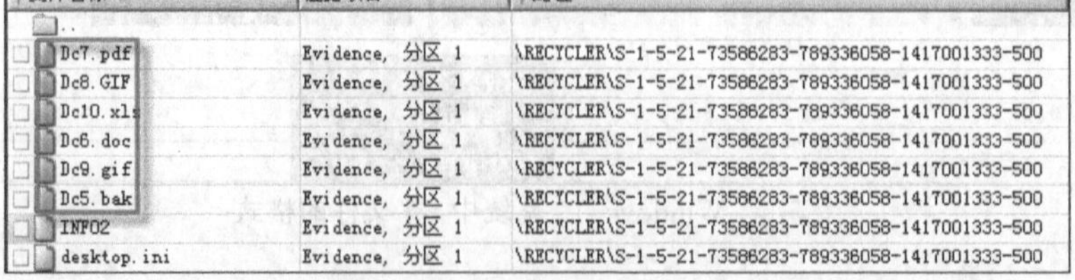

图 5-7 查看回收站文件信息

步骤 3：参考 INFO2 和文件名可知，ID 6 对应的文件是 Dc6.doc，大小为 20KB。文件被删除的时间为 2011-05-27 13：45：55，与 Dc6.doc 的记录更新时间相同，参考图 5-8。被删除文件的原始路径和文件名为：C：\ Documents and Settings \ Administrator \ My Documents\WORD 建立一份文件.doc。

文件名称	文件大小	创建时间	修改时间	访问时间	记录更新时间
..					
Dc7.pdf	324 KB	2008-11-19 12:43:43	2008-11-19 12:30:06	2011-05-27 13:45:59	2011-05-27 13:46:12
Dc8.GIF	74.5 KB	2011-05-27 11:55:03	2011-05-27 11:55:05	2011-05-27 13:46:45	2011-05-27 13:46:59
Dc10.xls	32.5 KB	2011-05-27 11:52:00	2011-05-27 11:52:01	2011-05-27 13:47:08	2011-05-27 13:47:11
Dc6.doc	19.5 KB	2011-05-27 13:42:47	2011-05-27 13:42:48	2011-05-27 13:45:51	2011-05-27 13:45:55
Dc9.gif	14.0 KB	2011-05-27 11:56:10	2011-05-27 11:56:11	2011-05-27 13:46:45	2011-05-27 13:46:59
Dc5.bak	9.2 KB	2011-05-27 09:10:11	2011-05-27 09:10:11	2011-05-27 09:10:11	2011-05-27 09:10:11
INFO2	4.7 KB	2011-05-27 09:01:00	2011-05-27 13:47:25	2011-05-27 13:47:25	2011-05-27 13:47:25
desktop.ini	65 B	2011-05-27 09:07:27	2011-05-27 09:07:27	2011-05-27 13:45:53	2011-05-27 09:07:27

图 5-8　查看时间属性

子实验 2　Windows 10 中被删除的文件夹

步骤 1：在案件中加入 5-L04-PIC-FAT32.e01 镜像文件，浏览镜像中 $ Recycle.Bin 文件夹，依据用户 SID 定位对应用户回收站目录，如图 5-9 所示。被删除的文件夹已被重命名为以 $ R 为前缀（目录具有 $ R 前缀但无扩展名），同时生成一个以 $ I 为前缀的描述且后续字符完全相同的文件。原文件保存位置和删除时间可在预览模式下，在 $ I 文件中查询。

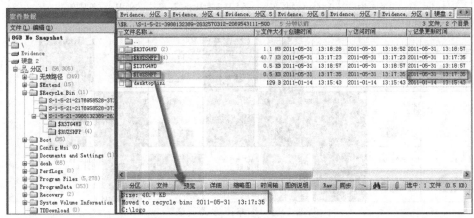

图 5-9　$ R 与 $ I 文件一一对应

步骤 2：进入 $ R 目录下，可以看到被删除的文件原始文件名、扩展名不变，如图 5-10 所示。

文件名	文件大小	创建时间	修改时间	访问时间
.. = $RAOH14L [iPhoto] (34)	5.0 MB	2019/05/08 18...	2019/05/08 17:54:26 LT	2019/05/08 LT
.. = Thumbnails (34)	5.0 MB	2019/05/08 18...	2019/05/08 17:54:26 LT	2019/05/08 LT
IMG_4216.jpg	33.3 KB	2019/05/08 18...	2016/10/11 16:38:22 LT	2019/05/08 LT
IMG_4216_1024.jpg	140 KB	2019/05/08 18...	2016/10/11 16:38:22 LT	2019/05/08 LT
IMG_4216_face0.jpg	51.9 KB	2019/05/08 18...	2016/10/11 16:38:22 LT	2019/05/08 LT
IMG_4234.jpg	65.5 KB	2019/05/08 18...	2016/10/11 16:38:22 LT	2019/05/08 LT
IMG_4234_1024.jpg	412 KB	2019/05/08 18...	2016/10/11 16:38:22 LT	2019/05/08 LT
IMG_4234_face0.jpg	122 KB	2019/05/08 18...	2016/10/11 16:38:22 LT	2019/05/08 LT
IMG_4295.jpg	53.9 KB	2019/05/08 18...	2016/10/11 16:38:22 LT	2019/05/08 LT
IMG_4295_1024.jpg	331 KB	2019/05/08 18...	2016/10/11 16:38:22 LT	2019/05/08 LT

图 5-10　5-L04-PIC-FAT32.e01 案例中被删除的文件

实验5.3　缩略图

1. 预备知识

计算机硬盘中保存着大量的图片,包括正常存在的图片、被删除的图片、复合文件中嵌入的图片、压缩文件中的图片以及缩略图。正常图片文件来源多样,如 Windows 自带的、从互联网暂存的、个人照片以及程序编制的。删除的图片是经过删除或格式化后仍残留的。复合文件中的图片主要来源于 Word、PPT、PDF 以及邮件等。压缩文件中的图片包括压缩文件本身及其中嵌入的图片。缩略图则包括 Thumbs.db 和 JPG 图片中的嵌入信息。

许多取证工具都提供了缩略图查看方式,以便快速浏览众多的图片,如图 5-11 所示。在缩略图查看模式下,当前目录下的所有文件将以图形方式展示。非图片文件显示为文件图标,图片文件则展示其缩略图。若无法预览,则可能出现文件损坏。

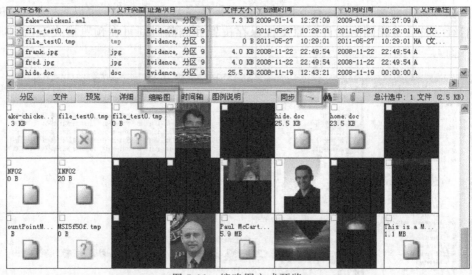

图 5-11　缩略图方式预览

（1）不同版本 Windows 操作系统中的缩略图存储方式

为了便于用户快速浏览 jpg、png、avi 等多媒体文件内容,自 Windows XP 起,操作系统配备了缩略图功能。在 Windows XP 中,缩略图被固定存储在各个文件夹的 thumbs.db 文件中。而在 Windows 7 中,该功能得以改进,取消了 thumbs.db 方式,将缩略图文件移至"C:\Users\<UserName>\AppData\Local\Microsoft\Windows\Explorer"文件夹下的 thumbcache_ * .db 文件。其中,* 代表缩略图的尺寸,包括 32、96、256、1024 等不同等级,以满足用户在文件资源管理器中浏览文件时选择大图标、小图标等不同查看模式的需求。自 Windows 10 版本起,缩略图存储规则保持不变,但增加了 16、48、768、1280、1920 等更多尺寸选项,进一步提升了用户体验。

（2）缩略图文件内容

Thumbs.db 是 Windows XP/2003 操作系统中用于提升文件夹在缩略图查看模式下响应速度的缓存文件，通常也被称为缩略图文件。当以缩略图形式查看包含图片或视频文件的目录时，系统中会生成一个 thumbs.db 文件。该文件中以 JPEG 格式保存了目录下每个图片的缩略图信息。

Thumbs.db 文件能缓存包括 jpeg、bmp、gif、tif、pdf 和 htm 在内的图像文件格式，其属性为"系统文件＋隐藏文件"，在常规情况下不会显示。随着文件夹中图片数量的增加，该文件体积会相应增大。在 Windows XP Media Center Edition 版本中，生成的缩略图名称为 ehthumbs.db，并能保存视频文件预览。然而，部分旧版本的 thumbs.db 格式缩略图无法正常提取，此类文件会被纳入报告表，并标注为"不支持的 thumbs.db"。此时，可借助 GreenSpot Technologies Ltd 公司发布的免费 DM Thumbs 程序进行查看。

（3）缩略图文件查看方式

在不同版本的操作系统中，thumbcache_ * .db 文件的签名存在一定差异。如图 5-12 展示的那样，在 Windows 10 系统中，缩略图文件头部特征字节的值为 0x20；而在 Windows 8.1 系统中，该值则为 0x1F；在 Windows 7 系统中，该值为 0x15。

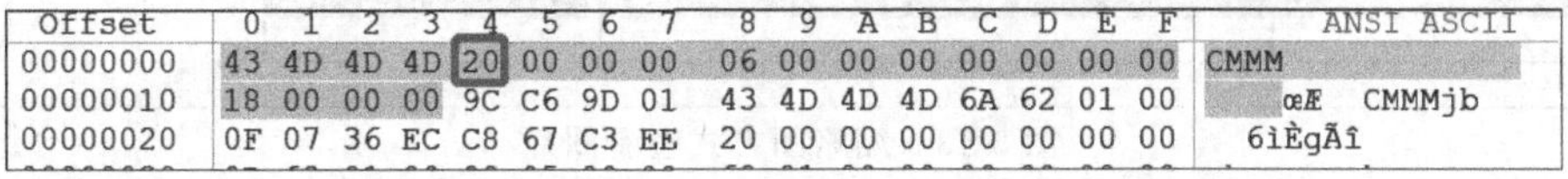

Offset	0	1	2	3	4	5	6	7	8	9	A	B	C	D	E	F	ANSI ASCII
00000000	43	4D	4D	4D	20	00	00	00	06	00	00	00	00	00	00	00	CMMM
00000010	18	00	00	00	9C	C6	9D	01	43	4D	4D	4D	6A	62	01	00	œÆ CMMMjb
00000020	0F	07	36	EC	C8	67	C3	EE	20	00	00	00	00	00	00	00	6ìÈgÃî

图 5-12　Windows 10 中缩略图文件的文件头

Thumbcache_x.db 文件需要借助专业的取证工具才能查看，调查人员可以使用 X-Ways Forensics 或 Thumbcache Viewer 等工具来分析缩略图文件。

2. 实验目的

通过本实验的学习，了解缩略图的基础概念，更好地理解在 Windows 系统中缩略图的生成原理和鉴证价值；掌握使用 Windows File Analyzer 分析缩略图的方法。

3. 实验环境

- 浏览器：推荐使用谷歌浏览器。
- WinHex 取证分析软件、Windows File Analyzer。
- 2.1-CCFC.e01、5-C03-缩略图 2.VHD。

4. 实验内容

子实验 1　查询图片中的缩略图

在正常的 JPEG 图像中皆内嵌一副 JPG 格式的小型图像，此图像可手动或自动提取。工具软件提取出的缩略图呈现为一个虚拟文件，其文件名与原图像名称一致，并标记有"Thumbnail"字符。缩略图文件大小通常仅有几 KB 至十几 KB，且不包含创建时间。

步骤 1：在案件中加载 2.1-CCFC.e01 镜像，查找 Thumbs.db 文件。

步骤 2：使用 WinHex 软件解析 Thumbs.db 文件，找到分区 9 的"照片\Camara"目录，以缩略图模式查看目录，可以看到存在 17 幅图片，如图 5-13 所示。

图 5-13　缩略图方式查看图片

步骤 3：按 Ctrl＋A 快捷键，选择所有文件，右击选择"标记"。

步骤 4：选择磁盘快照，经过"查找嵌入在文件内的 JPEG 和 PNG 图片"选项之后，通过对 17 个文件进行分析可看到，新增加了 24 个文件。

步骤 5：从分析结果可以发现，该目录文件都被显示为包含子数据。单击"浏览"，可以看到每个图片中都有一个名称为"缩略图.JPG"的文件，这就是该文件的缩略图。

子实验 2　用 WFA 解析 Windows 缩略图

步骤 1：挂载"5-C03-缩略图 2.VHD"后，可以看到如图 5-14 所示的目录结构。Windows File Analyzer 软件保存在 WFA.zip 压缩文件中。解压缩该文件，运行 Windows File Analyzer。

名称	修改日期	类型	大小
$RECYCLE.BIN	2022/12/13 15:32	文件夹	
System Volume Information	2022/12/13 14:59	文件夹	
Confidential.xlsx	2016/3/17 6:56	XLSX 工作表	32 KB
PowerPoint.pptx	2016/3/17 6:56	PPTX 演示文稿	248 KB
thumbcache_96.db	2016/3/17 6:56	Data Base File	18,432 KB
thumbcache_256.db	2016/3/17 6:56	Data Base File	12,288 KB
Thumbs.db	2016/3/17 6:56	Data Base File	19 KB
Thumbs-2.db	2016/3/17 6:56	Data Base File	17 KB
WFA.zip	2022/12/13 14:32	压缩(zipped)文件夹	2,051 KB
Windows.edb	2016/3/17 6:56	EDB 文件	41,024 KB

图 5-14　镜像中包含 WFA.zip 压缩包

步骤 2：从主菜单中选择 File，然后选择"Analyze Thumbnail Database"，再选择"Windows XP"，选择解压缩的 Thumbs.db 文件，Windows File Analyzer 将解析数据库并显示信息，如图 5-15 所示。

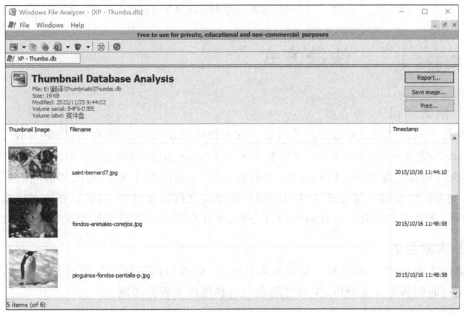

图 5-15　镜像中的数据结构

步骤 3：通过分析可知该卷的序列号为 DC6F-A898，如图 5-16 所示。进一步分析发现，Windows File Analyzer 程序查询了本地硬盘。

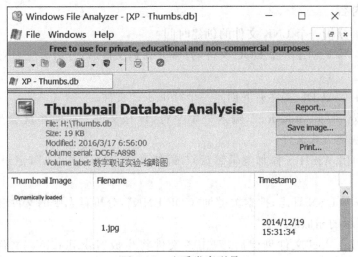

图 5-16　查看卷序列号

步骤 4：过滤出"saint-bernard7.jpg"文件，查询该文件的时间戳，结果如图 5-17 所示，文件的时间戳为 2015 年 10 月 16 日上午 11：44：10（UTC）。

图 5-17　查看缩略图中的文件名和时间戳

实验5.4　快捷方式

1. 预备知识

快捷方式能够记录最近的操作行为。在文件被创建、打开或另存的过程中,有可能生成 LNK 快捷方式,每一个 LNK 文件均具有其独立的创建、修改、访问和记录更新时间。LNK 文件内部会保存 3 个时间属性,对应所指向目标文件的创建、修改和访问时间。案件中,如果同时发现快捷方式文件和所指向的原始文件或文件夹,就可以获取更丰富的时间属性。通过对多个时间属性进行综合分析,往往会得出富有启发性的线索。

2. 实验目的

通过本实验的学习,掌握快捷方式创建时间、修改时间等时间属性的分析技巧,进而熟练运用时间信息交叉分析,实现对用户行为和操作步骤的还原。

3. 实验环境

- 浏览器:推荐使用谷歌浏览器。
- WinHex 取证分析软件。

4. 实验内容

子实验 1　分析一个 LNK 文件的创建时间

实验描述:手工创建一个 DOC 文件,打开并编辑文件后,分析对应 LNK 文件的创建痕迹。

步骤 1:在 C:\CDF 文件夹下创建一个"lnk.doc"文件。

步骤 2:双击打开"lnk.doc",输入一串字符,保存文件。此时系统会生成一个名为"lnk.doc.lnk"快捷方式文件。

步骤 3:利用 WinHex 添加逻辑磁盘 C,过滤文件名"lnk * .lnk",记录该 LNK 文件的创建时间。

步骤 4:查看 USN 日志,搜索关键词"CDF.LNK",分析日志中的文件变化记录,可见到如图 5-18 所示的相似痕迹。

分析:在"lnk.doc"文件创建后,双击该文件将生成"lnk.doc.lnk"文件。观察"lnk.doc.lnk"的创建时间,可以发现它与打开"lnk.doc"文件的时间一致。进一步分析 USN 日志可看到,上述文件的创建时间保持一致。若"lnk.doc"再次被打开,USN 日志中无新文件创建,因此"lnk.doc.lnk"文件的创建时间不会发生变化。在本实验中,lnk.doc.lnk 的创建时间为 2022 年 12 月 13 日 16:44:04(UTC+8)。

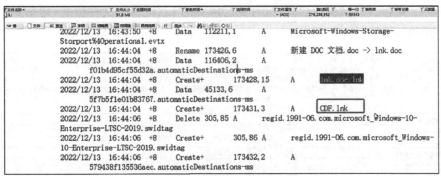

图 5-18　创建 lnk.doc.lnk 快捷方式后，USN 日志的变化

子实验 2　查看目标文件的创建、访问和修改时间

步骤 1：过滤实验 1 中生成的"Lnk.doc.lnk"文件，通过 WinHex 的"文件"视图模式，查看该文件的十六进制编码。

步骤 2：查找 0x1C 位置开始的 8 字节信息。当一个文件被打开，该文件的创建、访问和修改时间被读取，从 0x1C 位置开始记录在 LNK 文件中。每个时间为 8 位，保存顺序是创建、访问、修改。图 5-19 所示的标记位置即 LNK 文件中的目标创建时间。

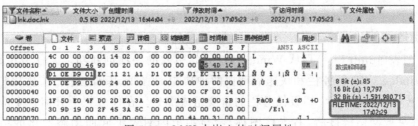

图 5-19　LNK 中嵌入的时间属性

步骤 3：如果看不到数据解释器中的 FILETIME 信息，单击"数据解释器"，右击选择"选项"，勾选"Windows FILETIME(64 bit)"多选框，如图 5-20 所示。

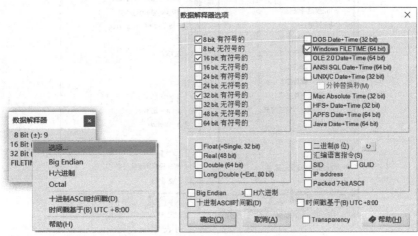

图 5-20　查看 LNK 文件中的时间属性

步骤4：单击"预览"视图模式，可看到已解析的LNK目标文件信息，包括目标创建、修改和访问时间，如图5-21所示。

图 5-21　查看 LNK 文件中的时间属性

实验5.5　跳转列表

1. 预备知识

跳转列表(Jump List)是从 Windows 7 开始引入的一项创新功能。任务栏跳转列表集成了 Windows XP 任务栏和快速启动栏两种功能，并在此基础上进行了优化和增强，成为 Windows 7 及以上系统超级任务栏的重要组成部分。在任务栏上开启一个应用程序、文档、文件夹或网站链接后，右击该图标，会显示出因对象不同而动态变化的项目列表。这就是跳转列表。跳转列表能够保存各类程序最近操作的历史，如图5-22所示。

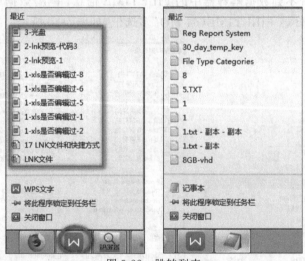

图 5-22　跳转列表

跳转列表文件扩展名：AutomaticDestinations-ms 和 CustomDestinations-ms。跳转

列表文件位置如图 5-23 所示。

图 5-23 跳转列表文件的保存样式

Windows 中存在两种类型的跳转列表文件。第一种跳转列表文件的扩展名是 automaticDestinations-ms,此类跳转列表是用户打开文件或者应用程序时自动创建的跳转列表,存储位置为 C:\Users\<UserName>\AppData\Roaming\Microsoft\Office\Recent\AutomaticDestinations。

另一种跳转列表文件的扩展名为 customDestinations-ms,是用户固定文件或者应用程序时创建的,存储位置：C:\Users\<UserName>\AppData\Roaming\Microsoft\Office\Recent\CustomDestinations。

跳转列表文件的命名是由 AppID(应用程序 ID)+ 扩展名所构成的。每一个应用程序都有固定的 AppID,且不同版本应用程序的 ID 可能会不同。表 5-2 为常见的 AppID 及其描述。

表 5-2 常见的 AppID 及其描述

AppID	描　　述
fb3b0dbfee58fac8.	Microsoft Office Word 365 x86
d00655d2aa12ff6d.	Microsoft Office PowerPoint x64
b8ab77100df80ab2	Microsoft Office Excel x64
69639df789022856	Google Chrome 86.0.4240.111
6824f4a902c78fbd	Mozilla Firefox 64.0
ccba5a5986c77e43	Microsoft Edge(Chromium)
8eafbd04ec8631ce	VMware Workstation x64
ae6df75df512bd06	Windows Media Player

2. 实验目的

通过本实验的学习,了解跳转列表的分析方法,还原用户近期访问的文件。

3. 实验环境

- WinHex 取证分析软件。
- 5-C04-快捷方式和跳转列表.001。

4. 实验内容

实验　解析跳转列表

步骤 1：过滤跳转列表文件，可以输入 destinations，可同时找到扩展名为 AutomaticDestinations-ms 和 CustomDestinations-ms 的所有文件，如图 5-24 所示。

图 5-24　过滤名称中包含 destinations 的文件

步骤 2：递归显示所有分区 1 的所有文件，如图 5-25 所示。

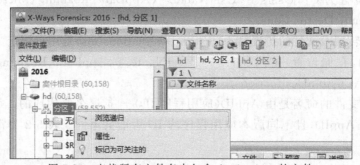

图 5-25　查找所有文件名中包含 destinations 的文件

步骤 3：选择所有过滤出的 14 个文件和标记，如图 5-26 所示。

图 5-26　标记所有文件

步骤 4：进行磁盘快照，如图 5-27 和图 5-28 所示。

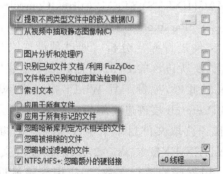

图 5-27　磁盘快照选项

文件名称	状态	文件大小	创建时间	访问时间	修改时间
7e4dca80246863e3.customDestinations-ms	✓	24 B	2016-04-19, 16:24:11.3	2016-04-19, 16:24:11.3	2012-12-14, 22:11
1b4dd67f29cb1962.customDestinations-ms	✓	24 B	2016-04-19, 16:24:11.3	2016-04-19, 16:24:11.3	2012-12-14, 22:11
5afe4de1b92fc382.customDestinations-ms (9)	✓	16.9 KB	2016-04-19, 16:24:11.3	2016-04-19, 16:24:11.3	2012-12-14, 22:11
7e4dca80246863e3.automaticDestinations-ms (3)	✓	4.5 KB	2016-04-19, 16:24:11.3	2016-04-19, 16:24:11.3	2012-12-15, 16:13
1b4dd67f29cb1962.automaticDestinations-ms (4)	✓	5.5 KB	2016-04-19, 16:24:11.3	2016-04-19, 16:24:11.3	2012-12-14, 22:11
CustomDestinations (12)	✓	33.6 KB	2016-04-19, 16:24:11.2	2016-04-19, 16:24:11.3	2012-12-14, 22:11
AutomaticDestinations (9)	✓	12.5 KB	2016-04-19, 16:24:11.2	2016-04-19, 16:24:11.3	2012-12-14, 22:14
5afe4de1b92fc382.customDestinations-ms (8)	✓	15.0 KB	2016-04-19, 16:25:50.8	2016-04-19, 16:26:44.4	2016-04-19, 16:26
1b4dd67f29cb1962.customDestinations-ms	✓	24 B	2016-04-19, 16:25:50.8	2016-04-19, 16:26:44.6	2016-04-19, 16:26
7e4dca80246863e3.customDestinations-ms	✓	24 B	2016-04-19, 16:25:50.8	2016-04-19, 16:26:44.6	2016-04-19, 16:26
...6c7504b4f058d997.automatic.destinations-ms (1)	✓	4.0 KB	2016-04-28, 14:15:33.2	2016-04-28, 14:15:33.2	2016-04-28, 14:15
AutomaticDestinations (26)	✓	41.1 KB	2016-04-19, 16:25:50.7	2016-04-28, 14:36:37.4	2016-04-28, 14:36
c106f54461bd15c4.customDestinations-ms (1)	✓	3.0 KB	2016-04-28, 14:36:37.4	2016-04-28, 14:36:37.4	2016-04-28, 14:36
CustomDestinations (15)	✓	43.6 KB	2016-04-19, 16:25:50.7	2016-04-28, 14:42:34.4	2016-04-28, 14:42
bb2541bf53fb45f1.customDestinations-ms (3)	✓	6.9 KB	2016-04-27, 20:09:31.7	2016-04-28, 14:42:34.4	2016-04-28, 14:42

图 5-28　磁盘快照结果

实验5.6　预读取

1. 预备知识

预读取(prefetch)是一项自 Windows XP 版本起引入的功能,其主要作用在于加速 Windows 的启动过程以及缩短程序启动时间。通过在启动应用程序时将其所需文件预先缓存至内存,Prefetch 实现了程序启动速度的提升。在 Windows 操作系统中,当用户首次运行某个程序时,系统会创建一个与该程序对应的预读取文件,并将其保存在 C:\Windows\Prefetch 目录下。预读取文件的命名规则为"应用程序名称"＋"－"＋"程序所在路径的 Hash 值"＋".pf"。在 Windows XP 和 Windows 7 操作系统中,系统最多可容纳 128 个.pf 文件。而在 Windows 8 及更高版本中,此数字增至最多 1024 个。然而,在 Windows Server 操作系统中,该算法被默认禁用。此外,在部分固态硬盘(SSD)中也观察到该算法被禁用的情况。自 Windows 10 1903 版本起,预读取文件的数据架构及存储的数据发生了若干变动。在 1903 版本之前,预读取文件仅记录应用程序最后一次运行的时间;而在 1903 版本及后续版本中,预读取文件能够记录应用程序最近 8 次运行的时间。

在取证分析中,Prefetch 的作用至关重要。Prefetch 文件能够保留系统中对已执行程序的追踪信息。即便相应程序已不再运行,Prefetch 文件仍可能留存。通过分析 Prefetch 文件,我们可以了解程序的执行时间、执行位置以及执行次数。Prefetch 的相关设置可以通过查看修改注册表 HKEY_LOCAL_MACHINE\SYSTEM\CurrentControlSet\Control\Session Manager\Memory Management\PrefetchParameters 来实现。

调查人员还可运用 PECmd 等工具对预读取文件进行深入分析。通过预读取文件，可以了解应用程序的运行情况，包括运行时间、次数及所包含的 DLL 动态链接库等信息，这些数据对于恶意程序的调查分析具有积极意义。此外，免费工具 WinPrefetchview 能够支持对 Windows XP 至 Windows 10 系统中的 Prefetch 痕迹进行解析。

例如，在执行系统中的 Myhex 程序之后，会在预读取文件目录下生成与之相关的预读取文件，在此例中，该预读取文件被命名为 MYHEX.EXE-2C385A27.pf。预读取文件的内容包括以下几方面：①应用程序的名称；②应用程序的运行次数；③应用程序最近 8 次（如有）的运行时间；④应用程序所关联的卷信息；⑤应用程序所调用的 DLL 文件等。

2. 实验目的

通过本实验的学习，了解系统预读取文件的基本概念以及组成，掌握通过预读取文件内容判断系统应用程序的运行情况。

3. 实验环境

- 浏览器：推荐使用谷歌浏览器。
- WinHex 取证分析软件，WinPrefetchView，镜像挂载工具。
- 2.1-CCFC.e01，5-C05-WindowsPrefetch.001。

4. 实验内容

子实验 1　通过 Prefetch 分析安装 QQ 浏览器的时间

步骤 1：打开 2.1-CCFC.e01 案例，通过文件名过滤 ＊.pf 文件，查看过滤结果。

步骤 2：根据过滤结果，可以看到共有 98 个过滤结果。分析可见 QQBROWSER_SETUP_51_6829.EXE-26585D84.pf 文件。以预览模式查看，如图 5-29 所示。

图 5-29　查看 QQBROWSER ＊.pf 文件

步骤 3：通过对 PF 文件预览，可以判断 QQBROWSER_SETUP_51_6829.EXE 为 QQ 浏览器的安装程序，其最后运行时间为 2011 年 5 月 27 日 13：19：30。同时，从

QQBROWSER_SETUP_51_6829.EXE-26585D84.pf 文件的创建时间来看,该文件亦为 2011 年 5 月 27 日 13:19:30 生成。此外,Run Count 为 1,说明该 QQ 浏览器安装程序仅运行过一次。

子实验 2 利用 WinPrefetchView 分析预读取文件

本实验学习使用 WinPrefetchView.exe 分析预读取文件。该程序保存于镜像 5-C05-WindowsPrefetch.001 中。

步骤 1:使用镜像挂载工具挂载 5-C05-WindowsPrefetch.001 镜像文件,执行 \WinPrefetchView\WinPrefetchView.exe。默认情况下,WinPrefetchView 会自动定位操作系统磁盘的 C:\Windows\Prefetch 文件夹。在本实验中,我们需分析挂载的虚拟磁盘中的 Winxp 与 Win10 文件夹中的数据。

步骤 2:在主菜单中,择"Options-选项",继而选择"Advanced Options 高级选项"。在弹出的对话框里,选取虚拟磁盘中的 Win10 文件夹,如图 5-30 所示。

图 5-30 浏览 PF 文件目录

步骤 3:选择 Win10 目录后,打开"Windows\Prefetch"文件夹下的"鲸鱼学堂.EXE-*.pf",如图 5-31 所示。

图 5-31 查看鲸鱼学堂.EXE 的预读取文件

步骤 4:根据"Run Count"列中的数据可知,鲸鱼学堂应用程序运行过 6 次。

步骤 5:根据"Last Run Time"列可知,该程序最后一次运行的时间。

步骤6：在窗口的下部，单击名为"索引"的列标题，以升序放置所调用的文件。根据"Process Path"列和"Device Path"中的数据可知，应用程序的存储位置。

步骤7：在应用程序启动后内，访问了多少动态链接库（.dll）文件？查看 DLL 文件，可见动态链接库文件数量，如图 5-32 所示。

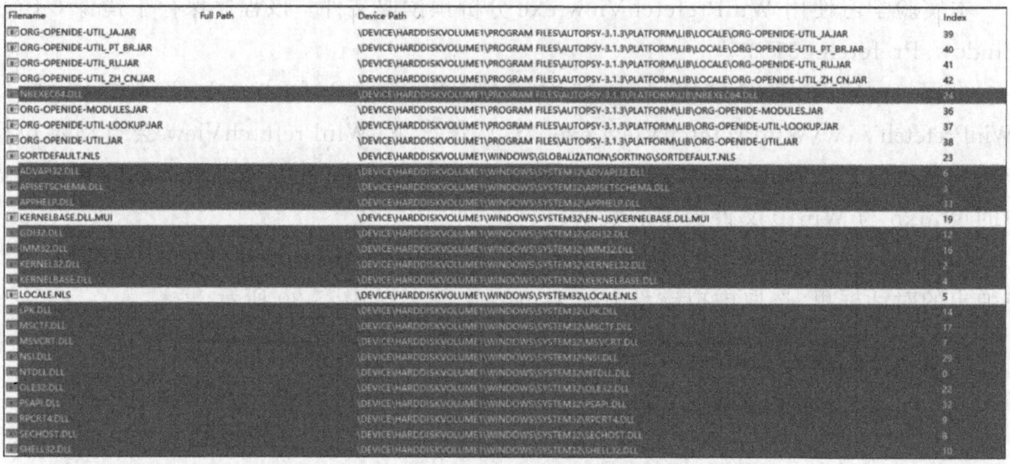

图 5-32　查看动态链接库数量

实验5.7　远程桌面

1. 预备知识

远程桌面协议（remote desktop protocol）是微软公司开发的专有协议，为用户提供图形界面以通过网络连接到另一台计算机。

RDP 是目前常用的远程访问 Windows 计算机的协议，用户在使用远程桌面连接（mstsc.exe）时，系统会产生相应的 RDP 缓存文件。Windows 7 及之后的版本中，RDP 缓存文件存储在下列位置：C：\ Users \ ＜ UserName ＞ \ AppData \ Local \ Microsoft \ Terminal Server Client\Cache。

缓存文件有两种类型，一种是 *.bmc 文件，用于旧版本操作系统；另一种是 Cache *.bin 文件，用于 Windows 7 及更高版本系统。Cache *.bin 文件大小最高可以达到 100MB，当超过 100MB 会新增一个文件，文件名中的数值从 0000 开始递增，如 Cache0001.bin、Cache0001.bin、Cache0002.bin。这些缓存文件以图块的形式来存储原始位图（Bitmap）。每个图块的大小可以不同，常见大小是 64×64 像素。*.bmc 文件中图块的颜色深度通常为每像素 16 或 32 位（bits per pixel，bpp）。*.bin 文件中图块的颜色深度为 32-bpp。

.bmc 文件并没有固定的头部标识，它是由一幅幅 BMP 图像组成的文件，每幅图片都有单独的区块文件头信息。总共 20 字节，前 8 字节是图像的哈希值，接下来的 2 字节是图像的宽度，再 2 字节是图像的高度，然后 4 字节表示图像的大小（单位是字节），最后 4 字节表示图像的特定参数（是否压缩）。.bin 文件有固定的文件头标识，以字符串 RDP8bmp 开头，占用 8 字节，后面 4 字节为版本号，共 12 字节。

数字取证中,这些信息能够更好地帮助调查人员进行取证分析。例如,攻击者在横向渗透攻击时,如果使用跳板机进行 RDP 远程连接了目标机器进行了某些操作,调查人员就可以在跳板机上分析缓存文件,同时配合 Windows 日志文件发现入侵行为。

取证实践中,可以使用 BMC Viewer、RdpCacheStitcher、BMC-Tools 等工具配合解析。

2. 实验目的

通过本实验的学习,了解远程桌面的连接协议以及 RDP 缓存文件,掌握通过对缓存文件进行深入分析,并配合系统日志发现可疑行为。

3. 实验环境

- 浏览器:推荐使用谷歌浏览器。
- WinHex 取证分析软件。
- 5-C07-远程-RPD 和向日葵.e01。

4. 实验内容

实验　远程登录痕迹分析

步骤 1:打开"5-C07-远程-RPD 和向日葵.e01"镜像文件,通过分析 Windows 安全日志,判断用户登录行为。

步骤 2:对 ID=4624 进行筛选,将 RDP 登录的日志全部从 Security 事件日志中挑出来,如图 5-33 所示。

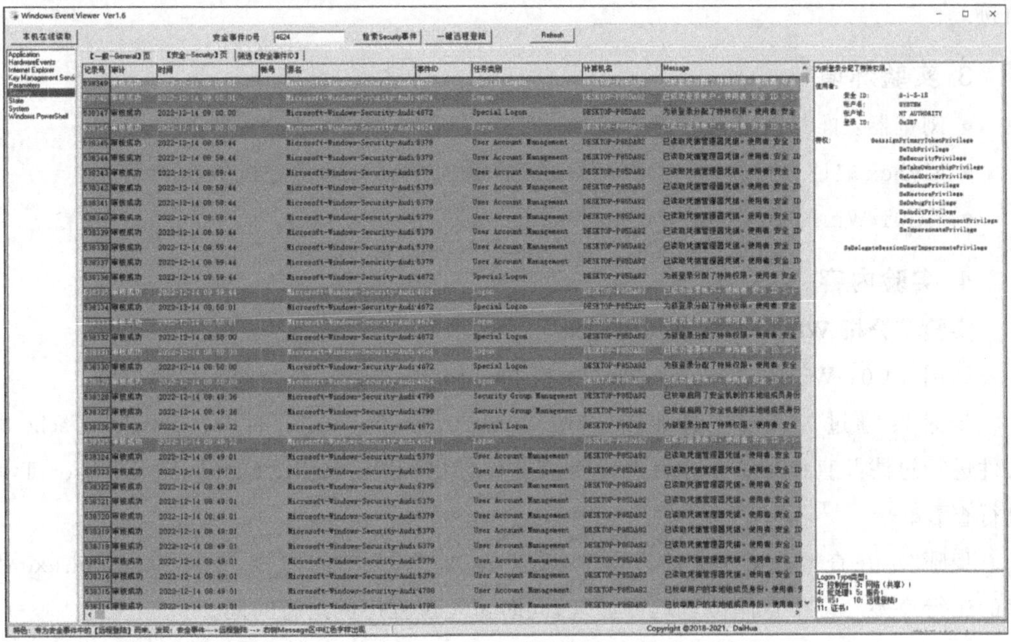

图 5-33　筛选可疑登录行为

实验5.8   活动历史记录

1. 预备知识

活动历史记录通常称为时间轴或时间线,自 Windows 10 版本起成为一项新增功能。该功能翔实记录各类用户活动及操作,如应用和使用服务、文件开启状况以及浏览的网站路径等。时间轴涵盖的应用程序启动与关闭时间、用户与应用程序的交互时间戳、访问文件、复制与粘贴的文本和文件等。需要注意的是,并非所有运行中的应用程序都会显示在时间轴上。

活动历史记录保存在名为 ActivitiesCache.db 的 Sqlite 数据库文件中,存储位置为 C:\Users\<UserName>\AppData\Local\ConnectedDevicesPlatform\L.<UserName>目录中。ActivitiesCache.db 数据库中包含 Activity,Activity_PackageId,AppSettings,ActivityAssetCache,ActivityOperation,ManualSequence 和 Metadata 7 个表格,其中最主要的是 Activity 表。Activity 表中包含多个字段,其中比较重要的是 AppId,LastModifiedTime,Payload,StartTime 和 EndTime 等字段。

2. 实验目的

通过本实验的学习,了解如何通过分析 ActivitiesCache.db 中的数据,还原用户活动轨迹。

3. 实验环境

- 浏览器:推荐使用谷歌浏览器。
- Myhex 取证分析软件,SQlite Database Browser,自动化分析工具。
- 5-C01-Win10-Activities.001。

4. 实验内容

实验   分析 Windows 活动历史记录

利用 5-C01-Win10-Activities.001 分析 hashtool.exe 的运行时间和存储位置。

步骤1:通过 Myhex 工具加载 5-C01-Win10-Activities.001 文件,对 ActivitiesCache.db 文件进行过滤并直接预览。亦可选择将该文件导出,利用 SQlite Database Browser 工具进行查看。

步骤2:在查看数据库文件过程中,关注表 Activity 中的内容,寻找 hashtool.exe 程序的运行痕迹。多个存储位置均可显现,同时可发现程序的运行时间。

步骤3:运用鉴证大师工具对 5-C01-Win10-Activities.001 文件进行分析,直接获取分析结果,如图 5-34 所示。

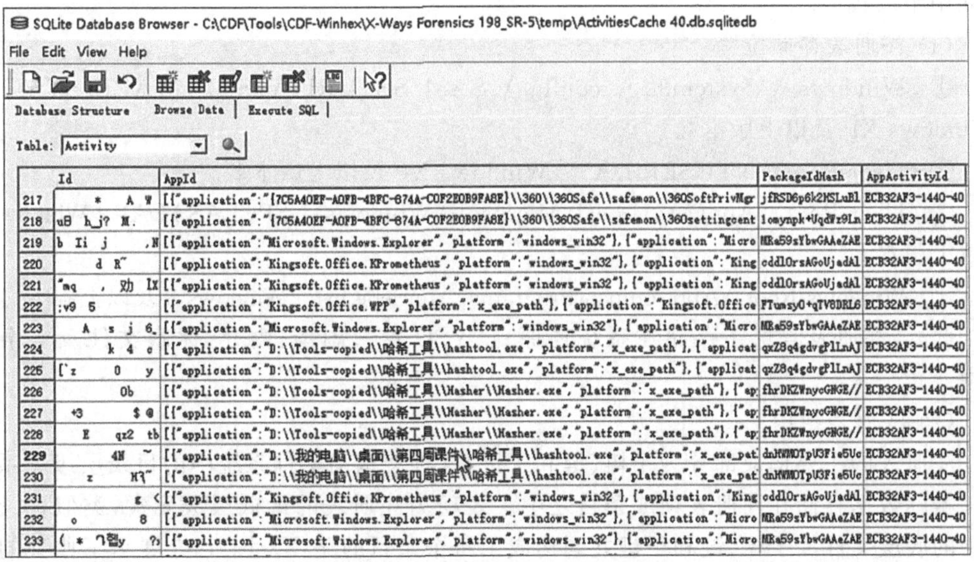

图 5-34　查看 ActivitiesCache.db

实验5.9　注册表

1. 预备知识

Windows 注册表在取证分析中占据重要地位,其中蕴含着大量有助于深入案件调查和挖掘线索的信息。例如,我们可以调整注册表设置,影响文件最后访问时间是否更新;用户在"删除"文件后,是进入回收站还是直接跳过;应用程序是否生成 Prefetch 预读取文件;以及采用哪个 DNS 域名服务器进行网址解析。这些内容均为 Windows 系统的基本配置,任何一个键值的变动都可能对分析结果产生影响。

注册表详实地记录了用户的各类行为。在 Windows 7 操作系统中,当用户清除 IE 浏览器的浏览历史时,会在用户的注册表文件中生成一个条目,载明清理操作的日期和时间。UserAssist 键则保存了用户通过 Windows 管理器启动程序的记录,包括最后一次运行相应应用程序的时间。注册表还收录了关于文件夹、设备、Windows 管理器以及用户访问文件的相关记录。即便相关文件或目录已不存在,曾经访问它们的记录仍得以保存。此外,注册表还能反映出一个用户安装某应用程序、多次运行后将其删除的过程。从程序安装到启动,其间的一切痕迹均被注册表捕捉。例如,在案件分析过程中,若发现用户的回收站为空,那么是真的清空了吗?还是需要进一步查看注册表中的 NukeOnDelete 键值?通过对注册表键值的分析,还能了解哪些卷被设定为创建卷影拷贝。

针对注册表的分析,不仅仅局限于常见的"Default、SAM、Security、Software、System、Ntuser.dat"这几个文件,而是涵盖了硬盘中曾经存在并被操作系统备份、软件自行删除、用户主动删除、因重新安装操作系统而被覆盖,或因 Ghost 重新恢复操作系统而被覆盖等种种原因导致丢失的注册表。这些被覆盖的文件或碎片数据,可通过特定软件从残留空间中予以找回。

（1）注册表存储位置

① Windows \ System32 \ config \ SAM/SECURITY/SOFTWARE/SYSTEM［Windows XP 及以上版本］。

②（User Root）\NTUSER.DAT［Windows XP 及以上版本］。

③（User Root）\AppData\Local\Microsoft\Windows\USRCLASS.DAT［Windows 7 及以上版本］。

④（Windows Root）\AppCompat\Programs\Amcache.hve［Windows 8 及以上版本］。

此外，注册表信息还存储在系统还原点、VSC 卷影副本、内存、休眠文件及空余空间中。

（2）注册表结构

注册表的主要构成部分为子树、键和子键，这种架构与文件系统中的目录层级关系相似。实际数据存储在注册表项或条目之中。表项为注册表的最低层级元素，类似目录结构中的底层文件。子树、键和子键共同构成了每个条目的路径。图 5-35 展示了典型的注册表结构。

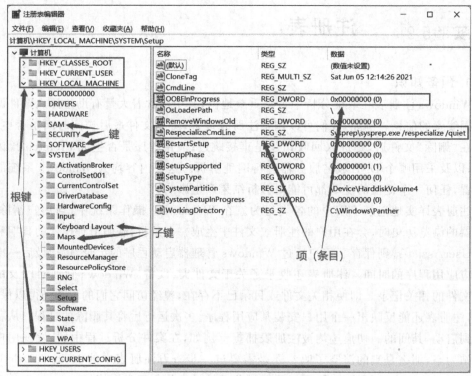

图 5-35　典型的注册表结构

图 5-35 中涉及的关键术语如下：

子树是注册表的根键或其主要组成部分，在典型的注册表结构中，共有 5 个子树，也可理解为注册表拥有 5 个根键：HKEY_CLASSES_ROOT、HKEY_CURRENT_USER、

HKEY_LOCAL_ MACHINE、HKEY_USERS、HKEY_CURRENT_CONFIG。

（3）CurrentControlSet 控件组

作为日常生活中常见的存储设备，U 盘和移动硬盘在涉及商业秘密信息的案件中，往往被用于窃取公司资料。因此，如何有效识别 USB 移动存储设备的使用痕迹，成为数字取证领域的关键环节。Windows 操作系统采用了两种策略来记录 USB 设备的使用痕迹：一是通过注册表进行记录，二是借助 Setupapi.dev.log 来保存 USB 设备的安装痕迹。

在注册表中，存储 USB 设备使用痕迹的主要位置为 HKLM\SYSTEM\ControlSet001\Enum\USBSTOR。在分析过程中，需要确定哪一个 ControlSetxxx 是当前被正确使用的。为此，需判断注册表中的 CurrentControlSet。然而，通常在注册表中只能看到 ControlSet001 和 ControlSet002，或许还会出现 ControlSet003。那么，究竟哪一个才是当前运行的 CurrentControlSet 呢？可以通过查看 Select 子键中的 Current 值来确定。这个值告诉我们，应当关注 ControlSet001 还是 ControlSet002。

在 SYSTEM 注册表中，包含用于 Windows 启动的控件组，可能还存在一个备份控件组。初始状态下，分别有 ControlSet001、ControlSet002 以及 CurrentControlSet 三个控件组。这些控件组中保存了操作系统配置信息，如服务、驱动、系统控制、枚举信息等，以及 USB 设备信息。默认情况下，ControlSet001 为系统实际的配置信息。然而，为了避免序号混乱，Windows 启动时会从 ControlSet001 复制一份副本，作为操作系统当前的配置信息，即 CurrentControlSet。我们对计算机配置所做的修改都是直接写入 CurrentControlSet 中。在重启过程中，Windows 会使用 CurrentControlSet 的内容覆盖 ControlSet001，以确保这两个控件组的一致性。

在操作系统每次启动并成功登录后，Windows 会将 CurrentControlSet 和 ControlSet001 中的数据复制到 ControlSet002，使其成为"最近一次成功启动的配置信息"。这也解释了为何在 Windows 启动过程中，按 F8 键会显示"从最后一次成功启动"的配置启动。因此，常规情况下，系统注册表中仅包含这 3 个控件组，序号为 current、001 和 002。

然而，这个顺序和数量并非固定不变。当用户通过"最近一次的正确配置"启动 Windows 时，Windows 会将 002 视为真实的配置信息，并将存在问题的 001 备份封存。启动过程中，Windows 会将 002 的副本复制到 current，启动成功后再将 002 和 current 的信息复制到一个新的控件组，作为新的"最近一次的正确配置"，即 003。此时，系统将存在 4 个控件组：current、002、003 和备份的 001。值得注意的是，001 是一个存在问题的组，除非我们希望将系统恢复到上次使用"最近一次正确配置"之前的状态，否则 001 的内容将不再被采用。

在分析 001 和 002 中的数据时，可以查看 Select 子键，如图 5-36 所示。

在 SYSTEM 注册表项中的 select 子项中，包含若干整数键，分别诠释如下：

- Current 数据项揭示了 Windows 在当前启动过程中所采用的控件组。
- Default 数据项表示在下次启动时，Windows 将沿用此次启动所使用的控件组。
- Failed 数据项代表了存储失败启动相关数据的控件组。需要注意的是，在用户首次调用"最近一次的正确配置"选项之前，该控件组并不实际存在。
- LastKnownGood 数据项表示当用户在启动过程中选择"最近一次的正确配置"时，

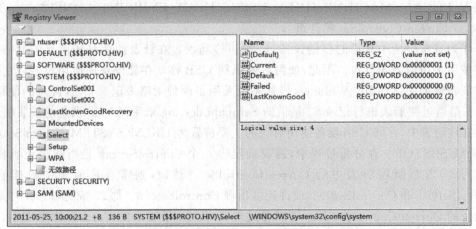

图 5-36　注册表 Select 子键

Windows 所采纳的控件组。

根据图 5-36,系统默认的顺序为:001、001、000、002。经过首次使用 lastknowngood 启动后,顺序变为 002、002、001、003。第 2 次使用 lastknowngood 启动后,顺序变为 003、003、002、004,其中,001 备份被 002 覆盖,001 组消失。第 3 次启动后,顺序变为 004、004、003、001,002 被 003 覆盖。当 004 需要生成新的 lastknowngood 时,001 恰好可用,因此 001 得以重生,002 则消失。后续启动顺序依次类推,如第 4 次为 1、1、2、4,第 5 次为 2、2、3、1。

(4) ShellBags

ShellBags 是注册表中的一个项,自 Windows XP 起即已存在。它协助操作系统记录和追踪通过文件管理器查看的文件夹窗口的位置、大小和视图。值得注意的是,ShellBags 甚至会保留已不存在的文件夹信息。因此,分析者有可能获取到过去曾加载的卷、删除的文件和目录,包括存储在网络文件夹和移动存储介质中的文件夹。通过结合 ShellBags 的分析,我们可以更深入地了解用户行为。

ShellBags 的核心功能在于提升用户在浏览文件夹时的体验,并记录用户对特定文件夹的个性化设置。因此,当用户通过文件资源管理器打开、关闭或调整计算机上任何文件夹的查看选项时,ShellBags 会自动生成或更新相应的记录。值得注意的是,即使用户并未有意识地更改视图方式,只要用户打开了某个文件夹,该文件夹的信息仍会被记录在注册表的 ShellBags 中。因此在取证过程中,ShellBags 的信息具有至关重要的意义。

ShellBags 记录了用户在特定时间点在本机访问过的磁盘和文件夹信息,甚至包括本地网络远程映射的目录、仅连接过一次的移动硬盘中的数据。由于这些操作和查看选项与特定用户相关,因此可以从中获取与这些用户有关的文件夹部分数据。通过 ShellBags 中的时间信息,还可以获取访问相关文件夹的时间线索。

2. 实验目的

通过本实验的学习,理解注册表的基本概念、基本结构以及存放的用户信息,了解注册表的常用取证工具。

3. 实验环境

- 浏览器：推荐使用谷歌浏览器。
- WinHex 取证分析软件。
- 2.1-CCFC.e01、5-A02-SU.E01。

4. 实验内容

子实验 1　注册表配置单元

步骤 1：过滤 2.1-CCFC.E01 中的注册表文件。在 Windows 操作系统中，注册表文件主要位于 system32\config 目录下。在本例中，需分析的文件包括 SAM，security，software，system，default，以及用户目录下的 NTuser.DAT，Usrclass.dat 共 7 个文件。可通过文件名进行精确筛选，或利用文件类型过滤，勾选所需文件并单击"激活"按钮，如图 5-37 所示。

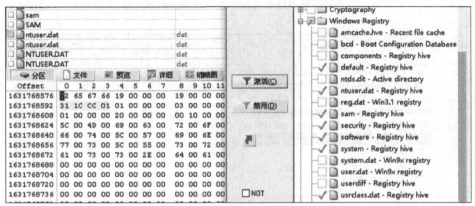

图 5-37　根据文件类型过滤注册表文件

步骤 2：经过过滤找到多个注册表文件。根据路径排序，挑选出 Windows\system32\config 目录下的 5 个文件。接下来，需要判断哪一个 NTUSER.DAT 文件属于当前用户。可以通过对比目录名、文件大小和时间属性来进行识别。在本例中，Administrator 目录下的 NTUSER.DAT 文件对应的是管理员用户的注册表文件。利用 Shift＋Ctrl 键组合选中上述 6 个文件，如图 5-38 所示。

步骤 3：右击菜单选择"打开"，调用 X-Ways 自带的注册表查看器，如图 5-39 所示。

子实验 2　注册表分析模板

步骤 1：为了便于注册表分析，X-Ways Forensics 专门研发了注册表分析模板。用户可根据关注内容选择不同的模板进行针对性分析。这些模板具备编辑功能，并可翻译成中文以便使用。共计 10 个模板文件，位于 X-Ways 安装目录内，如图 5-40 所示。

步骤 2：通过注册表查看器，我们能够结合模板生成多个 HTML 格式的注册表分析报告，并根据报告模板汇总关键信息。用户可以预定义报告中应包含的内容，通过注册表报告模板进行设置。表 5-3 总结了各注册表模板能分析的键和值，部分内容在不同的报告模板中存在重叠。

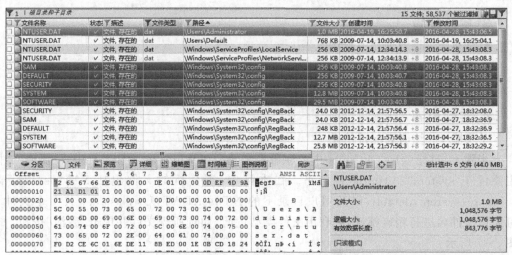

图 5-38　根据路径选择需要分析的注册表文件

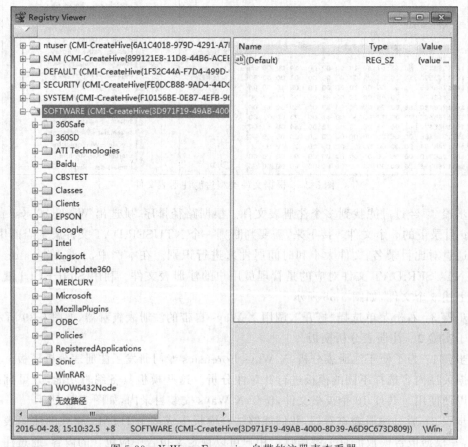

图 5-39　X-Ways Forensics 自带的注册表查看器

图 5-40　X-Ways Forensics 的注册表报告模板

表 5-3　注册表模板能分析的键和值

报 告 模 板	分 析 内 容
Reg Report System	Windows 安装日期、版本；登录的用户、登录时间；开机时间、关机时间；卷影拷贝的快照时间；程序快捷方式；账户 SID；域名；USB 设备的时间和卷标；磁盘 ID；安装的驱动和时间；安装的服务；卷加载历史；桌面背景设置等
Reg Report Software	最近运行安装程序的位置和时间；运行的程序和时间等
Reg Report Networks	DHCP IP 地址和时间；本地连接；网卡型号和时间；映射的网络磁盘；网络名称和创建时间；计算机 MAC 地址等
Reg Report Devices	硬件设备型号和序列号；加载的磁盘和卷的名称、序列号和时间；网卡和识别号；光盘刻录卷和 ID；外置的存储设备
Reg Report Identity	计算机名称；用户自定义时区；Windows 语言；国家；网络映射；用户定义的路径；用户 ID 和最后登录时间、登录次数统计；MAC 地址；便携式存储设备描述、序列号和时间
Reg Report Autorun	用户定义的自启动程序；其他 Drv 和 Dll
Reg Report Printer	打印机品牌型号和最后使用时间等信息
Reg Report Histories	IE 启动网页；定义的文件打开程序；最近打开的文档列表；最近打开的文件夹；最近打开的 DOC\PPT\XLS\DOCX 的文件名称和时间；最近启动的程序和时间；最近查看的远程和本地文件夹；最后登录名称和时间、修改登录密码时间
Reg Report Free Space	分析注册表中的空余空间大小。经常使用杀毒软件和注册表清理软件，会生成很多空余空间，可能会有几 MB 大小。恢复删除的注册表项目，用红色表示
Reg Report Amcache	最近运行的程序相关残留信息

　　步骤 3：右击选择"创建报告"。根据需要分析的内容，选择相应的注册表报告模板，如图 5-41 所示。

　　步骤 4：选择报告保存位置，如图 5-42 所示。默认报告文件名是 Reg Report.HTM。如果生成新的报告，会覆盖之前的同名报告。因此，最好为每一个报告指定唯一名称。

　　步骤 5：查看报告。可以在网页中利用组合键 Ctrl＋F 搜索自己关注的字符和日期。例如，分析中需要关注注册表中 2016-04-28 的相关信息，搜索 2016-04-28 后会将命中结果高亮显示，便于查看。

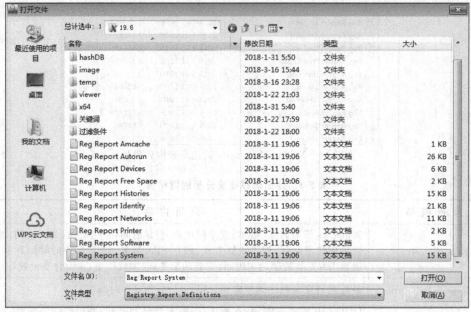

图 5-41　选择模板

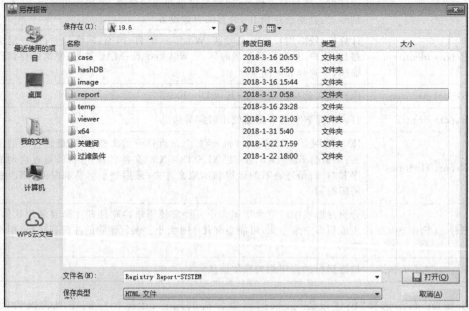

图 5-42　命名注册表报告

子实验 3　系统信息

步骤 1：利用 WinHex 加载案例 5-A02-SU.E01 的注册表，过滤注册表，结合模板 Reg Report System.txt 生成报告。

步骤 2：查看注册表报告，搜索所需关注的信息。具体见图 5-43。

\Windows\System32\config\SOFTWARE

Windows internal version	6.1	↵2018/03/22 10:27:36 +8
Windows installation date	2018/03/19 11:24:40 +8	↵2018/03/22 10:27:36 +8
Windows product ID	00392-918-5000002-85098	↵2018/03/22 10:27:36 +8
Windows CD key	33PXH-7Y6KF-2VJC9-XBBR8-HVTHH	↵2018/03/22 10:27:36 +8
Windows name	Windows 7 Enterprise	↵2018/03/22 10:27:36 +8
Windows build number	7600	↵2018/03/22 10:27:36 +8
Processor architecture	Multiprocessor Free	↵2018/03/22 10:27:36 +8
Last defragmentation of Volume{ea6651e0-2b23-11e8-b135-806e6f6e6963}	2018/03/19 20:15:25 +8	↵2018/03/23 15:48:54 +8
Last defragmentation of Volume{ea6651e1-2b23-11e8-b135-806e6f6e6963}	1601/01/01 08:00:05 +8	↵2018/03/23 15:55:54 +8
Total MFT records for Volume{ea6651e0-2b23-11e8-b135-806e6f6e6963}	0x000000FF (255)	↵2018/03/23 15:48:54 +8
Total MFT records for Volume{ea6651e1-2b23-11e8-b135-806e6f6e6963}	0x000212FF (135935)	↵2018/03/23 15:55:54 +8
RADAR SCConfig.exe	2018/03/23 16:26:04 +8	↵2018/03/23 16:26:04 +8
Web-Based Enterprise Management: PreviousServiceShutdown	2018/03/30 13:30:39'797	↵2018/03/30 21:30:39 +8
Wbem autorecover time	131662438300165354	↵2018/03/30 21:30:39 +8
Last logged on user	su	↵2018/03/30 21:30:28 +8
Client setting for Contacts	Address Book	↵2009/07/14 12:55:00 +8
Client setting for StartMenuInternet	IEXPLORE.EXE	↵2018/03/19 14:48:32 +8
Auto logon	0	↵2018/03/19 21:30:28 +8
Last logged on user	su-PC\su	↵2018/03/30 21:25:11 +8
Dirty shutdown time	2018/03/23 17:45:00 +8	↵2018/03/30 21:30:39 +8
Default Internet Browser	IEXPLORE.EXE	↵2018/03/19 14:48:32 +8
Turn off UACBehavior (0 is off)	0x00000005 (5)	↵2009/07/14 13:01:33 +8

图 5-43 根据 Reg Report System.txt 模板得出的分析报告

历史题型：

（1）（2017 年"美亚杯"个人赛）请找出系统文件 SOFTWARE，请问操作系统的安装日期是？（答案格式 —"世界协调时间"：YYYY-MM-DD HH:MM UTC）

（2）（2017 年"美亚杯"个人赛）硬盘的操作系统是什么？

（3）（2017 年"美亚杯"个人赛）该 Windows 系统中，哪个是最后的关机时间？

（4）（2017 年"美亚杯"个人赛）该 Windows 系统中，哪个是计算机名称？

子实验 4 应用程序信息

配合 WinHex 加载案例 5-A02-SU.E01，分析注册表，利用 SOFTWARE.TXT 模板创建注册表报告，分析应用程序"护密"的安装时间。

注册表中存储着系统所安装的应用程序的名称、版本、安装时间等信息，相关的注册表项如下表所示。可在注册表报告中借助搜索的方法快速找到所需内容。

序 号	注 册 表 项
1	HKLM\SOFTWARE\Microsoft\Windows\CurrentVersion\Uninstall
2	HKLM\SOFTWARE\Wow6432Node\Microsoft\Windows\CurrentVersion\Uninstall
3	HKCU(NTUSER.DAT)\SOFTWARE\Microsoft\Windows\CurrentVersion

历史题型：

（1）（2017 年"美亚杯"个人赛）哪个是 Windows 的默认浏览器？

（2）（2018 年"美亚杯"团队赛）黑客入侵该笔记本计算机系统后，曾安装过什么软件？

子实验 5 用户信息

依据 WinHex 加载案例 5-A02-SU.E01，我们尝试通过分析注册表来确定用户"SU"

的 SID。

在注册表中,存储用户 SID 相关信息的键为:HKLM\SOFTWARE\Microsoft\Windows NT\CurrentVersion\ProfileList,该键下的子键名即为系统中用户的 SID。值得注意的是,格式为 S-1-5-18、S-1-5-19、S-1-5-20 的 SID 通常属于系统用户,而格式为 S-1-5-21-3436003511-355826340-3512434847-1000 的 SID 则对应普通用户。普通用户的 SID 最后一部分的最小值为 1000。

在注册表的 HKLM\SAM\Domains\Account\Users 节点下,存在大量以十六进制数字命名的子键。其中,系统用户所关联的子键最小值为 0x000001F4(十进制 500),普通用户所关联的子键最小值为 0x000003E9(十进制 1001)。这些键的名称分别对应不同用户 SID 的最后一部分数值。例如,在 HKLM\SOFTWARE\Microsoft\Windows NT\CurrentVersion\ProfileList 节点下,有一个名为 S-1-5-21-3436003511-355826340-3512434847-1001 的子键,表示系统中存在一个 SID 为 S-1-5-21-3436003511-355826340-3512434847-1001 的普通用户。该用户在 HKLM\SAM\Domains\Account\Users 节点下所关联的子键值为 0x000003E9。同时,在 HKLM\SAM\Domains\Account\Users 节点下,存在一个名为 Names 的子键,该键下的子键分别对应上述以十六进制数字命名的子键。例如,HKLM\SAM\Domains\Account\Users\Names\Administrator 对应 HKLM\SAM\Domains\Account\Users\0x000001F4。

在实际的取证过程中,调查人员通过运用 SAMInside 等工具,并结合 SAM,SECURITY,SYSTEM 等支持文件,可成功获取用户的 NT 哈希密码。进而,依据 NT 哈希密码,调查人员便可利用 cmd5 或 Hashcat 工具获取相应的明文密码。

子实验 6 分析注册表中的 USB 使用痕迹

步骤 1:创建案例,添加镜像文件 2.1-CCFC.E01。

步骤 2:通过 WinHex 对注册表的 SYSTEM,SOFTWARE 和 NTUSER.DAT 三个文件进行过滤,并利用内置的注册表查看器打开注册表。

在本案例中,用户曾使用过一个联想 U 盘。在分析 U 盘信息时,通常首先关注 SYSTEM 文件中的 USBStor 键。本例的完整位置为:HKLM\System\CurrentControlSet\Enum\USBStor。

HKLM\SYSTEM\MountedDevices 项详述了操作系统中已分配驱动器号的相关情况,其中包括 USB 设备序列号、插入 USB 设备时系统分配的驱动器号及相应卷的信息。在实际取证过程中,调查人员可通过分析该键内容,获取磁盘挂载相关信息,或许还能发现加密容器的挂载状况。

HKLM\SYSTEM\ControlSet001\Enum\USB 键记录了每个连接 USB 设备的技术细节,以及该设备上次连接至该计算机的时间。

步骤 3:浏览 ControlSet001 键下的子键,可以看到 USBSTOR 下的子键,包含 USB 设备的挂载信息。USBSTOR 包含的子键中可以看到只有一个 Lenovo U 盘。这个键值的附近,会看到设备本身的唯一 ID。通常,每个 USB 设备都有 ID 或序列号,作为识别该设备的唯一标识。但现实中并不能保证每个 USB 设备都能有一个单独的序列号。有取证人员曾发现同一厂商的不同设备具有相同的序列号。此外,有些 USB 设备没有序列号。当这种设备连接的 Windows 系统时,Windows 会为该 USB 设备分配一个唯一的标识 ID。分辨 USB 设备的真实序列号和操作系统分配的标识 ID,可以看看标识 ID 的第 2 个字符是否为 &。如果没有发现序列号,Windows 操作系统自动为该设备分配唯一标识,标识的第二个字符是 &,如图 5-44 所示。

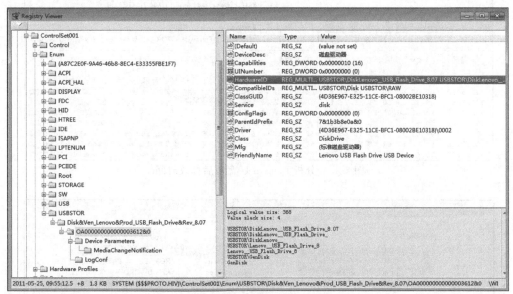

图 5-44　分析 USB 设备序列号

本例中的 Lenovo U 盘序列号 OA000000000000003612&0 属于设备的真实序列号。Windows 为 USB 设备创建标识 ID 的算法未公开。取证人员应清楚设备唯一序列号和 Windows 分配的标识 ID 的区别。

子实验 7　USB 设备的连接时间

步骤 1:延续实验 6,分析注册表中 Lenovo U 盘信息,发现存在两个时间属性。第 1 个时间为 2011-05-25 09:55:12.5 +8,表示 Lenovo 键的最后修改时间。第 2 个时间为 2011-05-25 09:55:05.6 +8,代表 Lenovo 序列号键的最后修改时间,如图 5-45 所示。

步骤 2:在实际使用中,用户可能多次插拔 U 盘。通常情况下,USBStor 键的最后修改时间反映了 Windows 启动期间 USB 设备的首次连接时间。然而,这一说法并非绝对准确。取证人员发现,当多个 USB 设备连接至 Windows 时,USBStor 键下的所有设备最后修改时间均一致,如图 5-46 所示。出现这种现象可能因为安装了特定服务包或补丁,或通过 GPO(组策略对象)修改了键的修改控制列表入口(ACL)。

步骤 3:本例中,结合 U 盘序列号子键,2011-05-25,09:55:12.5 +8,可以理解为 Windows 最新一次启动过程后,Lenovo U 盘第 1 次连接到计算机的时间。

子实验 8　分析 USB 设备的连接时间

在 Windows 操作系统中,Setupapi.dev.log 日志文件位于 C:\Windows\inf 目录下,它记录了 U 盘等设备连接到主机后的相关信息,包括设备首次连接到计算机的时间、硬件 ID 等。相较于 Setupapi.dev.log,注册表中存储的信息更为全面,包括 USB 设备的厂

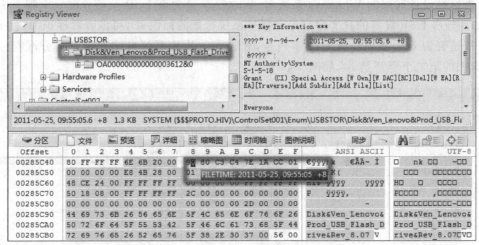

图 5-45　分析 Lenovo U 盘最后修改时间

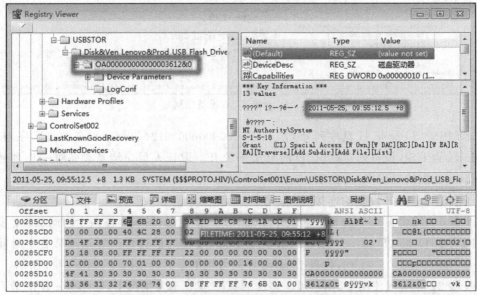

图 5-46　分析 USB 设备子键的最后修改时间

商信息、设备 ID、序列号及连接时间等。

当 USB 设备第一次连接到 Windows 系统时,会将该设备的时间和信息记录在 Windows 7/8:\Windows\inf\setupapi.dev.log,Windows XP 系统:\Windows\setupapi.log 文件中。这个文件信息包括插入和运行设备以及驱动安装过程。

当加载 USB 设备驱动时,Windows 会在 Microsoft- Windows- DriverFrameworks - UserMode/Operational.evtx 日志中记录信息。ID 号为 1003,2003,2010,2004 和 2105 等,含有设备的名字或标识符。当 USB 设备从系统移除时,一系列事件会被写进该日志,记录驱动进程关闭,ID 号为 2100,2102,1006 和 2900 等。

setupapi.dev.log 和 setupapi. log 日志可以用来分析第一次连接到 Windows 的 USB

设备信息。如果 Microsoft-Windows-DriverFrameworks-UserMode/Operational.evtx 可用的话,可以进一步了解 USB 设备每次连接系统和从系统移除的时间,以及 USB 设备连接了多久。

步骤 1:加载 2.1-CCFC.e01 镜像文件。

步骤 2:通过文件名过滤 setupapi.log 文件,单击"预览"按钮。

步骤 3:选择"搜索"→"查找文本",搜索 lenovo,可找到连接联想 U 盘的痕迹。图 5-47 中,2011-05-25,09:55:07,是 Lenovo U 盘第一次连接到这个 Windows 系统时,Windows 为 U 盘安装驱动的时间。

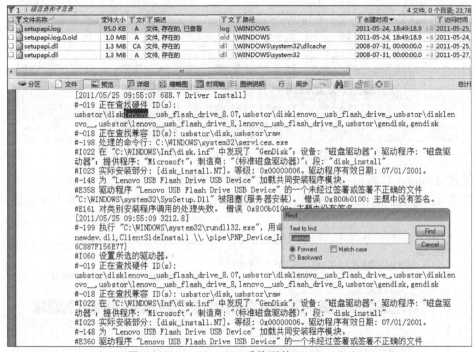

图 5-47　Windows XP 系统下的 setupapi.log

子实验 9　查看 USB 设备的最后使用时间

步骤 1:继续子实验 7。通过注册表查看器查看 ControlSet001 里的 Enum\USB 子键,找到 OA0000000000000003612&0 子键,查看该键的最后修改时间,如图 5-48 所示。

OA0000000000000003612 子键的最后修改时间 2011-05-25,09:55:05,即 USB 闪存最后一次连接到 Windows 系统的时间。

步骤 2:通过分析从注册表和日志的 3 个不同位置提取的信息,目前得出了以下几个时间。

- 2011-05-25,09:55:05,上一次连接设备,\ControlSet001\Enum\USB。
- 2011-05-25,09:55:07,本机第一次连接,安装设备启动,\Windows\setupapi.log。
- 2011-05-25,09:55:05,本次 Windows 启动第一次连接,\USBStor,识别设备 ID。
- 2011-05-25,09:55:12,本次 Windows 启动第一次连接,\USBStor,识别设备名称。

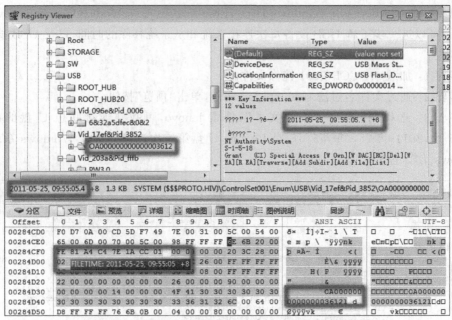

图 5-48　OA0000000000000003612&0 子键最后修改时间

因此,Lenovo U 盘第一次和最后一次连接时间都是 2011-05-25,09:55:05。

步骤 3:利用自动化分析工具,可以直接分析出设备使用记录,具体信息如图 5-49 所示。

	序列号	型号	第一次使用时间	最后一次使用时间
1	6&32a5dfec&0&2	HID Dongle	2011/05/25 11:00:34	2011/05/25 15:05:30
2	0A0000000000000003612	Lenovo USB Flash Drive USB Device	2011/05/25 09:55:05	2011/05/25 09:55:05
3	PW3.0	Virtual Keyboard	2011/05/24 18:51:54	2011/05/27 13:44:46
4	PW3.0	Virtual ComboMouse	2011/05/24 18:51:26	2011/05/27 13:44:45
5	6&100686d9&0&0000	USB 人体学输入设备	2011/05/24 18:51:50	2011/05/27 13:44:46
6	6&100686d9&0&0001	USB 人体学输入设备	2011/05/24 18:51:46	2011/05/27 13:44:46
7	PW3.0	Virtual Hub	2011/05/24 18:51:36	2011/05/27 13:44:46

图 5-49　USB 设备使用时间

子实验 10　查看 USB 设备分配的盘符

步骤 1:Windows XP 系统利用 USBSTOR 子键中的 ParentIdPrefix,来对应这个映射,并用分配的 ID 来对应盘符,如图 5-50 所示。

步骤 2:查看 SYSTEM 的 MountedDevices 键。可以看到盘符 N 对应了 Lenovo U 盘,其中,7&1b3b8e0a&0 与 ParentIdPrefix 的值一致,如图 5-51 所示。

步骤 3:利用注册表报告 device 模板,生成网页报告后,也可看到盘符 N 对应了移动存储设备(7&1b3b8e0a&0),如图 5-52 所示。

历史题型:

(2017 年"美亚杯"个人赛)在该 Windows 系统中,哪个 USB 移动储存装置(U 盘)曾被指派为 Z 磁盘分区代号(Drive Letter)?

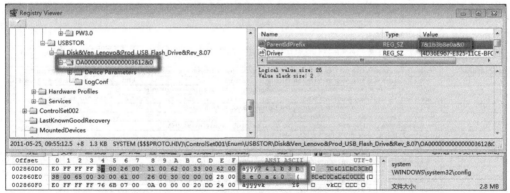

图 5-50　OA0000000000000003612&0 子键对应的分配 ID

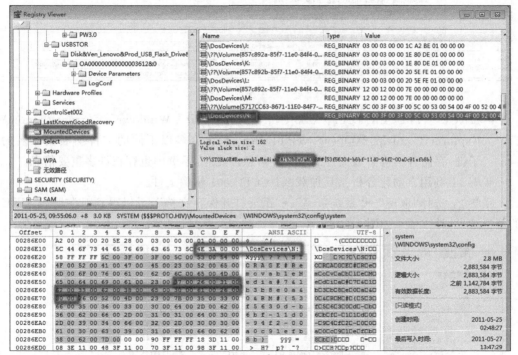

图 5-51　7&1b3b8e0a&0 子键对应的盘符

子实验 11　分析最近使用过的文件

MRU(most recently used)即用户最近使用过的文件,这些信息被记录在注册表中。MRU 会记录最近打开的网页、文档、图片等。注册表中有关 MRU 的注册表键主要有:

- HKCU(NTUSER.DAT)\Software\Internet Explorer\TypedURLs,存储 IE 浏览器相关的 MRU 信息。
- HKCU(NTUSER.DAT)\Software\Microsoft\Office\16.0\ * \User MRU,存储 Office 文档相关的 MRU 信息,其子键 File MRU 记录文档的位置信息,File MRU 的 Last write 表示该文档上次的打开时间。该键中的 16.0 表示不同的 Office 版本, * 表示所有的键。

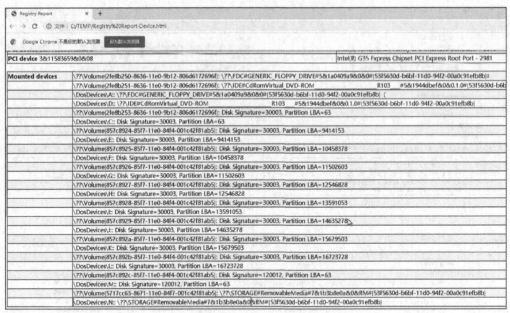

图 5-52　注册表分析报告

- HKCU（NTUSER. DAT）\ Software \ Microsoft \ Windows \ CurrentVersion \ Explorer\ComDlg32\OpenSavePidIMRU，包含许多以不同的文件扩展名命名的子键，存储着相应类型文件的 MRU 信息。此外，子键中也存在许多重要信息。

步骤 1：利用自动化分析工具加载 2.1-CCFC.e01 镜像文件。

步骤 2：选择"取证"→"系统痕迹"→"最近打开保存文档"，可以得到对注册表 MRU 的解析结果，具体信息如图 5-53 所示。

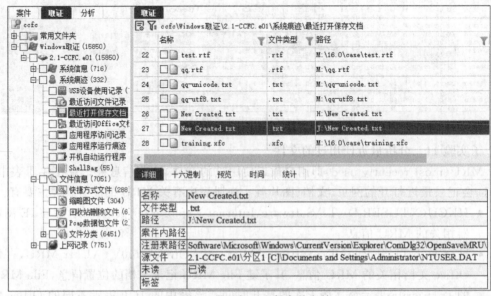

图 5-53　最近打开和保存的文档

子实验 12　Shellbag 中的最近访问文件夹

实验描述：通过 5-A02-SU.E01 镜像分析，有关"房屋"和"手机"的设计图纸是否出现在移动存储设备中。

步骤 1：加载 5-A02-SU.E01，发现镜像中并不存在移动存储设备相关镜像。

步骤 2：将注册表文件 UsrClass.dat 文件导出至"C:\TEMP\SU"文件夹下。

步骤 3：切换至教学环境 C:\CDF\Tools\CDF-ZimmermanTools\ShellbagsExplorer，运行 ShellBagsExplorer.exe。

步骤 4：在 ShellBagsExplorer 中，选择"File"→"Load Offline Hive"，选择"C:\TEMP\SU"文件夹下的 UsrClass.dat 文件。软件自动以目录结构显示记录的不同磁盘中的文件夹结构信息。ShellBags 记录的盘符和位置如图 5-54 所示。

图 5-54　ShellBags 记录的盘符和位置

实验5.10　Windows 事件日志

1. 预备知识

Windows 日志也称为事件日志（event logs），Windows 日志为操作系统和应用程序提供了一种标准的集中方式来记录重要的硬件和软件事件。事件日志记录了在系统运行期间发生的事件，便于了解系统活动和诊断问题。日志对于了解复杂系统的活动轨迹至关重要，尤其是只有很少用户交互的应用程序（如服务器应用程序）。

在实际的数字取证工作中，调查人员往往能够通过对 Windows 日志的分析来揭示用户的行为或者用户遭受恶意攻击的事件。例如事件 ID 为 4624，且登录类型为 3 的事件代表用户已成功从网络登录到计算机；事件 ID 为 4625 的事件则代表登录失败。因此，如果在某一时间段内记录了大量事件 ID 为 4625 的事件，并最终有一条事件 ID 为 4624，且登录类型为 3 的事件,则该主机很有可能遭受了 RDP 爆破等攻击。

现代的 Windows(Vista 及以后)操作系统中,事件日志存储在 XML 格式的文件里,这些日志文件存储在 %SystemRoot%\System32\Winevt\Logs 中。在实际的数字取证工作中,调查人员所关注的日志主要是应用程序日志、系统日志和安全日志这 3 种类型的日志。

(1) 应用程序日志,主要包括系统程序或者应用程序记录的事件,例如,数据库程序可能会在应用程序日志中出现错误。

(2) 系统日志,主要包括 Windows 系统组件记录的事件,例如,驱动程序或其他系统组件在启动期间加载失败会记录在系统日志中,系统组件记录的事件类型由 Windows 预先确定。使用事件查看器能够直接查看本地计算机中的日志;同时,调查人员也可以先从镜像文件中提取日志文件,然后使用事件查看器来打开这些日志文件。

(3) 安全日志,主要包括有效和无效登录尝试等事件,以及与资源使用相关的事件,如果系统启用了登录审核,则登录系统的尝试会记录在安全日志中。默认设置下,安全性日志是关闭的,管理员可以使用组策略来启动安全性日志,或者在注册表中设置审核策略,以便当安全性日志满后使系统停止响应。管理员可以指定在安全日志中记录哪些事件,例如创建、打开、删除文件或其他对象。安全日志特别记录了用户的登录事件以及用户的创建、删除、更改密码等事件。

每条事件中都包含来源、记录时间、事件 ID、级别、用户、计算机等信息。

事件 ID 是 Windows 用来标识事件的一个数字,根据事件 ID,Windows 能够确定所发生的事件的类型等信息。在数字取证中,调查人员也可以根据事件的 ID 信息来对 Windows 事件进行快速的筛选。如需要分析何时启用了某个特定账户,可以在安全日志中查找事件 ID 为 4722 的事件。4722 表示启用一个账户,可以通过搜索这个事件 ID 找出账户的启用时间。表 5-4 为常见的事件 ID 与对应的描述。

表 5-4　常见的事件 ID 与对应的描述

事 件 ID	描　　　述
678	账户已成功映射到域账户
681	登录失败,已尝试域账户登录。此事件不会在 Windows XP 或 Windows Server 2003 系列中生成
682	用户已重新连接到断开连接的终端服务器会话
683	用户在未注销的情况下断开了终端服务器会话
4720	已创建用户账户
4722	已启用用户账户
4723	已更改用户密码
4724	已设置用户密码
4726	已删除用户账户
4738	已更改用户账户
4740	用户账户被自动锁定

续表

事 件 ID	描　　述
4741	已创建计算机账户
4742	已更改计算机账户
4743	已删除计算机账户
4624	用户已成功登录到计算机。有关登录类型的信息,见表 5-5
4625	登录失败。使用未知用户名或密码错误的已知用户名进行了登录尝试
4634	用户已完成注销过程
4647	用户启动了注销过程
4648	用户使用显式凭据成功登录到计算机,同时以其他用户身份登录
4779	用户在未注销的情况下断开了终端服务器会话
512	Windows 启动
513	Windows 正在关闭
514	身份验证包由本地安全机构加载
515	受信任的登录过程已注册到本地安全机构
516	分配给安全事件消息队列的内部资源已耗尽,导致一些安全事件消息丢失
520	系统时间已更改。注意:此审核通常显示两次

级别是事件所属的类型,Windows 日志中主要记录的有 5 种级别的日志:

* 错误:记录系统或程序运行中发生的明显的错误,例如"服务 XXX 意外停止"。
* 警告:不是很重要的事件,但或许会导致的问题,例如"XXX 域名解析错误"。
* 信息:记录服务、应用或驱动等成功的操作。

在安全日志中还有以下两类的日志,这些事件也属于信息,但进一步分为审核成功和审核失败两种。

* 审核成功(信息):指向审核成功的安全事件,例如"用户成功登录系统"。
* 审核失败(信息):指向审核失败的安全事件,例如"用户登录系统失败"。

在分析 Windows 安全日志时,经常发现登录类型的值不同,有 2、3、5、8 等。Windows 为帮助用户从日志中获得更多有价值的信息,细分了很多种登录类型,以便区分登录者是从本地登录,还是从网络登录以及其他登录方式。表 5-5 所示为事件 ID 4624 中不同登录类型的事件的描述,掌握这些登录方式,有助于调查人员从事件日志中发现可疑的行为,并能够判断其攻击方式。

表 5-5　事件 ID 4624 中的登录类型

登录类型	登录标题	描　　述
2	交互	Interactive,登录到此计算机的用户。指用户在计算机的控制台上进行的登录,也就是在本地键盘上进行的登录
3	网络	Network,从网络登录到此计算机的用户或计算机。最常见的情况就是连接到共享文件夹或者共享打印机时

登录类型	登录标题	描 述
4	批处理	Batch,批处理登录类型由批处理服务器使用,其中进程可以代表用户执行,用户无须直接干预。类型4登录通常表明某计划任务启动,但也可能是一个恶意用户通过计划任务来猜测用户密码
5	服务	Service,服务控制管理器已启动服务。失败的类型5通常表明用户的密码已变而这里没得到更新
7	解除锁定	Unlock,已解锁此工作站。失败的类型7登录表明有人输入了错误的密码或者有人在尝试解锁计算机
8	网络明文	NetworkCleartext,从网络登录到此计算机的用户。用户的密码以未经过哈希处理的形式传递给验证包。内置的身份验证将所有哈希凭证打包,然后再通过网络发送它们。凭据不会以纯文本(也称为明文)形式遍历网络
10	远程交互	RemoteInteractive,使用终端服务或远程桌面登录到此计算机的用户
11	缓存交互	CachedInteractive,使用存储在计算机上的本地网络凭据登录到此计算机的用户。未联系域控制器以验证凭据

分区诊断日志是 Windows 10 操作系统新引入的一个事件日志,会在 USB 设备连接的时候创建一个 ID 为 1006 的事件记录。日志名为 Microsoft-Windows-Partition%4Diagnostic.evtx。当使用 Windows 事件查看器查看该日志时,默认的常规视图仅会显示"仅供内部使用"这一信息,但是"详细信息"视图则包含了很多与连接设备相关的信息,包括设备标识符、连接时间和断开时间等信息。在 Microsoft-Windows-Partition%4Diagnostic.evtx 中 ID 为 1006 的记录中,有一区域记录着连接系统的设备的卷引导记录(VBR),包括所连接设备 VBR 的完整的十六进制信息。这在 USB 取证中很重要,因为VBR 包含很多信息,例如卷序列号。另外,如果设备文件系统为 FAT,则 VBR 中还包含卷标信息。快捷方式和跳转列表都包含卷序列号(Volume SN),而 VSN 可以代表一个特定的卷,所以非常关键。同时,调查人员也能够从该日志中获取卷序列号。将 VBR0字段的值保存到一个新文件后,可以使用 X-Ways Forensics 解析原始的 VBR,从而获取VSN、卷标和其他有用的信息。调查人员在分析 USB 设备的信息时,能够利用该日志中的信息,并结合注册表、setupapi.log 以及其他事件日志进行综合分析。

2. 实验目的

通过本实验的学习,了解事件日志的基本概念和功能,掌握如何通过事件日志来分析用户行为或用户遭受的恶意攻击事件。

3. 实验环境

- 浏览器:推荐使用谷歌浏览器。
- WinHex 取证分析软件。
- 5-C07-远程-RPD 和向日葵.E01。

4. 实验内容

子实验 1　分析远程登录事件

步骤 1:创建案件 5-C07,添加镜像文件"5-C07-远程-RPD 和向日葵.E01",分析远程事件 ID：4624。

　　步骤 2：过滤并导出 Windows 日志文件至临时目录。对于远程桌面痕迹分析，需要重点关注 Microsoft-Windows-TerminalServices-RemoteConnectionManager%4Operational.evtx，如图 5-55 所示。

图 5-55　事件查看器

　　步骤 3：启动事件查看器，选择"打开保存的日志"，如图 5-56 所示。

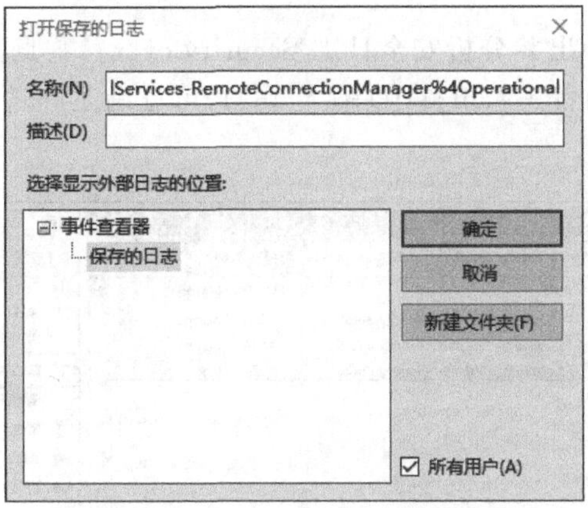

图 5-56　打开保存的日志

　　步骤 4：分析日志，注意发现 RDP 连接记录信息。值得关注的事件 ID 包括 261、263、1149、258 等。具体事件描述见表 5-6。本实验中，查看 2022 年 7 月 6 日 10:57 的 3 条日志，可以发现远程登录连接的记录。具体信息如图 5-57 所示。

表 5-6　有关 RDP 的事件 ID 及描述

事 件 ID	描　　　述
261	侦听程序 RDP-Tcp 已收到一个连接
263	WDDM 图形模式已启用
1149	远程桌面服务：用户身份验证已成功
258	侦听程序 RDP-Tcp 已开始侦听

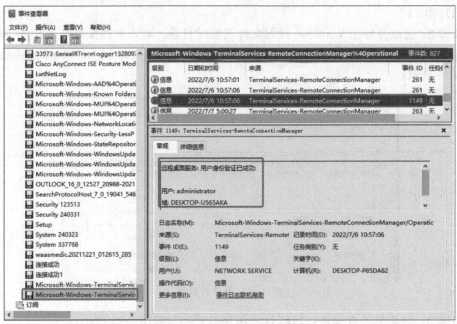

图 5-57　查看日志

步骤 5：从案件中导出并分析安全日志 Security.evtx。重点关注 ID 为 4625 和 4624 的事件。选择"筛选当前日志"，事件 ID 输入 4624，可见满足筛选条件的事件有 7897 条。具体信息如图 5-58 所示。

图 5-58　分析登录事件

子实验 2　USB 设备和分区诊断日志

步骤 1：创建案件 5-C09，添加镜像文件"5-C09-Eventlog.001"，分析分区诊断日志，关注事件 ID：1006。

步骤 2：过滤并导出 Microsoft-Windows-Partition％4Diagnostic.evtx 日志文件至临时目录。

步骤 3：启动事件查看器，选择"打开保存的日志"，打开分区诊断日志。

步骤 4：查找时间为 2019 年 4 月 4 日 9：12：24 的一条事件记录，如图 5-59 所示。单击"详细信息"可以查看更多的日志内容，包括曾连接的移动设备的品牌、型号和序列号，如图 5-60 所示。

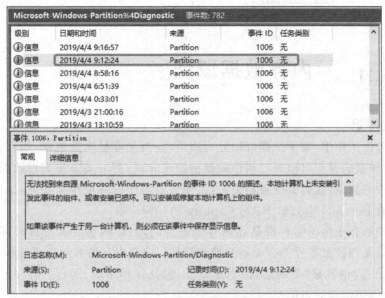

图 5-59　查看分区诊断日志

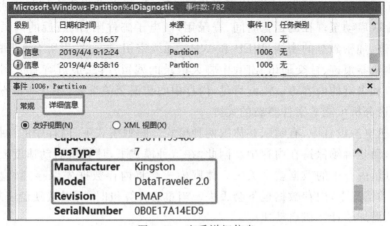

图 5-60　查看详细信息

步骤 5：继续查看日志，可以看到日志中记录了分区表、MBR 和 VBR。可比较"友好视图"和"XML 视图"的查看效果,如图 5-61 所示。

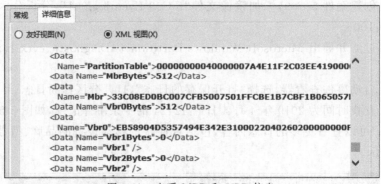

图 5-61 查看 MBR 和 VBR 信息

实验5.11 内存数据取证

1. 预备知识

在数字取证工作中,数字证据可以分为两类,一类是非易失性数据,如存储在磁盘中的数据,这类数据的保存可以通过制作磁盘镜像来完成;另一类是易失性数据,如存储在计算机内存中的数据,这类数据极易丢失,需要通过制作内存镜像来获取,制作内存镜像的工具主要有 Dumpit,Magnet RAM Capture 和 LiME 等。

计算机中所有程序的运行都是在内存中进行的,内存的功能就是暂时存放 CPU 中的运算数据以及与硬盘等外部存储器交换的数据。内存中存储着操作系统和应用程序最重要的状态信息,也就是"当前运行"状态信息,包括操作系统、运行的程序、活动网络连接、打开的文件句柄等动态信息。

总体来说,内存中有操作系统正在运行过程中的必须数据,例如:正在运行的进程和服务、受保护程序的解密版本、运行的恶意代码或木马、每个进程所有打开的注册表项、系统信息、从上次启动至现在的运行时间、登录用户、电子邮件附件、最近的网页邮箱痕迹、云服务的痕迹、加密磁盘的密钥、WEP 和 WPA 无线密钥、每个进程所有打开的网络套接字、最近的浏览器痕迹、社交通讯、游戏中聊天记录的残留片段、最近查看的图像、用户名和密码、窗口和击键的内容等。由此可见,内存中的数据至关重要,在一些特殊案件中,内存数据的取证分析可能是案件突破的关键。

在计算机电源设置中,有睡眠和休眠两种模式。睡眠模式下,内存中的数据不会被保存到硬盘中,而是继续保持在内存中。因此,在这种模式下,计算机启动速度较快。然而,一旦设备断电,内存中的数据就会丢失。休眠模式会将内存数据先保存到硬盘中。即使在设备断电的情况下,内存数据也不会丢失。当重启计算机时,可以从硬盘恢复休眠文件中的数据,从而加快计算机启动速度。

在 Windows 操作系统中,这些易失性数据通常包括进程信息、网络连接、注册表信息、系统信息、密钥信息以及恶意代码等数据;在计算机运行期间,这些数据大部分存储在计算机内存中,在 Windows 系统进入休眠状态或者出现故障时,这些数据将会被转储到休眠文件(Hiberfile.sys)、系统崩溃转储文件以及虚拟机内存转储等文件中;当计算机重新接通电源时,系统会将休眠文件中的数据重新载入物理内存中。这个文件包含了大量有价值的内存数据。在有计算机调查人员干预的事件中,这些数据将会被固定到内存镜像。

除了内存镜像中的数据外,Windows 还使用页交换文件(Pagefile.sys)来协助内存的工作,当内存不满足系统所需的情况下,会释放部分内存数据到 Pagefile.sys 文件中,因此,当设备断电后,若无法拿到内存镜像,可以通过分析 Pagefile.sys 文件获取有价值的内存数据。

2. 实验目的

通过本实验的学习,掌握内存数据提取的方法,通过案例理解利用 Volatility 分析内存转储文件的命令和思路。

3. 实验环境

- 浏览器:推荐使用谷歌浏览器。
- WinHex 取证分析软件、Magnet RAM Capture 内存镜像获取软件 MRCv120.exe、Volatility。
- 5-M03-infected.vmem。

4. 实验内容

子实验 1　获取内存镜像

运行 MRCv120.exe 程序。选择分段大小(Segment size),内存镜像保存路径(Save RAM capture to..),单击 Start 按钮。MRC 会自动获取物理内存镜像,如图 5-62 所示。

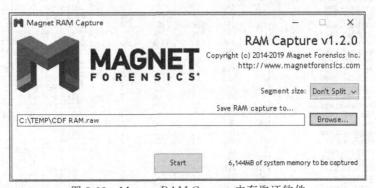

图 5-62　Magnet RAM Capture 内存取证软件

子实验 2　使用 Volatility 分析内存镜像

案例描述:某公司客户经理早些时候给 IT 人员打电话,说他无法访问计算机上的任何文件,并不断收到一个弹出消息,提示他的文件已被加密。调查人员断开计算机与网络的连接后提取了内存镜像命名为 5-M03-infected.vmem。请对内存镜像其进行分析以发现勒索软件的痕迹。本实验使用 Volatility 软件,后续实验将主程序名称修改为 vol26.exe。《数字取证》主教材中已对 Volatility 工具的使用方法有简单的描述,在此不做重复讲解。

步骤 1：判断内存镜像的基本信息。如图 5-63 所示，输入指令"vol26.exe -f 5-M03-infected.vmem imageinfo"，列出对内存镜像文件所建议的 profile 信息，同时，该命令还会列出机器的 KDBG 和镜像的创建时间等信息。

```
E:\VOL>vol26.exe -f 5-M03-infected.vmem imageinfo
Volatility Foundation Volatility Framework 2.6
INFO    : volatility.debug    : Determining profile based on KDBG search...
          Suggested Profile(s) : Win7SP1x86_23418, Win7SP0x86, Win7SP1x86
                     AS Layer1 : IA32PagedMemoryPae (Kernel AS)
                     AS Layer2 : FileAddressSpace (E:\VOL\5-M03-infected.vmem)
                      PAE type : PAE
                           DTB : 0x185000L
                          KDBG : 0x82948c28L
          Number of Processors : 1
     Image Type (Service Pack) : 1
                KPCR for CPU 0 : 0x82949c00L
             KUSER_SHARED_DATA : 0xffdf0000L
            Image date and time : 2021-01-31 18:24:57 UTC+0000
      Image local date and time : 2021-01-31 13:24:57 -0500
```

图 5-63　imageinfo 结果

步骤 2：列出内存中的可疑进程。使用 pslist 参数列出进程的基本信息，包括进程的偏移量（逻辑）、进程名称、进程 ID(PID)、父进程 ID、线程数、句柄数以及进程开始和结束的时间等信息。如图 5-64 所示，输入指令"vol26.exe -f 5-M03-infected.vmem --profile＝Win7SP1x86 pslist"后，根据显示结果发现进程@WanaDecryptor 是一个可疑进程。

```
E:\VOL>vol26.exe -f 5-M03-infected.vmem --profile=Win7SP1x86 pslist
Volatility Foundation Volatility Framework 2.6
Offset(V)   Name               PID    PPID   Thds   Hnds   Sess   Wow64  Start
---------   ----               ---    ----   ----   ----   ----   -----  -----
0x83db6920  System             4      0      79     482    ------ 0      2021-01-31 18:01:10 UTC+0000
0x84db5418  smss.exe           268    4      2      29     ------ 0      2021-01-31 18:01:10 UTC+0000
0x85b78968  csrss.exe          356    340    9      512    0      0      2021-01-31 18:01:11 UTC+0000
0x85b801f8  wininit.exe        396    340    3      75     0      0      2021-01-31 18:01:11 UTC+0000
0x85d45030  csrss.exe          404    388    10     199    1      0      2021-01-31 18:01:11 UTC+0000
0x85d63030  winlogon.exe       460    388    3      113    1      0      2021-01-31 18:01:11 UTC+0000
0x85d5f030  services.exe       496    396    8      205    0      0      2021-01-31 18:01:11 UTC+0000
0x85d72958  lsass.exe          504    396    6      566    0      0      2021-01-31 18:01:11 UTC+0000
0x85d74030  lsm.exe            512    396    9      135    0      0      2021-01-31 18:01:11 UTC+0000
0x85de2b08  svchost.exe        620    496    12     364    0      0      2021-01-31 18:01:11 UTC+0000
0x85e0fd40  svchost.exe        688    496    8      271    0      0      2021-01-31 18:01:11 UTC+0000
0x85e22520  svchost.exe        736    496    18     457    0      0      2021-01-31 18:01:11 UTC+0000
0x85e58030  svchost.exe        856    496    14     307    0      0      2021-01-31 18:01:11 UTC+0000
0x85e6d548  svchost.exe        896    496    42     1148   0      0      2021-01-31 18:01:11 UTC+0000
0x85e92a88  svchost.exe        1000   496    11     529    0      0      2021-01-31 18:01:11 UTC+0000
0x85ea9030  svchost.exe        1068   496    16     470    0      0      2021-01-31 18:01:12 UTC+0000
0x85ed6030  spoolsv.exe        1196   496    14     277    0      0      2021-01-31 18:01:12 UTC+0000
0x85f07290  svchost.exe        1252   496    19     332    0      0      2021-01-31 18:01:12 UTC+0000
0x85f32cb0  taskhost.exe       1348   496    8      157    1      0      2021-01-31 18:01:12 UTC+0000
0x98ff9b88  dwm.exe            1424   856    3      69     1      0      2021-01-31 18:01:12 UTC+0000
0x84c6a030  explorer.exe       1456   1408   26     765    1      0      2021-01-31 18:01:12 UTC+0000
0x84c80a48  VGAuthService.     1560   496    3      83     0      0      2021-01-31 18:01:12 UTC+0000
0x84cf9d40  vm3dservice.ex     1688   1456   2      44     1      0      2021-01-31 18:01:13 UTC+0000
0x84d04498  vmtoolsd.exe       1700   1456   8      218    1      0      2021-01-31 18:01:13 UTC+0000
0x84d11030  vmtoolsd.exe       1720   496    10     278    0      0      2021-01-31 18:01:13 UTC+0000
0x84e424a0  svchost.exe        2032   496    6      92     0      0      2021-01-31 18:01:13 UTC+0000
0x84e3ea58  WmiPrvSE.exe       1296   620    10     202    0      0      2021-01-31 18:01:14 UTC+0000
0x84e81d40  dllhost.exe        1740   496    13     194    0      0      2021-01-31 18:01:14 UTC+0000
0x84d28a78  msdtc.exe          2044   496    12     148    0      0      2021-01-31 18:01:16 UTC+0000
0x84dc1d40  SearchIndexer.     2232   496    10     704    0      0      2021-01-31 18:01:18 UTC+0000
0x84f5ead8  SearchProtocol     2304   2232   8      449    0      0      2021-01-31 18:01:18 UTC+0000
0x83ed4350  or4qtckT.exe       2732   1456   2      79     1      0      2021-01-31 18:02:16 UTC+0000
0x85e33030  taskhsvc.exe       2968   2924   4      102    1      0      2021-01-31 18:02:20 UTC+0000
0x85dc25f8  conhost.exe        2976   404    1      33     1      0      2021-01-31 18:02:20 UTC+0000
0x83ec6800  @WanaDecryptor     3968   2732   1      59     1      0      2021-01-31 18:02:48 UTC+0000
0x85ed91c8  svchost.exe        2204   496    11     143    0      0      2021-01-31 18:03:14 UTC+0000
0x83ebc0f0  sppsvc.exe         2432   496    4      147    0      0      2021-01-31 18:03:14 UTC+0000
0x85d5a450  svchost.exe        2380   496    10     322    0      0      2021-01-31 18:03:15 UTC+0000
0x85d975b0  svchost.exe        2508   496    5      87     0      0      2021-01-31 18:21:28 UTC+0000
0x84f0a030  SearchFilterHo     3008   2232   5      108    0      0      2021-01-31 18:23:00 UTC+0000
0x84f3d940  WmiPrvSE.exe       208    620    8      190    0      0      2021-01-31 18:24:23 UTC+0000
```

图 5-64　pslist 执行结果

历史题型：

（1）（2018 年"美亚杯"个人赛）在内存镜像中，就进程 javaw.exe 而言，它的进程 ID 是？

（2）接上题，javaw.exe 是经哪个方法在系统上执行？（答案：于 Windows 资源管理器上双击档案执行）

步骤 3：寻找可疑进程的父进程。图 5-64 已经可以通过进程的 PID（Process ID，进程标识符）和 PPID（Parent Process ID，进程的父进程标识符）辨别出父进程。本步骤使用 pstree 命令展示进程树结构，通过进程中各层级的缩进关系分析进程的父子关系。

PID 是进程的唯一标识符，是一个整数，用于标识系统中运行的每个进程。PID 由操作系统分配，它在进程创建时生成，并在进程生命周期内保持唯一。通过 PID，我们可以唯一地识别和控制进程。PPID 是进程的父进程标识符，也是一个整数。它表示创建当前进程的父进程的 PID。PPID 为 0 时，表示当前进程是系统进程，不是由其他进程创建的。PPID 不为 0 时，表示当前进程是由某个父进程创建的。在进程管理中，PID 和 PPID 具有重要作用。它们在进程调度、资源分配、调试和监控等方面具有重要意义。通过查找和跟踪 PID 和 PPID，可以更好地了解系统中的进程关系，进而进一步发现线索。

输入指令"vol26.exe -f 5-M03-infected.vmem --profile＝Win7SP1x86 pstree"后，得到可以进程等@WanaDecryptor 和父进程的线索。即创建此进程的初始恶意可执行文件是 or4qtckT.exe，具体如图 5-65 所示。

图 5-65　pstree 执行结果

历史题型：

（2018 年"美亚杯"个人赛）javaw.exe 是经以下哪个方法在系统上执行？

A. 利用命令提示符（cmd）执行　　　　　　　B. 利用 psexec 软行

C. 于 Windows 资源管理器上双击档案执行　　D. 于运行中执行

步骤 4：查看可疑进程加载的动态链接库。dlllist 参数会列出进程所加载的 dll 文件（动态链接库）的信息，参数 -p（PID 号）指定具体的进程号，如图 5-65 所示，进程 @WanaDecryptor 的 PID 为 3968，因此查看 @WanaDecryptor 关联的 dll 文件的命令为 "vol26.exe -f 5-M03-infected.vmem --profile＝Win7SP1x86 dlllist -p 3968"，结果如图 5-66 所示。

```
E:\VOL>vol26.exe -f 5-M03-infected.vmem --profile=Win7SP1x86 dlllist -p 3968
Volatility Foundation Volatility Framework 2.6
************************************************************************
@WanaDecryptor pid:   3968
Command line : @WanaDecryptor@.exe
Service Pack 1

Base          Size        LoadCount Path
----------    ----------  ---------- ----
0x00400000    0x3d000     0xffff C:\Users\hacker\Desktop\@WanaDecryptor@.exe
0x77060000    0x13c000    0xffff C:\Windows\SYSTEM32\ntdll.dll
0x76350000    0xd4000     0xffff C:\Windows\system32\kernel32.dll
0x75260000    0x4a000     0xffff C:\Windows\system32\KERNELBASE.dll
0x6c900000    0x11c000    0xffff C:\Windows\system32\MFC42.DLL
0x75650000    0xac000     0xffff C:\Windows\system32\msvcrt.dll
0x76c50000    0xc9000     0xffff C:\Windows\system32\USER32.dll
0x76820000    0x4e000     0xffff C:\Windows\system32\GDI32.dll
0x769b0000    0xa000      0xffff C:\Windows\system32\LPK.dll
0x76ac0000    0x9d000     0xffff C:\Windows\system32\USP10.dll
0x766c0000    0x15c000    0xffff C:\Windows\system32\ole32.dll
0x768a0000    0xa1000     0xffff C:\Windows\system32\RPCRT4.dll
0x765e0000    0x8f000     0xffff C:\Windows\system32\OLEAUT32.dll
0x6db80000    0x8c000     0xffff C:\Windows\system32\ODBC32.dll
0x76540000    0xa0000     0xffff C:\Windows\system32\ADVAPI32.dll
0x769c0000    0x19000     0xffff C:\Windows\SYSTEM32\sechost.dll
0x75700000    0xc4a000    0xffff C:\Windows\system32\SHELL32.dll
0x76950000    0x57000     0xffff C:\Windows\system32\SHLWAPI.dll
0x74140000    0x19e000    0xffff C:\Windows\WinSxS\x86_microsoft.windows.common-controls_
6595b64144ccf1df_6.0.7601.17514_none_41e6975e2bd6f2b2\COMCTL32.dll
0x76d20000    0x136000    0xffff C:\Windows\system32\urlmon.dll
0x76440000    0xf5000     0xffff C:\Windows\system32\WININET.dll
0x76e60000    0x1fb000    0xffff C:\Windows\system32\iertutil.dll
0x75390000    0x11d000    0xffff C:\Windows\system32\CRYPT32.dll
0x75220000    0xc000      0xffff C:\Windows\system32\MSASN1.dll
0x6ca20000    0x66000     0xffff C:\Windows\system32\MSVCP60.dll
0x76b60000    0x35000     0xffff C:\Windows\system32\WS2_32.dll
0x771a0000    0x6000      0xffff C:\Windows\system32\NSI.dll
0x76c30000    0x1f000     0x4 C:\Windows\system32\IMM32.DLL
0x769e0000    0xcc000     0x2 C:\Windows\system32\MSCTF.dll
0x6db40000    0x38000     0x1 C:\Windows\system32\odbcint.dll
0x6cb60000    0x6000      0x1 C:\Windows\system32\RICHED32.DLL
0x6c880000    0x76000     0x1 C:\Windows\system32\RICHED20.dll
0x73fc0000    0x40000     0x3 C:\Windows\system32\uxtheme.dll
0x73c90000    0x13000     0x1 C:\Windows\system32\dwmapi.dll
0x71820000    0x6000      0x1 C:\Windows\system32\IconCodecService.dll
0x73b60000    0xfb000     0x1 C:\Windows\system32\WindowsCodecs.dll
0x6ff40000    0x2a000     0x1 C:\Windows\system32\msls31.dll
0x75100000    0xc000      0x1 C:\Windows\system32\CRYPTBASE.dll
```

图 5-66　dlllist 执行结果

步骤 5：查看运行可疑进程的归属账户。getsids 命令会列出进程关联的 SID（Security Identifier）安全标识符信息，参数 -p 指定具体的进程号。查看 @WanaDecryptor 所关联 SID 的命令为 "vol26.exe -f 5-M03-infected.vmem --profile＝Win7SP1x86 getsids -p 3968"。图 5-67 为输出结果，能够判断出当前登录系统的账户是 Hacker，SID 为：S-1-5-21-352253382-2161631510-3377801281-1000。

```
E:\VOL>vo126.exe -f 5-M03-infected.vmem --profile=Win7SP1x86 getsids -p 3968
Volatility Foundation Volatility Framework 2.6
@WanaDecryptor (3968): S-1-5-21-352253382-2161631510-3377801281-1000 (hacker)
@WanaDecryptor (3968): S-1-5-21-352253382-2161631510-3377801281-513 (Domain Users)
@WanaDecryptor (3968): S-1-1-0 (Everyone)
@WanaDecryptor (3968): S-1-5-32-544 (Administrators)
@WanaDecryptor (3968): S-1-5-32-545 (Users)
@WanaDecryptor (3968): S-1-5-4 (Interactive)
@WanaDecryptor (3968): S-1-2-1 (Console Logon (Users who are logged onto the physical console))
@WanaDecryptor (3968): S-1-5-11 (Authenticated Users)
@WanaDecryptor (3968): S-1-5-15 (This Organization)
@WanaDecryptor (3968): S-1-5-5-0-87884 (Logon Session)
@WanaDecryptor (3968): S-1-2-0 (Local (Users with the ability to log in locally))
@WanaDecryptor (3968): S-1-5-64-10 (NTLM Authentication)
@WanaDecryptor (3968): S-1-16-8192 (Medium Mandatory Level)
```

图 5-67　getsids 执行结果

步骤 6：查看可疑进程的程序名。cmdline 命令可以列出所有应用程序执行时的具体信息，例如程序的路径、调用的文件等信息。所支持的应用程序不仅包括 CMD 控制台中曾经运行过的程序，还包括其他方式运行的各种程序。参数 -p（PID 号）指定具体的进程，因此查看 @WanaDecryptor 的 cmdline 的命令为"vol26.exe -f 5-M03-infected.vmem --profile＝Win7SP1x86 cmdline -p 3968"。结果如图 5-68 所示，可以进程的程序名为"@WanaDecryptor@.exe"。

```
E:\VOL>vo126.exe -f 5-M03-infected.vmem --profile=Win7SP1x86 cmdline -p 3968
Volatility Foundation Volatility Framework 2.6
************************************************************************
@WanaDecryptor pid:  3968
Command line : @WanaDecryptor@.exe
```

图 5-68　cmdline 执行结果

子实验 3　内存中的注册表

接子实验 2 继续操作，通过分析缓存在内存中的注册表文件，查找更多的线索。

步骤 1：列出内存中的注册表文件。Hivelist 参数可以查看分析内存中的注册表文件，输入命令"vol26.exe -f 5-M03-infected.vmem --profile＝Win7SP1x86 hivelist"后，得到如图 5-69 所示的执行结果。

```
E:\VOL>vo126.exe -f 5-M03-infected.vmem --profile=Win7SP1x86 hivelist
Volatility Foundation Volatility Framework 2.6
Virtual     Physical    Name
----------  ----------  ----
0x9e2fd9c8  0x029c69c8  \??\C:\System Volume Information\Syscache.hve
0xa1081438  0x12bc2438  \SystemRoot\System32\Config\SECURITY
0xa10eb8d8  0x1bb2c8d8  \SystemRoot\System32\Config\SAM
0x878104c8  0x19ea04c8  [no name]
0x8781a248  0x1a0ac248  \REGISTRY\MACHINE\SYSTEM
0x87844268  0x1a158268  \REGISTRY\MACHINE\HARDWARE
0x878cc670  0x109dc670  \SystemRoot\System32\Config\DEFAULT
0x8a5204b0  0x1470b4b0  \??\C:\Windows\ServiceProfiles\NetworkService\NTUSER.DAT
0x8a5b1008  0x1c103008  \??\C:\Windows\ServiceProfiles\LocalService\NTUSER.DAT
0x8cd9a008  0x1c802008  \??\C:\Users\hacker\ntuser.dat
0x8feec008  0x12d06008  \Device\HarddiskVolume1\Boot\BCD
0x8ffa4008  0x00fd4008  \SystemRoot\System32\Config\SOFTWARE
0x96c08368  0x0f880368  \??\C:\Users\hacker\AppData\Local\Microsoft\Windows\UsrClass.dat
```

图 5-69　hivelist 执行结果

步骤 2：提取内存中的注册表文件。使用命令"vol26.exe -f 5-M03-infected.vmem --profile＝Win7SP1x86 dumpregistry -D."，可以将所有相关的注册表文件提取到当前 Volatility 运行目录下，得到如图 5-70 所示的执行结果。

registry.0x8a5b1008.NTUSERDAT	2024/2/24 20:13	注册表项	236 KB
registry.0x8a5204b0.NTUSERDAT	2024/2/24 20:13	注册表项	240 KB
registry.0x8cd9a008.ntuserdat	2024/2/24 20:13	注册表项	464 KB
registry.0x8feec008.BCD	2024/2/24 20:13	注册表项	28 KB
registry.0x8ffa4008.SOFTWARE	2024/2/24 20:13	注册表项	21,960 KB
registry.0x9e2fd9c8.Syscachehve	2024/2/24 20:13	注册表项	300 KB
registry.0x96c08368.UsrClassdat	2024/2/24 20:13	注册表项	60 KB
registry.0x878cc670.DEFAULT	2024/2/24 20:13	注册表项	140 KB
registry.0x8781a248.SYSTEM	2024/2/24 20:13	注册表项	11,832 KB
registry.0x878104c8.no_name	2024/2/24 20:13	注册表项	8 KB
registry.0x87844268.HARDWARE	2024/2/24 20:13	注册表项	148 KB
registry.0xa10eb8d8.SAM	2024/2/24 20:13	注册表项	24 KB
registry.0xa1081438.SECURITY	2024/2/24 20:13	注册表项	24 KB

图 5-70　提取的注册表文件

步骤 3：分析恶意代码的存储位置。使用 WinHex 加载 Volatility 所在文件夹，选择所需的注册表文件，右击，如图 5-71 所示。通过 X-Ways 注册表报告模板，可以生成网页格式注册表分析报告，如图 5-72 所示。在注册表解析结果中可以找到，@WanaDecryptor@.exe 和 or4qtckT.exe 存储于 C:\Users\hacker\Desktop 文件夹中。

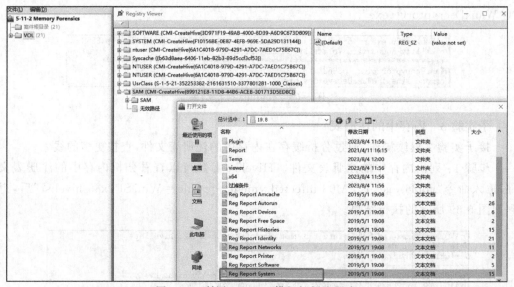

图 5-71　利用 WinHex 模板解析注册表

步骤 4：获取 Hacker 账户密码哈希。通过 hashcump 指令，可以提取 SAM 文件中的密码哈希。使用命令"vol26. exe -f 5-M03-infected. vmem --profile = Win7SP1x86 hashdump"后，得到 3 个账户的密码哈希。

```
E:\VOL>vol26.exe -f 5-M03-infected.vmem --profile=Win7SP1x86 hashdump
Administrator:500:aad3b435b51404eeaad3b435b51404ee:31d6cfe0d16ae931b73c59d7e0c089c0:::
Guest:501:aad3b435b51404eeaad3b435b51404ee:31d6cfe0d16ae931b73c59d7e0c089c0:::
hacker:1000:aad3b435b51404eeaad3b435b51404ee:31d6cfe0d16ae931b73c59d7e0c089c0:::
```

E:\VOL\registry.0x8ffa4008.SOFTWARE.reg

Windows internal version	6.1	2021/02/01 02:00:47 +8
Windows installation date	2021/02/01 01:58:15 +8	2021/02/01 02:00:47 +8
Windows product ID	00346-339-0000007-85296	2021/02/01 02:00:47 +8
Windows CD key	YGFVB-QTFXQ-3H233-PTWTJ-YRYRV	2021/02/01 02:00:47 +8
Windows name	Windows 7 Home Basic	2021/02/01 02:00:47 +8
Windows build number	7601	2021/02/01 02:00:47 +8
Processor architecture	Multiprocessor Free	2021/02/01 02:00:47 +8
Service pack	Service Pack 1	2021/02/01 02:00:47 +8
Last defragmentation of Volume{b63d8ac3-6406-11eb-82b3-806e6f6e6963}	2021/01/31 21:21:29 +8	2021/02/01 02:22:04 +8
Total MFT records for Volume{b63d8ac3-6406-11eb-82b3-806e6f6e6963}	0x0000A7FF (43007)	2021/02/01 02:22:04 +8
Web-Based Enterprise Management: PreviousServiceShutdown	2021/1/31 18:0:52'102	2021/02/01 02:01:13 +8
Wbem autorecover time	129470486592981250	2021/02/01 02:01:13 +8
CIM Object Manager: LastServiceStart	2021/1/31 18:1:13'338	2021/02/01 02:01:13 +8
Last logged on user	hacker	2021/02/01 02:01:11 +8
Client setting for Contacts	Address Book	2009/07/14 12:42:26 +8
Client setting for StartMenuInternet	IEXPLORE.EXE	2021/02/01 02:00:35 +8
Auto logon	1	2021/02/01 02:01:11 +8
Last logged on user	WIN-OL2LC65IOV6\hacker	2021/02/01 02:01:12 +8
Default Internet Browser	IEXPLORE.EXE	2021/02/01 02:00:35 +8
Turn off UACBehavior (0 is off)	0x00000005 (5)	2009/07/14 12:46:50 +8

Programs started (ROT13-decrypted, Win7)	Microsoft.Windows.GettingStarted: count: 14 last: 2021/02/01 01:56:41	2021/02/01 02:07:18 +8
	UEME_CTLSESSION: session: 14, Microsoft.Windows.GettingStarted	
	{D65231B0-B2F1-4857-A4CE-A8E7C6EA7D27}\\WindowsAnytimeUpgradeUI.exe: count: 13 last: 2021/02/01 01:56:41	
	{7C5A40EF-A0FB-4BFC-874A-C0F2E0B9FA8E}\Windows NT\Accessories\wordpad.exe: count: 12 last: 2021/02/01 01:56:41	
	UEME_CTLCUACount:ctor:	
	Microsoft.Windows.ControlPanel:	
	Microsoft.Windows.WindowsInstaller:	
	C:\Users\hacker\Desktop\or4qtckT.exe: count: 1 last: 2021/02/01 02:02:16	
	Microsoft.InternetExplorer.Default: count: 1 last: 2021/02/01 02:02:41	
	C:\Users\hacker\Desktop\@WanaDecryptor@.exe:	
	C:\Users\hacker\Desktop\taskdl.exe: count: 1 last: 2021/02/01 02:03:43	
	C:\Users\hacker\Desktop\taskse.exe: count: 1 last: 2021/02/01 02:03:45	
Programs started (ROT13-decrypted, Win7)	{0139D44E-6AFE-49F2-8690-3DAFCAE6FFB8}\Accessories\Welcome Center.lnk: count: 14 last: 2021/02/01 01:56:41	2021/02/01 02:02:41 +8
	UEME_CTLSESSION: session: 14, {0139D44E-6AFE-49F2-8690-3DAFCAE6FFB8}\Accessories\Welcome Center.lnk	
	{0139D44E-6AFE-49F2-8690-3DAFCAE6FFB8}\Windows Anytime Upgrade.lnk: count: 13 last: 2021/02/01 01:56:41	
	{0139D44E-6AFE-49F2-8690-3DAFCAE6FFB8}\Accessories\Wordpad.lnk: count: 12 last: 2021/02/01 01:56:41	
	UEME_CTLCUACount:ctor:	
	{9E3995AB-1F9C-4F13-B827-48B24B6C7174}\TaskBar\Internet Explorer.lnk: count: 1 last: 2021/02/01 02:02:41	
Folder view (remote)	MRUListEx:	2021/02/01 02:00:51 +8
	Shell Bag: 1	

图 5-72　注册表解析结果

第 6 章

Linux 取证

Linux 最初作为一种自由操作系统,旨在支持 Intel x86 架构的个人计算机。如今,Linux 已广泛应用于多种计算机硬件平台,超越了其他各类操作系统。其在服务器及其他大型平台,如大型计算机和超级计算机上的运行表现亦颇受好评。此外,Linux 在嵌入式系统领域,例如智能手机、平板电脑、路由器、电视及电子游戏机等方面,也有着广泛的应用。尤为值得关注的是,全球流行的 Android 操作系统,其基础即为 Linux 内核。然而,近年来,随着网络犯罪活动的日益猖獗,Linux 服务器设备遭受了大量恶意攻击。在此背景下,作为数字证据的 Linux 取证在网络安全事件中显得尤为重要,成为数字取证领域的一个重要分支。

本章旨在探讨 Linux 系统中证据获取与分析的相关知识,详细介绍有助于 Linux 取证分析的解析方法和工具。通过本章的学习,读者可对 Linux 系统取证和分析有初步的了解,重点掌握 Linux 操作系统和文件系统的基本原理,并针对 Linux 系统配置、用户痕迹、日志文件等方面进行实践操作。

实验6.1 Linux 痕迹分析

1. 预备知识

(1) 文件系统

文件系统,作为操作系统中负责管理文件的核心组件,在各种操作系统中呈现出差异。在 Windows 操作系统中,默认的文件系统为 NTFS;而在 macOS 操作系统中,这一默认文件系统则为 APFS;至于 Linux 操作系统,其默认的文件系统则包括 Ext2/Ext3/Ext4。在数字取证过程中,调查人员从待取证设备中获取磁盘镜像或提取数据后,须对所获取的数据进行取证分析。在进行相关数据的分析和处理之前,对文件系统的数据结构和功能有深入的了解至关重要。

(2) FHS 标准

Linux 操作系统拥有众多不同的发行版,绝大多数发行版均遵循 FHS(Filesystem Hierarchy Standard)标准。FHS 标准对 Linux 系统的主要目录及其内容进行了规范。以 CentOS 7.0 为例,表 6-1 描述示了 FHS 标准规定的各类目录及其所包含的文件类型与内容。需要注意的是,不同发行版之间在目录设置上存在一定差异。

表 6-1　FHS 标准

目　　录	描　　述
/（根目录）	整个文件系统结构的根目录
/bin	单用户模式下可以使用的命令程序，例如 ls,cp,mv,mkdir 等命令
/boot	系统开机的引导文件，通常该目录会存放在一个单独的分区
/dev	所有的设备都以文件的形式存放在该目录，例如 /dev/sda
/etc	存放系统主要的配置文件，例如 /etc/passwd,/etc/my.cnf
/home	普通用户的根目录，保存用户相关的文件和配置信息
/lib	/bin 和 /sbin 中相关的函数库文件
/media	某些可移动设备的挂载点，例如 /media/cdrom
/mnt	临时挂载某些可移动设备，例如挂载 U 盘，硬盘等
/opt	用来放置一些第三方软件
/root	Root 用户的根目录，放置 root 用户的文件和一些配置信息
/run	用来替代 /var/run 目录，放置程序的 PID 信息
/sbin	类似于 /bin，配置系统相关的命令，例如启动和修复系统所使用的命令
/srv	放置网络服务相关的数据
/tmp	临时文件夹，该文件夹可以被任何人存取
/usr	UNIX software resource，主要是操作系统软件资源相关的数据
/var	放置一些变动性的文件，包括一些缓存文件、日志文件等

根据表 6-1 中的内容，在 FHS 标准下，/etc 目录中所存放的一般为系统的配置文件，表 6-2 中列出了该目录下更为详细的文件名及其描述。

表 6-2　/etc 目录中的文件

文　　件	描　　述
/etc/crontab	配置系统的定时计划任务
/etc/fstab	记录文件系统类型和挂载点的表
/etc/hostname	主机名
/etc/hosts	域名解析文件
/ect/hosts.conf	指定主机名查找方法
/etc/profile	系统环境变量的相关设置
/etc/protocols	网络协议定义文件
/etc/sshd_config	ssh 的配置文件
/etc/httpd/conf	Apache 服务器的配置文件

文　　件	描　　述
/etc/sysconfig/network	网络相关的配置信息
/etc/sysconfig/network-scripts	网络相关的配置信息
/etc/resolv.conf	DNS 客户机配置文件
/etc/my.cnf	Mysql 的配置文件
/etc/os-release	系统的名称和版本等信息
/etc/passwd	系统的用户账户等信息
/etc/shadow	用户账户的密码信息
/etc/timezone	系统的时区信息
/etc/php.ini	PHP 的配置文件

（3）Linux 常用命令

Windows 操作系统以其典型的图形用户界面而著称，大部分操作可通过单击鼠标完成。然而，在 Linux 系统中，大部分操作需通过 Shell 命令来执行。这些命令通过 Shell 与系统内核互动，实现程序运行与系统维护。因此，在数字取证过程中，这些命令的历史记录对分析用户行为至关重要。

另一方面，在网络安全事件发生后的应急响应阶段，调查人员须正确运用 Linux 命令以采集相关信息。例如，通过 dd 命令获取磁盘镜像文件，使用 lsof 命令获取当前系统内进程打开的所有文件信息。调查人员须熟练掌握这些命令的使用方法。

（4）bash_history

Linux 系统中的命令历史记录会被持久化存储，其默认存储位置为当前用户主目录下的.bash_history 文件。该文件记录了命令的执行历史，通过分析该文件，可以了解入侵者在系统中进行了哪些恶意操作。当 Linux 系统启动一个 Shell 时，该 Shell 会从.bash_history 文件中读取历史记录，并将其存储在相应的内存缓冲区中。我们日常操作的 Linux 命令都会被记录在缓冲区中，其中包括 history 命令所执行的历史命令管理，这些操作实际上都是在操作缓冲区，而非直接操作.bash_history 文件。当退出 Shell，例如按 Ctrl＋D 键时，Shell 进程会将历史记录缓冲区的内容写回到.bash_history 文件中。

（5）Linux 日志分析

Linux 系统拥有非常灵活和强大的日志功能，可以保存绝大多数的操作记录，并可以从中检索出我们需要的信息。Linux 系统中的日志文件通常存储在/var/log 目录下，这是系统日志的默认位置。但是，不同的应用程序和服务可能将日志文件存储在不同的位置。

以下是一些在取证分析的过程中需要重点关注的日志文件和它们的存储位置：

- /var/log/cron：定时任务相关日志；
- /var/log/cups：打印信息日志；
- /var/log/mailog：邮件信息；

- /var/log/lastlog：用户最后一次登录时间日志；
- /var/log/wtmp(btmp)：登录日志(登录失败日志)；
- /var/log/secure：涉及账号和密码的验证和授权信息，包括 ssh 登录、su 切换用户、sudo 授权、添加用户、修改用户密码。

（6）定时任务

在 Linux 系统中，定时任务的管理和执行主要由 cron 服务负责。此服务能让用户在预设的时间段内自动运行特定命令或脚本，实现各类定时功能。要分析 Linux 系统中的定时任务，可以从以下几方面展开：

① 查询定时任务清单：通过执行 crontab -l 命令，可以查看当前用户的所有定时任务，包括任务执行时间及对应命令等信息。

② 检查系统定时任务列表：系统级别的定时任务保存在/etc/crontab 文件中。可以使用任何文本编辑器打开此文件以查看系统级别的定时任务。此外，还可浏览/etc/cron.d/目录下的其他定时任务文件。

③ 分析定时任务配置：定时任务的配置文件包括 crontab 文件和 cron.d/目录下的文件。这些文件记录了任务的执行时间、所执行命令等信息。通过分析这些配置文件，可以了解定时任务的运行方式及触发条件。

④ 查阅日志文件：cron 服务会将每个任务的执行情况记录在日志文件中。默认情况下，日志文件位于/var/log/syslog 或/var/log/cron 目录下。可以使用文本编辑器或 grep 命令查看这些日志文件，以了解定时任务的执行状态及可能存在的问题。

⑤ 定时任务信息格式如下：

*	*	*	*	*	command
分	时	日	月	周	命令

- 第 1 列表示分钟 1~59，每分钟用 * 或者 * /1 表示；
- 第 2 列表示小时 1~23(0 表示 0 点)；
- 第 3 列表示日期 1~31；
- 第 4 列表示月份 1~12；
- 第 5 列表示星期 0~6(0 表示星期天)。

例如：* 23-7/1 *** /usr/local/etc/rc.d/lighttpd restart 表示晚上 11 点到早上 7 点之间，每隔 1 小时重启 apache 服务。

2. 实验目的

通过本实验的学习，掌握 Linux 系统信息和用户信息的分析方法。

3. 实验环境

- 浏览器：推荐使用谷歌浏览器。
- X-ways 取证分析软件，VMware，FTK Imager。
- c2server.E01，Centos.E01。

4. 实验内容

子实验 1　解析 Linux 系统信息

2018 年举办的"美亚杯"团体赛中关于 Linux 服务器问题：根据镜像文件"c2server. E01"的内容，回答关于黑客控制的命令服务器（C&C 服务器）的问题。

步骤 1：黑客控制的命令服务器（C&C 服务器）是什么版本的系统？

在 Linux 操作系统中，获取系统版本信息的方式多样。针对 Ubuntu 系统，可通过查阅/etc/lsb-release 文件或执行命令 lsb_release -a 来了解系统版本。结果如图 6-1 和图 6-2 所示，系统的版本是 Ubuntu 16.04。

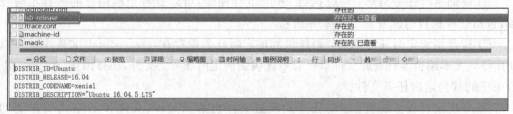

图 6-1　查看/etc/lsb-release 文件

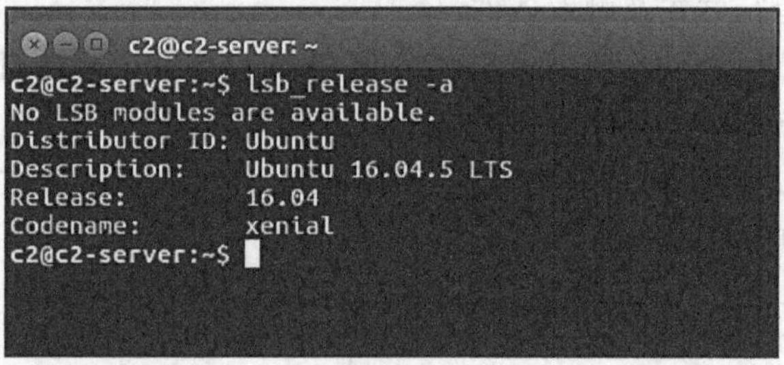

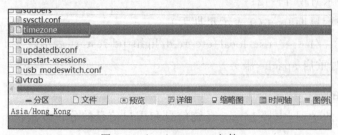

图 6-2　lsb_release -a 命令

步骤 2：系统的时区设定是什么？

在取证分析过程中，时区信息具有至关重要的地位，是我们重点关注的内容。针对 Ubuntu 系统，可以查阅/etc/timezone 文件，或运行 timedatectl 命令以了解当前时区。结果如图 6-3 和图 6-4 所示，系统的时区设定是 Asia/Hong_Kong。

图 6-3　/etc/timezone 文件

子实验 2　Bash_History 痕迹分析

2018 年的"美亚杯"团体赛第 4 题，"黑客曾上传受害公司荣科数码（RKD）文件到 C&C 服务器，上传方式包括：(1)ftp (2)ssh (3)telnet"。

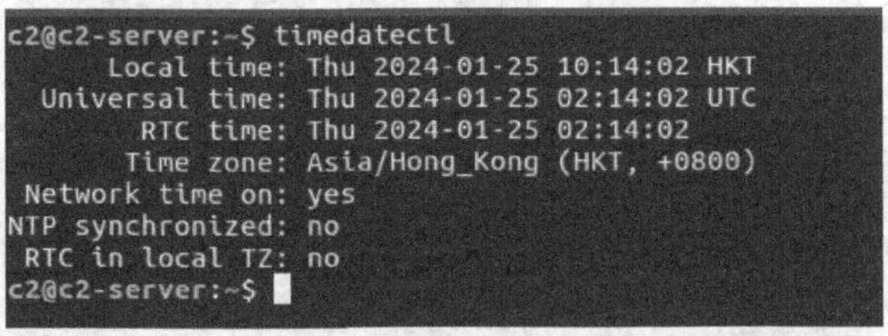

```
c2@c2-server:~$ timedatectl
       Local time: Thu 2024-01-25 10:14:02 HKT
   Universal time: Thu 2024-01-25 02:14:02 UTC
         RTC time: Thu 2024-01-25 02:14:02
        Time zone: Asia/Hong_Kong (HKT, +0800)
  Network time on: yes
NTP synchronized: no
 RTC in local TZ: no
c2@c2-server:~$
```

图 6-4　timedatectl 命令

使用工具查看 root 用户的.bash_history 文件,或者直接使用 history 命令查看,分析用户使用命令的操作痕迹。结果如图 6-5 和图 6-6 所示,根据命令历史记录,可以确认文件上传方式为 ftp。

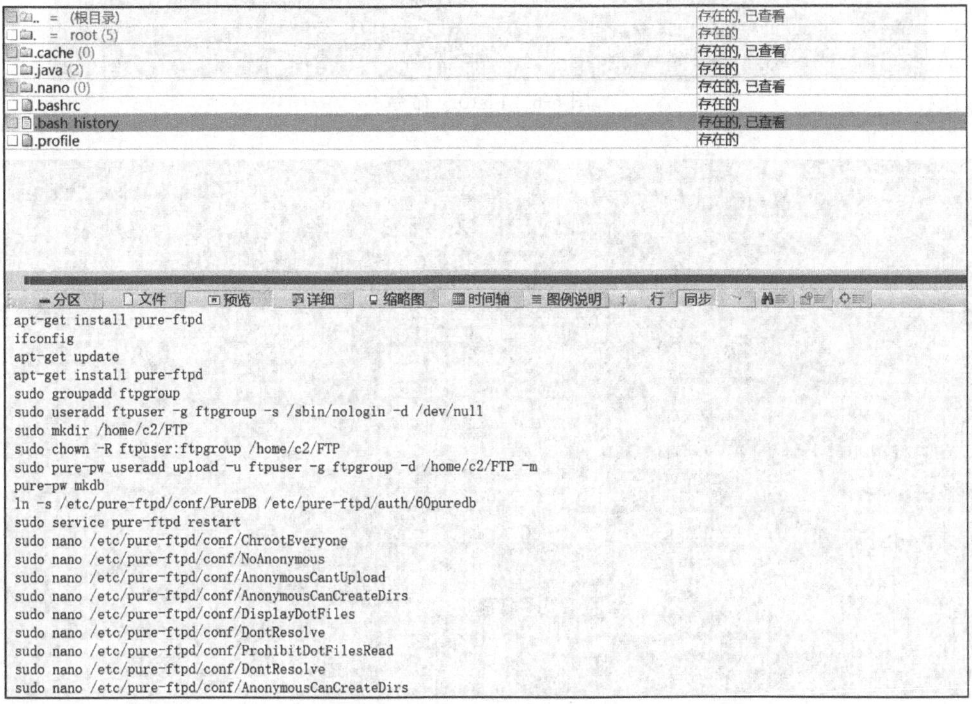

☐ 🗁.. = (根目录)	存在的, 已查看
☐ 🗁. = root (5)	存在的
☐ 🗁.cache (0)	存在的, 已查看
☐ 🗁.java (2)	存在的
☐ 🗁.nano (0)	存在的, 已查看
☐ 🗋.bashrc	存在的
☐ 🗋.bash_history	存在的, 已查看
☐ 🗋.profile	存在的

```
apt-get install pure-ftpd
ifconfig
apt-get update
apt-get install pure-ftpd
sudo groupadd ftpgroup
sudo useradd ftpuser -g ftpgroup -s /sbin/nologin -d /dev/null
sudo mkdir /home/c2/FTP
sudo chown -R ftpuser:ftpgroup /home/c2/FTP
sudo pure-pw useradd upload -u ftpuser -g ftpgroup -d /home/c2/FTP -m
pure-pw mkdb
ln -s /etc/pure-ftpd/conf/PureDB /etc/pure-ftpd/auth/60puredb
sudo service pure-ftpd restart
sudo nano /etc/pure-ftpd/conf/ChrootEveryone
sudo nano /etc/pure-ftpd/conf/NoAnonymous
sudo nano /etc/pure-ftpd/conf/AnonymousCantUpload
sudo nano /etc/pure-ftpd/conf/AnonymousCanCreateDirs
sudo nano /etc/pure-ftpd/conf/DisplayDotFiles
sudo nano /etc/pure-ftpd/conf/DontResolve
sudo nano /etc/pure-ftpd/conf/ProhibitDotFilesRead
sudo nano /etc/pure-ftpd/conf/DontResolve
sudo nano /etc/pure-ftpd/conf/AnonymousCanCreateDirs
```

图 6-5　.bash_history 文件

子实验 3　Linux 日志文件分析

步骤 1:使用 Centos.E01 镜像文件,查看用户最近登录信息。

last 命令用于显示用户最近登录信息。通过查看系统记录的日志文件内容,管理员可以获知谁曾经或者试图连接系统。这个命令主要用于显示用户历史登录情况,默认情况下,它会读取/var/log/wtmp 文件,并把该文件记录的登录系统或终端的用户名单全部显示出来。也可以直接查看/var/log/wtmp 文件,并通过预览模式查看文件内容,结果如图 6-7 和图 6-8 所示。

步骤 2:查看用户最近登录失败记录。

在 Linux 系统中,用于查看登录失败记录的命令是 lastb。该命令用于显示系统上的

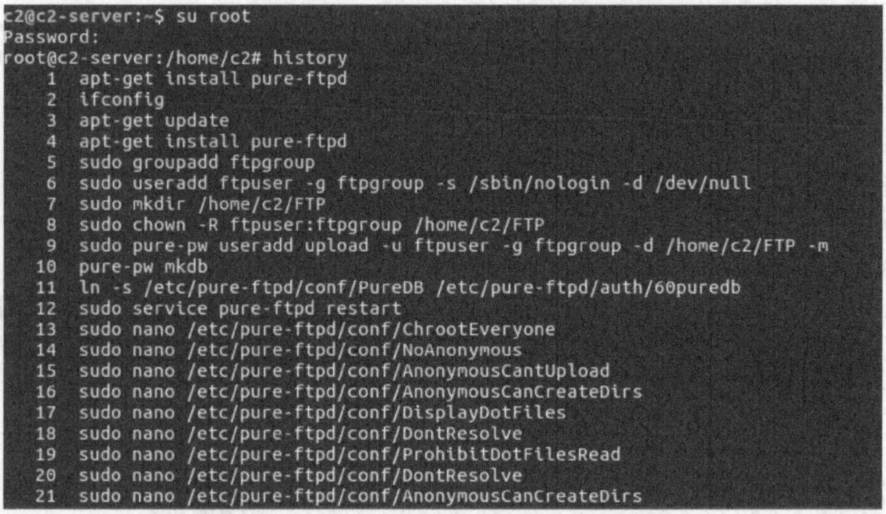

```
c2@c2-server:~$ su root
Password:
root@c2-server:/home/c2# history
    1  apt-get install pure-ftpd
    2  ifconfig
    3  apt-get update
    4  apt-get install pure-ftpd
    5  sudo groupadd ftpgroup
    6  sudo useradd ftpuser -g ftpgroup -s /sbin/nologin -d /dev/null
    7  sudo mkdir /home/c2/FTP
    8  sudo chown -R ftpuser:ftpgroup /home/c2/FTP
    9  sudo pure-pw useradd upload -u ftpuser -g ftpgroup -d /home/c2/FTP -m
   10  pure-pw mkdb
   11  ln -s /etc/pure-ftpd/conf/PureDB /etc/pure-ftpd/auth/60puredb
   12  sudo service pure-ftpd restart
   13  sudo nano /etc/pure-ftpd/conf/ChrootEveryone
   14  sudo nano /etc/pure-ftpd/conf/NoAnonymous
   15  sudo nano /etc/pure-ftpd/conf/AnonymousCantUpload
   16  sudo nano /etc/pure-ftpd/conf/AnonymousCanCreateDirs
   17  sudo nano /etc/pure-ftpd/conf/DisplayDotFiles
   18  sudo nano /etc/pure-ftpd/conf/DontResolve
   19  sudo nano /etc/pure-ftpd/conf/ProhibitDotFilesRead
   20  sudo nano /etc/pure-ftpd/conf/DontResolve
   21  sudo nano /etc/pure-ftpd/conf/AnonymousCanCreateDirs
```

图 6-6   history 命令

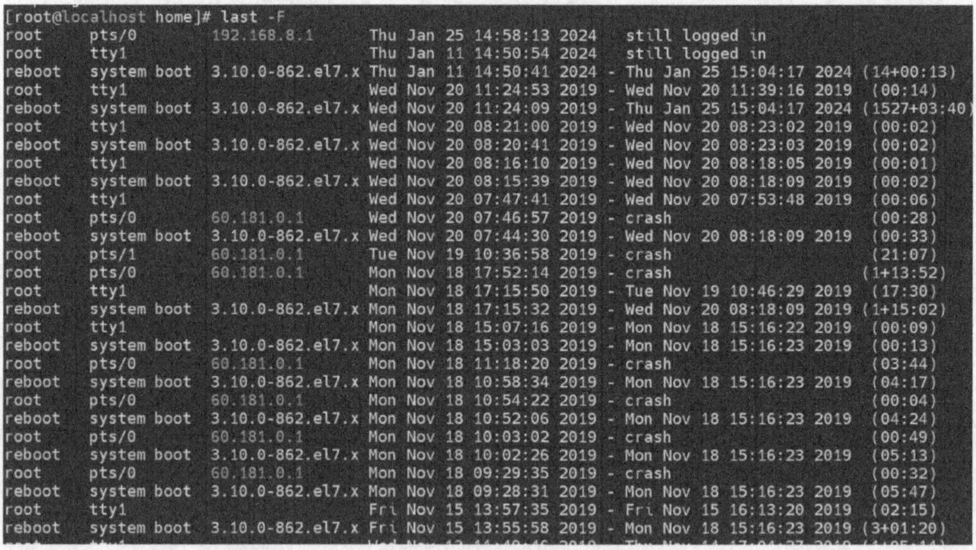

```
[root@localhost home]# last -F
root      pts/0        192.168.8.1         Thu Jan 25 14:58:13 2024    still logged in
root      tty1                             Thu Jan 11 14:50:54 2024    still logged in
reboot    system boot  3.10.0-862.el7.x    Thu Jan 11 14:50:41 2024 - Thu Jan 25 15:04:17 2024 (14+00:13)
root      tty1                             Wed Nov 20 11:24:53 2019 - Wed Nov 20 11:39:16 2019  (00:14)
reboot    system boot  3.10.0-862.el7.x    Wed Nov 20 11:24:09 2019 - Thu Jan 25 15:04:17 2024 (1527+03:40)
root      tty1                             Wed Nov 20 08:21:00 2019 - Wed Nov 20 08:23:02 2019  (00:02)
reboot    system boot  3.10.0-862.el7.x    Wed Nov 20 08:20:41 2019 - Wed Nov 20 08:23:03 2019  (00:02)
root      tty1                             Wed Nov 20 08:16:10 2019 - Wed Nov 20 08:18:05 2019  (00:01)
reboot    system boot  3.10.0-862.el7.x    Wed Nov 20 08:15:39 2019 - Wed Nov 20 08:18:09 2019  (00:02)
root      tty1                             Wed Nov 20 07:47:41 2019 - Wed Nov 20 07:53:48 2019  (00:06)
root      pts/0        60.181.0.1          Wed Nov 20 07:46:57 2019 - crash              (00:28)
reboot    system boot  3.10.0-862.el7.x    Wed Nov 20 07:44:30 2019 - Wed Nov 20 08:18:09 2019  (00:33)
root      pts/1        60.181.0.1          Tue Nov 19 10:36:58 2019 - crash              (21:07)
root      pts/0        60.181.0.1          Mon Nov 18 17:52:14 2019 - crash            (1+13:52)
root      tty1                             Mon Nov 18 17:15:50 2019 - Tue Nov 19 10:46:29 2019  (17:30)
reboot    system boot  3.10.0-862.el7.x    Mon Nov 18 17:15:32 2019 - Wed Nov 20 08:18:09 2019 (1+15:02)
root      tty1                             Mon Nov 18 15:07:16 2019 - Mon Nov 18 15:16:22 2019  (00:09)
reboot    system boot  3.10.0-862.el7.x    Mon Nov 18 15:03:03 2019 - Mon Nov 18 15:16:23 2019  (00:13)
root      pts/0        60.181.0.1          Mon Nov 18 11:18:20 2019 - crash              (03:44)
reboot    system boot  3.10.0-862.el7.x    Mon Nov 18 10:58:34 2019 - Mon Nov 18 15:16:23 2019  (04:17)
root      pts/0        60.181.0.1          Mon Nov 18 10:54:22 2019 - crash              (00:04)
reboot    system boot  3.10.0-862.el7.x    Mon Nov 18 10:52:06 2019 - Mon Nov 18 15:16:23 2019  (04:24)
root      pts/0        60.181.0.1          Mon Nov 18 10:03:02 2019 - crash              (00:49)
reboot    system boot  3.10.0-862.el7.x    Mon Nov 18 10:02:26 2019 - Mon Nov 18 15:16:23 2019  (05:13)
root      pts/0        60.181.0.1          Mon Nov 18 09:29:35 2019 - crash              (00:32)
reboot    system boot  3.10.0-862.el7.x    Mon Nov 18 09:28:31 2019 - Mon Nov 18 15:16:23 2019  (05:47)
root      tty1                             Fri Nov 15 13:57:35 2019 - Fri Nov 15 16:13:20 2019  (02:15)
reboot    system boot  3.10.0-862.el7.x    Fri Nov 15 13:55:58 2019 - Mon Nov 18 15:16:23 2019 (3+01:20)
```

图 6-7   last 命令

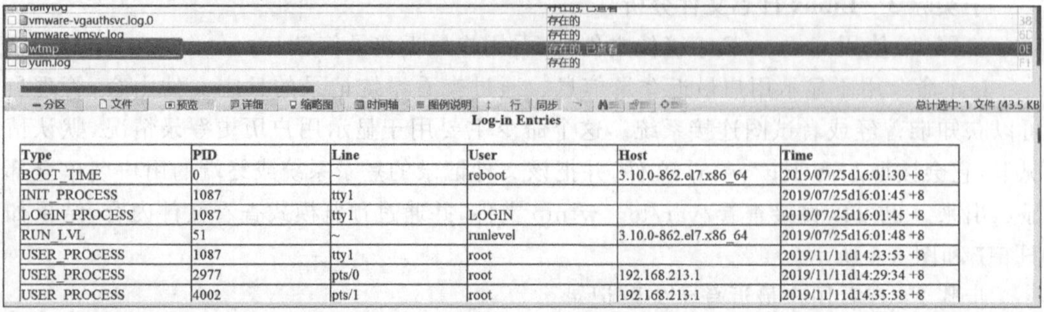

	存在的,已查看	
vmware-vgauthsvc.log.0	存在的	
vmware-vmsvc.log	存在的	
wtmp	存在的,已查看	
yum.log	存在的	

一 分区   文件   预览   详细   缩略图   时间轴   图例说明   行 同步   总计选中: 1 文件 (43.5 KB

Log-in Entries

Type	PID	Line	User	Host	Time
BOOT_TIME	0	~	reboot	3.10.0-862.el7.x86_64	2019/07/25d16:01:30 +8
INIT_PROCESS	1087	tty1			2019/07/25d16:01:45 +8
LOGIN_PROCESS	1087	tty1	LOGIN		2019/07/25d16:01:45 +8
RUN_LVL	51	~	runlevel	3.10.0-862.el7.x86_64	2019/07/25d16:01:48 +8
USER_PROCESS	1087	tty1	root		2019/11/11d14:23:53 +8
USER_PROCESS	2977	pts/0	root	192.168.213.1	2019/11/11d14:29:34 +8
USER_PROCESS	4002	pts/1	root	192.168.213.1	2019/11/11d14:35:38 +8

图 6-8   wtmp 文件

失败登录记录,包括登录尝试的用户、来源 IP 地址、登录时间和失败原因等信息,对应的是/var/log/btmp 文件。也可以直接查看/var/log/btmp 文件,并通过预览模式查看文件内容,结果如图 6-9 和图 6-10 所示。

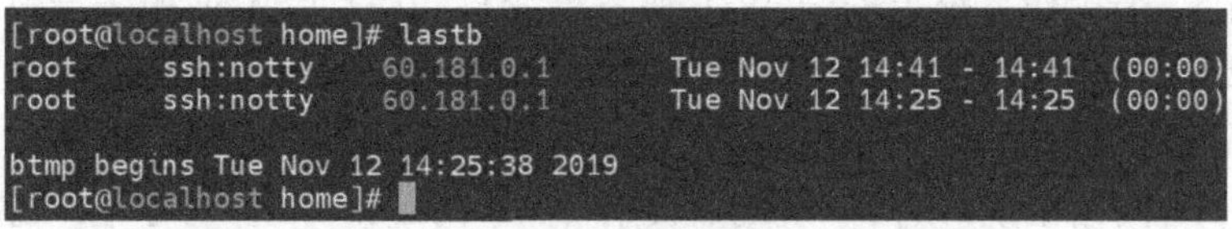

```
[root@localhost home]# lastb
root     ssh:notty    60.181.0.1       Tue Nov 12 14:41 - 14:41  (00:00)
root     ssh:notty    60.181.0.1       Tue Nov 12 14:25 - 14:25  (00:00)

btmp begins Tue Nov 12 14:25:38 2019
[root@localhost home]#
```

图 6-9　lastb 命令

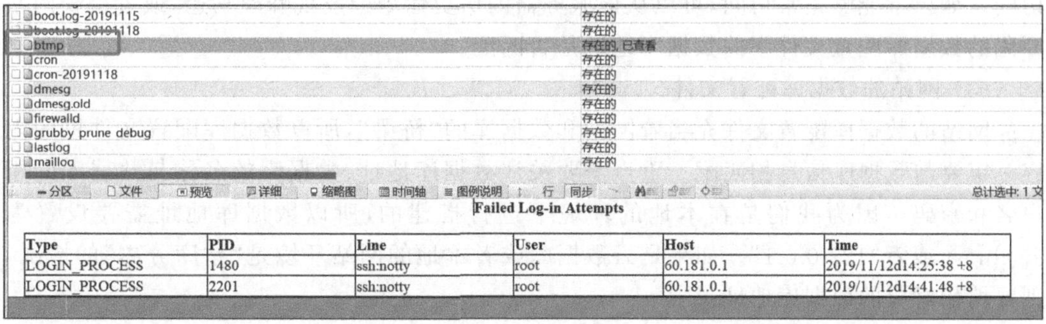

Type	PID	Line	User	Host	Time
LOGIN_PROCESS	1480	ssh:notty	root	60.181.0.1	2019/11/12d14:25:38 +8
LOGIN_PROCESS	2201	ssh:notty	root	60.181.0.1	2019/11/12d14:41:48 +8

图 6-10　btmp 文件

实验6.2　网站取证

1. 预备知识

(1) 服务器镜像文件

在现实案件中,涉案网站通常建立在云服务器之上,取证过程中获取的资料多为服务器镜像文件。常见的镜像格式包括如下几种:

- raw:原始镜像格式、阿里云支持镜像格式;
- cow、qcow、qcow2、qcow3(QEMU):kvm、腾讯云支持的磁盘镜像格式;
- vhd、vhdx:Hyper-V(Windows);
- vmdk:VMware 软件支持的格式;
- e01:国内外的取证软件大体上都支持 E01 镜像的制作。

在进行 Linux 镜像取证分析时,一般有两种方式,一是静态文件系统加载,使用软件加载镜像文件,查看镜像内的文件信息;二是动态仿真搭建分析,使用仿真软件进行系统仿真,搭建网站和数据库环境,这对于涉案网站后台分析工作很有帮助。

服务器镜像仿真有以下 3 种方式:

① 使用商业的计算机仿真软件,可以实现镜像自动仿真,一键绕密,不修改原始检材。

② 使用 FTK Imager＋VMware 手动仿真,不修改原始检材,但是需要手工绕密。

③ 使用镜像格式转换工具先将目标镜像转换为 vmdk 格式,然后使用 VMware 手动

仿真,会修改原始检材,需要手工绕密。

（2）网站重建

重建网站的四要素是操作系统、Web 服务器、网站源码和网站数据库。也就是说,搭建网站需要在一个操作系统上安装 Web 服务器软件,在这个 Web 服务器软件上可以配置网站的参数,例如网站访问的域名、网站访问的端口等。同时,网站源码和数据库也必须在所搭建的服务器上。除此之外,服务器的操作系统上还需要有能编译该网站的环境。例如,对于 PHP 网站来说,该操作系统需要有 PHP 的编译环境,对于 Java 网站来说,需要有 Java 的编译环境。基本上,涉案服务器中所涉及的网站,一般情况下可以直接进行访问。如果不能够正常访问,可以从该服务器的历史命令中发现蛛丝马迹,或者检查网站源码的数据库配置文件中的数据库地址是否匹配。

（3）网站的数据库配置文件

网站的数据库配置文件充当着网站和数据库的"桥梁",所以数据库配置文件里的内容一定要与数据库信息相匹配。重点需要关注数据库地址、数据库的名称与数据库的用户名和密码。因为我们是在本地的环境下进行搭建的,所以数据库地址需要设置为 localhost 或者"127.0.0.1"。如果是云数据库或者本地的网站环境是"站库分离"的情况,则要填相对应的数据库地址。

（4）Hosts 文件

Hosts 是一个没有扩展名的系统文件,可以用记事本等工具打开,其作用就是将一些常用的网址域名与其对应的 IP 地址建立一个关联"数据库",当用户在浏览器中输入一个需要登录的网址时,系统会首先自动从 Hosts 文件中寻找对应的 IP 地址,一旦找到,系统会立即打开对应网页,如果没有找到,系统会再将网址提交 DNS 域名解析服务器进行 IP 地址的解析。所以在本地访问涉案网站时,需要提前绑定 Hosts 文件进行访问。Hosts 文件在"C:\Windows\System32\drivers\etc"文件夹中,对其进行编辑,其文本内容的"#"为注释之意,即本行记录不生效,绑定的格式为"ip 域名",如图 6-11 所示。

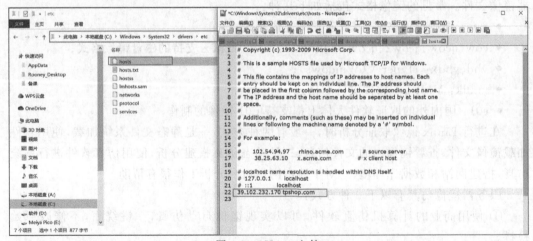

图 6-11　Hosts 文件

（5）网站访问日志

网站访问日志是服务器记录每个访问者在访问网站时产生的数据日志，其中包含了访问者的 IP 地址、访问时间、所访问的页面 URL、访问来源等信息。通过分析网站访问日志，可以得知网站后台地址，也能够获知在何时登录过后台地址的 IP。在访问日志中，记录访问网页状态称为状态码，其中，200 代表网页能够正常访问，302 代表网页进行重定向，4 开头代表网页错误，5 开头代表连接服务器错误。

（6）网站后台密码加密

网站后台管理系统存储着用户信息、管理权限、交易记录等重要数据，这些数据如果未经加密存储或传输，容易受到黑客攻击、窃取或篡改。网站后台密码加密指的是对用户密码进行哈希加密存储，在用户数据泄露时能有效保护用户密码不被直接泄露。网站后台的密码加密方式有哈希加密、加盐哈希、Bcrypt、Argon2 等加密方式。

2. 实验目的

通过本实验的学习，掌握网站重构方法与网站后台密码加密绕过方式。

3. 实验环境

- 谷歌浏览器（浏览网站网页）。
- VMware，FTK Imager（手工仿真镜像）。
- whcdf.E01（实操案例）。
- Notepad++（文本编辑软件）。

4. 实验内容

子实验 1　校验网站的数据库配置文件，绑定 Hosts 文件，访问网站

步骤 1：对 whcdf.e01 镜像仿真后，获取本地的 IP 地址。

"ip a"命令是用于显示当前系统网络接口的配置信息的命令。通常用于查看网络接口的 IP 地址、MAC 地址、状态及其他相关信息。在终端输入 ip a 后，显示结果如图 6-12 所示。

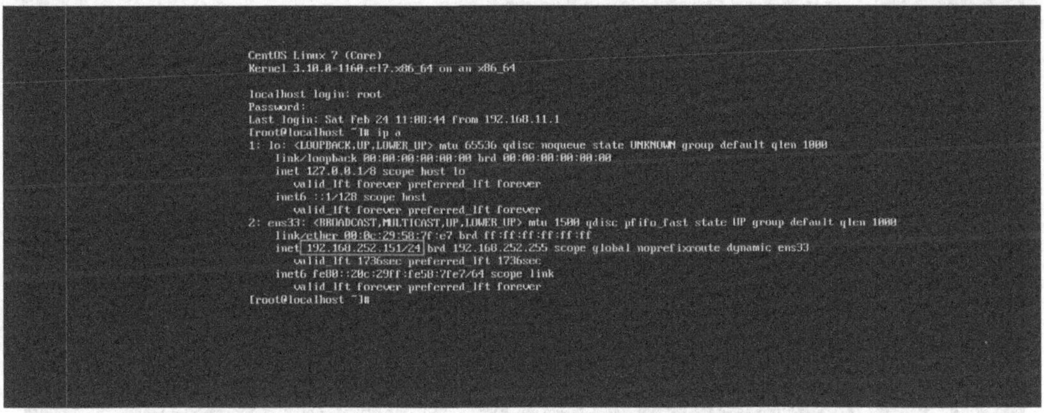

图 6-12　获取本地 IP 地址

步骤 2：通过 Web 服务器软件的配置文件获取网站的访问端口及域名。

"nginx -T"命令会将整个 Nginx 配置文件的内容打印出来。Nginx 即 Web 服务器软件之一。Nginx 配置文件会记载网站的访问端口及网站绑定的域名。在终端输入nginx -T 后,显示结果如图 6-13 所示。

图 6-13　获取网站的访问端口及域名

步骤 3:校验网站的数据库配置文件。

网站中的数据库配置文件的信息要与服务器中的数据库信息相匹配。因此,需要校对网站的数据库配置文件,如图 6-14 和图 6-15 所示。

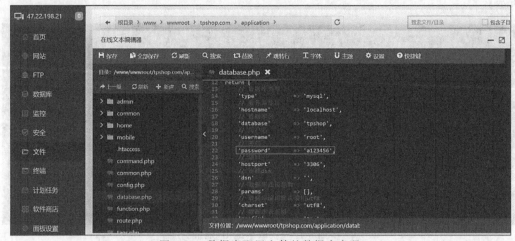

图 6-14　数据库配置文件的数据库密码

图 6-15　服务器中的数据库密码

需要将服务器中的数据库密码改为 a123456,与服务器中的数据库密码一致。其他信息也须进行校验,如数据库用户名与数据库地址。

步骤 4:绑定 Hosts 文件并访问网站。使用记事本打开 hosts 文件,并在其最后一行添加如图 6-16 所示的 IP 地址和域名并保存。

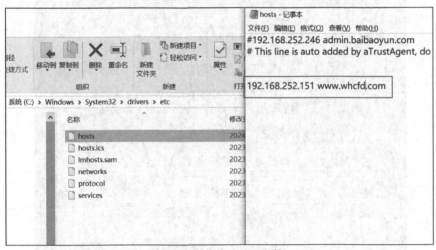

图 6-16　绑定 hosts 文件

步骤 5:使用浏览器访问网站,打开浏览器,输入如图 6-17 所示的域名,即可访问特定的 IP 地址。

子实验 2　获取网站后台地址,绕过网站后台密码加密

步骤 1:通过 Web 服务器软件的配置文件获取网站访问日志,分析网站后台地址。网站访问日志路径如图 6-18 中的方框所示。

步骤 2:查看网站访问日志文件分析网站后台地址。其中,主要看状态码为 200 的记录且带有敏感字样 admin 或其他敏感关键词。如图 6-19 所示,状态码为 200 表示网站连

图 6-17　访问网站

```
location ~ ^/(\.user.ini|\.htaccess|\.git|\.svn|\.project|LICENSE|README.md)
{
    return 404;
}

#■ ■ ■ ■ SSL ■ ■ ■ ■ ■ ■ ■ ■ ■ ■
location ~ \.well-known{
    allow all;
}

location ~ .*\.(gif|jpg|jpeg|png|bmp|swf)$
{
    expires      30d;
    error_log /dev/null;
    access_log /dev/null;
}

location ~ .*\.(js|css)?$
{
    expires      12h;
    error_log /dev/null;
    access_log /dev/null;
}
    access_log   /www/wwwlogs/www.whcfd.com.log;
    error_log  /www/wwwlogs/www.whcfd.com.error.log;
}
# configuration file /www/server/nginx/conf/enable-php-70.conf:
    location ~ [^/]\.php(/|$)
    {
            try_files $uri =404;
            fastcgi_pass  unix:/tmp/php-cgi-70.sock;
            fastcgi_index index.php;
            include fastcgi.conf;
            include pathinfo.conf;

    }
```

图 6-18　网站访问日志路径

接成功。

子实验3　从数据库中访问后台登录的用户名,绕过网站后台密码加密

步骤1:可通过宝塔面板访问数据库。找到后台管理员表,可得网站后台的用户名为
admin,用户名密码所对应的加密哈希值为"a940130f27dc03e34513e8c84161872a",如
图 6-20 所示。

步骤2:使用在数据库中管理员表的字段名对网站源码进行搜索。获得网站后台的

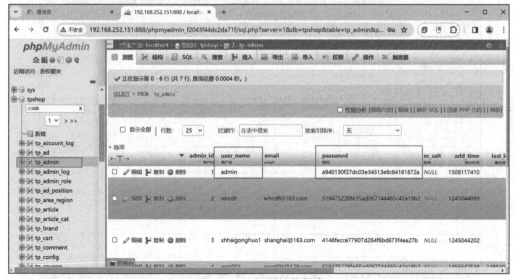

图 6-19　获取网站后台地址

图 6-20　访问网站数据库

加密方式。因为网站源码与数据库需要进行交互,所以在网站源码中会写入数据库中的字段名。使用"Notepad++"软件对网站源码进行全文搜索获得网站后台的加密方式,结果如图 6-21 所示。

步骤 3:使用该加密方式对明文密码 123456 进行加密,将重新生成加密哈希值并替换数据库中的数据,结果如图 6-22 所示。

步骤 4:使用账号 admin,明文密码 123456。成功登录网站后台,结果如图 6-23所示。

图 6-21　获取网站后台加密方式

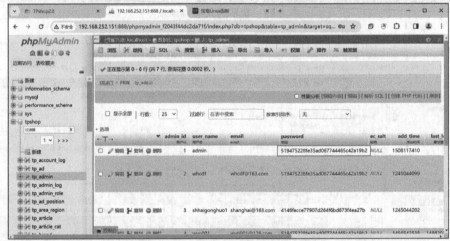

图 6-22　替换网站后台密码加密哈希值

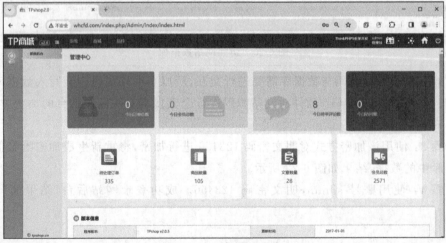

图 6-23　登录网站后台

第 7 章

macOS 取证分析

苹果计算机在硬件架构、操作系统、文件系统和应用程序等方面与一般品牌计算机存在差异。鉴于操作系统、程序及数据格式的独特性,苹果计算机的取证及数据分析方法相较于常见的 Windows 系统而言,具有一定的区别。本章聚焦于 macOS 系统,旨在深入探讨在该系统中获取和分析证据的相关知识,详细阐述有助于 macOS 取证分析的解析方法和工具。通过本章的学习,参与者将初步了解 macOS 系统的取证和分析,重点掌握苹果计算机操作系统和文件系统,了解 macOS 应用程序和文件的存储位置,了解 macOS 数据库和 Plist 文件,并能运用取证工具自动和手动分析 macOS 系统的证据文件,掌握基本的数据分析方法。

实验7.1　macOS 操作系统痕迹分析

1. 预备知识

macOS 与 Windows 在文件系统和数据结构方面存在显著差异。例如,Windows 系统中存在快捷方式、跳转列表等痕迹文件,而 macOS 系统则相应地具备 plist 和 DS_Stores 等痕迹文件。在实际操作中,恰当地处理和解析这些痕迹文件对于推动事件调查进程具有关键作用。SQLite 数据库和 Plist 文件记录了操作系统及应用程序产生的诸多痕迹文件,调查人员可借助免费工具在数据分析过程中直接打开这些文件,查看其中保存的历史记录。若细心查找并分析各应用程序相关目录,调查人员还可发现一些残留文件,如小众程序的登录账户名、传输数据等。

（1）SQLite 数据库

SQLite 是一款紧凑型数据库,由 D.RichardHipp 使用 C 语言编写,是一款符合 ACID 关系型数据库管理系统的开源嵌入式数据库引擎。因其资源占用极低,仅需数百千字节（KB）内存即可在嵌入式设备中运行,故被誉为轻型数据库。SQLite 支持的最大数据库容量可达 2TB,且每个数据库均可独立存在于单个文件中,以 B-Tree 数据结构存储于磁盘。SQLite 兼容 Windows,Linux,UNIX 等主流操作系统,尤其在 macOS、iOS 和 Android 系统中得到广泛应用。有关其文件格式的详细信息,可访问 http://www.sqlite.org/fileformat.html。有许多第三方工具可用于提取 SQLite 数据库中的数据,其中一款简单且实用的免费工具为 SQLite Database Browser。

在 macOS 中,每个程序都可能包含有价值的数据。"QQ 浏览器 for Mac"历史记录就是通过 SQLite 数据库来保存浏览器历史记录。记录文件保存于:/Users/用户名/Library/Application Support/QQBrowser2/Default,文件名为 History,如图 7-1 所示。

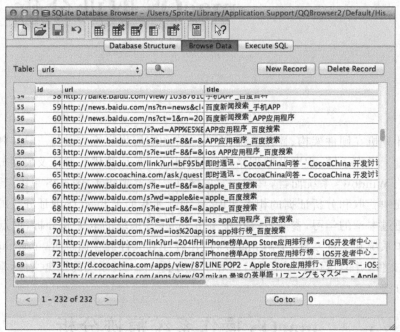

图 7-1　查看"QQ 浏览器"数据库

macOS 的资源库目录堪称一处庞大的"宝库",其中每个程序目录都可能掩藏着至关重要的、具有价值的数据信息。调查人员通过仔细审查目录和文件,往往能够发现许多现有取证分析工具无法揭示的证据信息。借助 Finder 工具查看资源库目录,便可获取诸多有益的信息。如图 7-2 所示,可以清晰地看到苹果版本微信的登录账户、发送的图片和文件等内容。其位置位于:

/Users/用户名/Library/Containers/com. tencent. xinWeChat/Data/Library/Application Support/com.tencent.xinWeChat/

（2）PList 属性列表文件

属性列表文件(PList)是一种在 macOS 系统中常见的文件类型,具有文本、XML 格式和二进制三种格式,通常用于存储历史记录、程序及文件的属性等信息。在 macOS 系统的根目录和用户目录下的 Library 目录中,存有大量可供分析的 PList 文件。

Safari 浏览器的历史记录采用 PList 文件形式进行保存。Safari 为苹果计算机 macOS 操作系统默认浏览器,从 macOS X 10.3 版本开始成为 macOS 系统的默认浏览器。如今,Safari 也是苹果 iPhone 手机、iPod Touch 和 iPad 平板电脑的默认浏览器。Safari7.0.4 版本的历史记录保存位置,可在/Users/用户名/Library/Safari 目录下找到,历史记录文件名为 History.plist,其结构详见表 7-1。

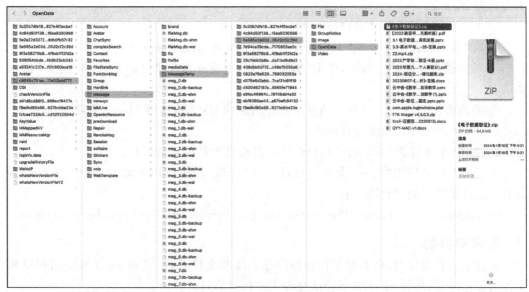

图 7-2　微信账号传输的数据

表 7-1　History.plist 属性列表文件结构

名　称	描　述
主域名（WebHistoryDomains.v2）	访问网址的主域名
网址（WebHistoryDates）	访问过的网址、标题、次数和时间
标题（title）	网址的标题
访问日期（lastVisitedDate）	最后一次的访问日期
访问次数（visitCount）	访问次数统计

苹果公司推出了一款名为 Property List Editor 的免费工具，可用于查阅 Plist 文件。Xcode 具备将 XML 格式的 Plist 文件解析为易读格式的功能。工具作为 Xcode 开发套装的一部分，用户可从苹果开发者网站（https://developer.apple.com/xcode）下载 Xcode。在实验环境中，我们还提供了一款适用于 Windows 环境的 Plist 查看器（试用版）Plist Editor Pro，以便读者更加便捷地分析 Plist 文件。

（3）macOS 自动登录和密码

为了提高 Mac 计算机启动时的效率，用户可以启用 macOS 的自动登录功能。这一功能允许用户在不输入密码的情况下，顺利登录到 macOS 用户账户。对于那些 Mac 计算机的唯一使用者，或者信任并允许其他有权限的用户访问此计算机的用户，启用自动登录无疑提供了便利。然而，此举同时也存在一定程度的安全隐患，即任何接触到设备的人都有可能在未经授权的情况下访问设备和设置。

在 Mac 上启用自动登录有两种常用方法：

第一种方法是使用"系统设置"。操作系统版本为 macOS Ventura 或更高版本。使用"系统设置"可以启用 macOS 的自动登录功能。通过以下步骤可以为特定用户账户启用自动登录：

① 打开"系统设置"—"用户与群组"。

② 在"自动以此身份登录"下拉列表中选择要启用自动登录的用户账户。

③ 验证管理员账户和密码，单击"解锁"按钮，再验证选定账户的密码，单击"好"按钮确认。

④ 弹出提示框，提示"打开自动登录将停用触控 ID 并从这台 Mac 上移除所有 Apple Pay 卡片"，单击"继续"按钮进行确认。

⑤ 关闭"系统设置"并重启 macOS，就会自动登录到设置的账户。

第二种方法是使用"终端"命令。可以打开"终端"并执行以下命令，其中，username 为要启用自动登录的用户账户：

sudo defaults write /Library/Preferences/com.apple.loginwindow autoLoginUser ＜username＞

2. 实验目的

通过本实验的学习，熟悉苹果计算机操作系统和文件系统，了解 macOS 应用程序和文件的保存位置，理解 macOS 系统信息和用户信息痕迹的分析方法。

3. 实验环境

- 浏览器：推荐使用谷歌浏览器。
- WinHex 取证分析软件，DB Browser for SQLite。
- 7.4-macOS-过滤练习.e01，7.1-David_macOS-10.14.e01，7.2-2022-macbook.e01。

4. 实验内容

子实验 1　解析 macOS 系统信息

[竞赛真题]　2022 年"美亚杯"取证大赛团队赛第 58 题，"王景浩计算机的操作系统（Operating System）版本是什么？（1 分）"。

对于此类问题，可以使用手工分析方法快速得出答案。

步骤 1：打开 WinHex 软件，加载 7.4-macOS-过滤练习.e01 镜像，分析 macOS 版本。

步骤 2：macOS 的版本信息保存于 SystemVersion.plist 文件中，可以直接预览查看，如图 7-3 所示。

步骤 3：在教学环境中已经预置了一些 macOS 的过滤条件，可以配合查找相关的数据。在本实验中，可以调用"macOS 过滤"目录下的"macOS-系统-OS 版本.settings"，快速找到 SystemVersion.plist 文件，如图 7-4 所示。

步骤 4：如果发现 Plist 文件无法直接预览，可以使用 Plist Editor Pro 查看器打开 Plist 文件。在 WinHex 中右击 SystemVersion.plist 文件，选择查看器，选择 PlistEditor 打开 SystemVersion.plist 文件，以 List View 方式查看版本信息，如图 7-5 和图 7-6 所示。此种方式查看效果更为直观。

步骤 5：分析操作系统的时区设置。通过\Library\Preferences\.GlobalPreferences.plist 文件中的经纬度信息，可以查询 Mac 设置的系统时区、国家地区以及最后一次设置时区的城市位置。本例中设置时区的城市为济南（Jinan），如图 7-7 所示。

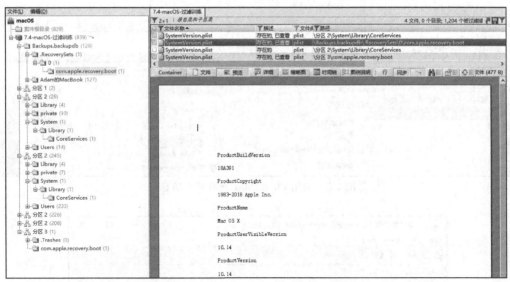

图 7-3　预览 SystemVersion.plist 文件

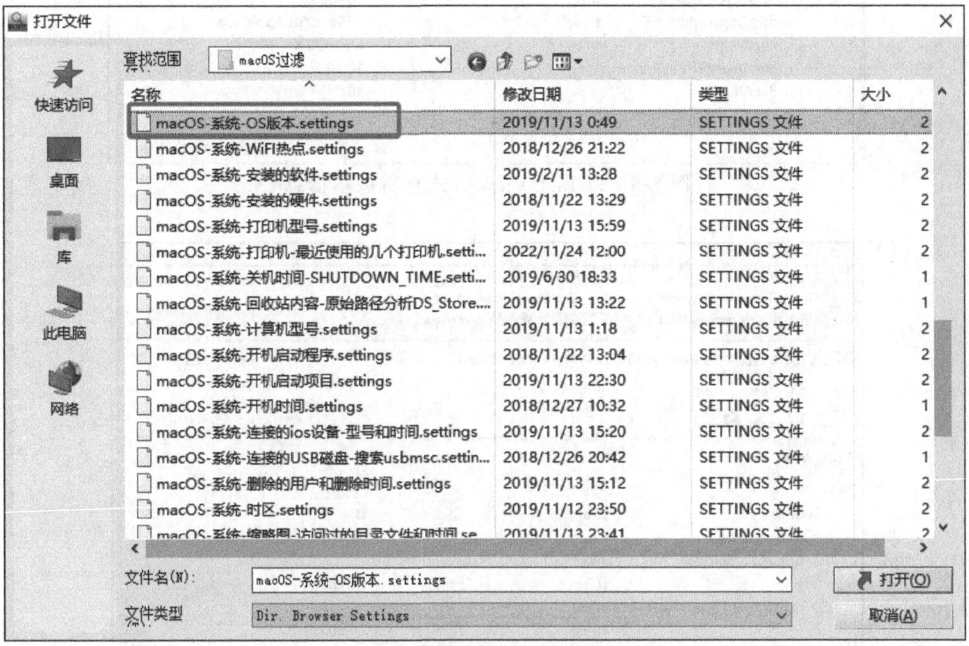

图 7-4　选择过滤条件

步骤 6：打开 WinHex 软件，加载 7.1-David_macOS-10.14.e01 镜像，分析操作系统的安装时间。查看 \private\var\db\.AppleSetupDone 文件的修改时间，可以得到系统的安装时间，如图 7-8 所示。

步骤 7：分析镜像中 macOS 的开机时间。在 \private\var\log\System.log 记录了 Mac 的开机时间，首先过滤 System.log 文件，如图 7-9 所示。

在 Log 文件中搜索 BOOT_TIME，可以找到每次的开机时间，如图 7-10 所示。时间

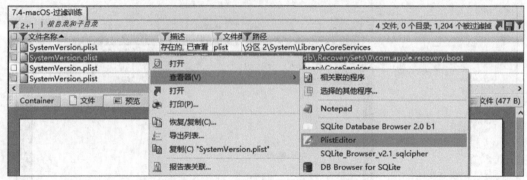

图 7-5　调用 PlistEditor 查看版本信息

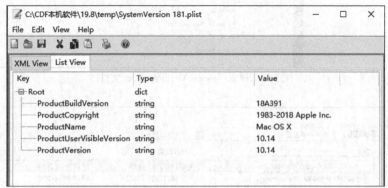

图 7-6　以 List View 方式查看版本信息

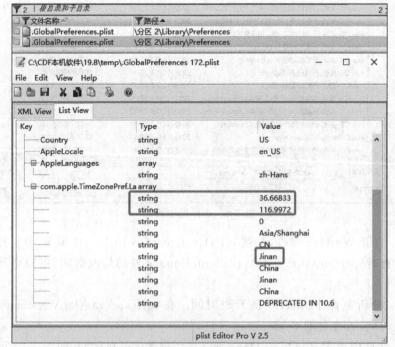

图 7-7　查看系统时区

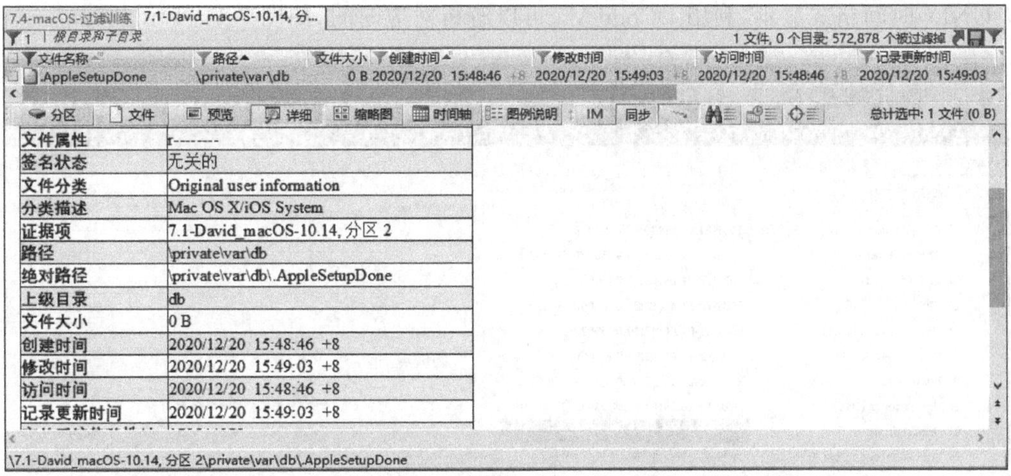

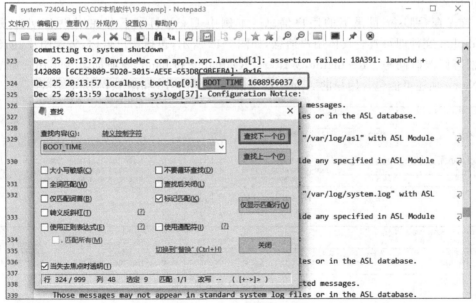

图 7-8 查看操作系统安装时间

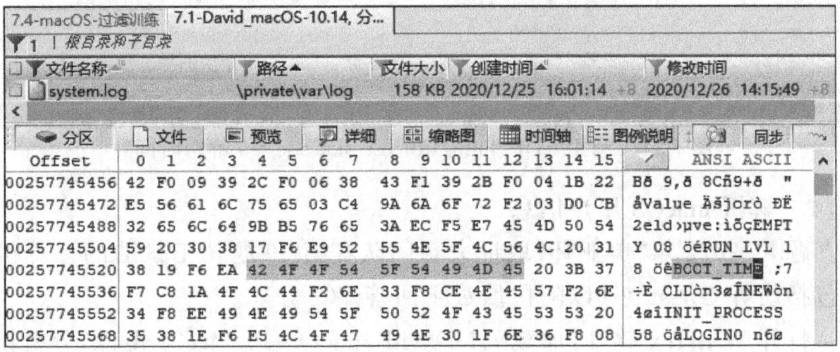

图 7-9 过滤 System.log 文件

图 7-10 在 Notepad3 中搜索 BOOT_TIME

以 UNIX 时间格式显示,利用 DCode V5 可以解析对应时间,如图 7-11 所示。

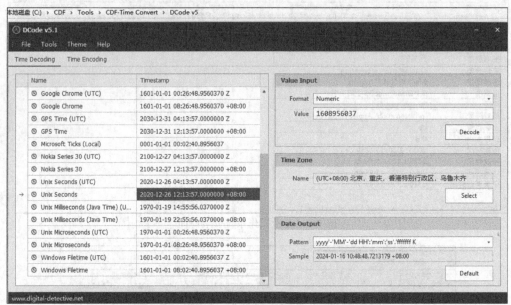

图 7-11   利用 CDF-Time-Convert\DCode V5 解析时间

子实验 2   解析 macOS 用户信息

[竞赛真题]   2022 年"美亚杯"取证大赛团队赛第 59 题,"王景浩的计算机当前有多少个用户(包括访客 Guest)?(以阿拉伯数字回答)(1 分)"。

步骤 1:打开 WinHex 软件,加载 7.1-David_macOS-10.14.e01 镜像,分析镜像中的用户信息。macOS 的用户信息保存于\private\var\db\dslocal\nodes\Default\users\用户名.plist 文件中。

首先查看 User 目录下的用户信息。本例中 Users 目录下存在用户 David。过滤 david.plist 文件即可查看具体用户信息,如图 7-12 所示,包括账户名称、头像图片、创建时间、密码修改时间等。Realname,Writers_Realname 和 name 等项都包含了用户的登录名,Name 项还可能包含用户的 AppleID 等信息,如图 7-13 和图 7-14 所示。

图 7-12   分析用户信息文件

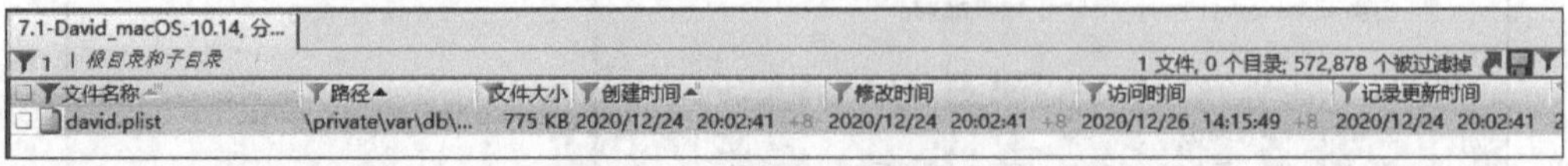

图 7-13   过滤用户信息文件

步骤 2:接步骤 1,分析镜像中用户 David 的最后一次密码设置时间。在 list view 窗

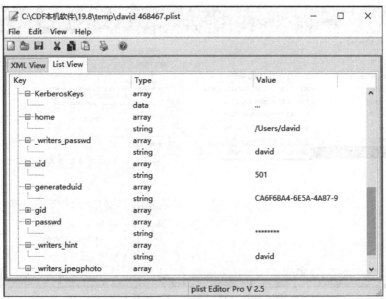

图 7-14　查看用户信息文件

口中，双击 accountPolicyData，会出现 Value"..."。双击"..."，弹出一个新的 Plist 查看器窗口，包含用户创建时间和最后一次密码设置时间，如图 7-15 和图 7-16 所示。

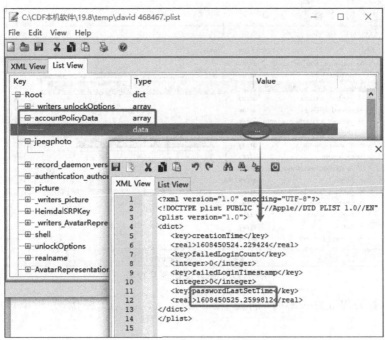

图 7-15　双击 accountPolicyData"..."，找到密码设置时间

　　步骤 3：接步骤 2，分析镜像中用户 David 设置的肖像。在 list view 窗口中，Picture 项中记录了用户肖像图片的文件名和路径，本实验为"/Library/User Pictures/Flowers/

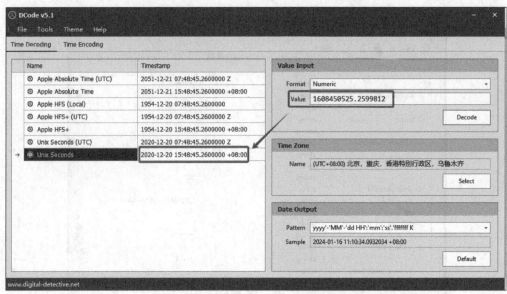

图 7-16　利用 DCode V5 解析时间

Lotus.tif"。过滤 Lotus.tif，可见图片具体内容，如图 7-17 和图 7-18 所示。

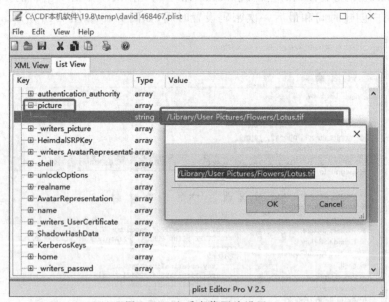

图 7-17　查看肖像图片设置

步骤 4：打开 WinHex 软件，加载 7.2-2022-macbook.e01 镜像，分析镜像中删除用户的信息。

[竞赛真题]　2022 年"美亚杯"取证大赛团队赛第 60 题，"王景浩的计算机里有一个用户被删除，被删除的用户名称是什么？（1 分）"。

删除的用户信息可以在全局资源库中查看，具体位置为 \Library\Preferences\ com. apple.preferences.accounts.plist。利用 Plist Editor 查看，可知删除账户名称为 brother，

图 7-18　查看肖像图片内容

删除时间为 2022 年 10 月 17 日,如图 7-19 所示。

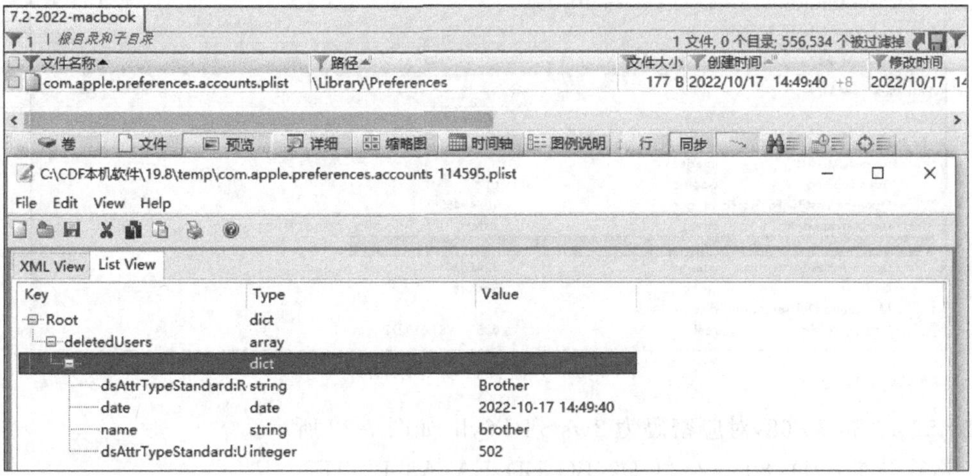

图 7-19　查看删除的用户

步骤 5:接步骤 4,分析镜像中最后登录的用户和行为。最后登录的用户保存在 \Library\Preferences\com.apple.loginwindow.plist。利用 Plist Editor 查看,可知最后登录账户名称为 sister,最后的操作为 Restart(重新启动)。lastLoginPanic 最后登录的时间为 2022 年 10 月 21 日,如图 7-20 所示。

步骤 6:接步骤 5,分析镜像中自动登录用户名。自动登录用户信息保存在\Library\Preferences\com.apple.loginwindow.plist 文件中。只有用户设置了自动登录,此 Plist 文件中才会出现 autoLoginUser 项。过滤此文件,使用 Plist Editor 查看,可知自动登录用户为 wongkingho,如图 7-21 所示。

步骤 7:接步骤 6,分析用户的自动登录密码。为便于用户不用重复输入密码即可登录苹果计算机,macOS 将密码通过异或算法保存在\private\etc\kcpassword 文件中。用户输入的密码与固定解密值 7D 89 52 23 D2 BC DD EA A3 B9 1F 进行异或运算。利用计算器程序,转换为十六进制进行 Xor 运算,至运算结果为 0 时结束。得出结果为 32 77

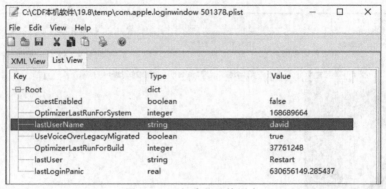

图 7-20　查看登录的用户

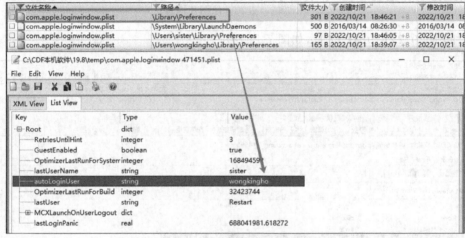

图 7-21　查看自动登录用户

73 24 52 46 36 79 68,对应密码为 2ws＄RF6yh,如图 7-22 所示。

运算结果：7D　89　52　23　D2　BC　DD　EA　A3　B9　1F

$$\frac{\text{4F　FE　21　07　80　FA　EB　93　CB　B9}}{}\qquad \text{XOR}$$

32　77　73　24　52　46　36　79　68　0

2　w　s　＄　R　F　6　y　h　　　　（ASCII）

利用 WinHex,直接预览即可得到密码。

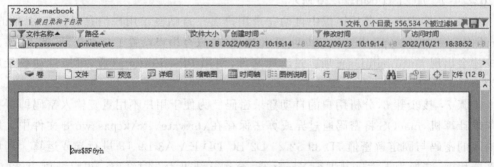

图 7-22　查看登录密码

［竞赛真题］　2022 年"美亚杯"取证大赛团队赛第 62 和 63 题，"当用户设置了自动登录（Auto Login）后，王景浩计算机的操作系统会产生哪个档案？（2 分）""王景浩计算机的登录密码（Login Password）是什么？（2 分）"。

步骤 8：分析用户的 iCloud 账号。

［竞赛真题］　2022 年"美亚杯"取证大赛团队赛第 64 题询问了 iCloud 账号的相关问题，"在王景浩的计算机里，他最后使用哪个电邮地址登录 iCloud 账号？（2 分）"。

用户的 iCloud 账号记录在\Users\用户名\Library\Preferences\MobileMeAccounts.plist 文件中，包括用户的 iCloud 账号、姓名和 SID，如图 7-23 所示。

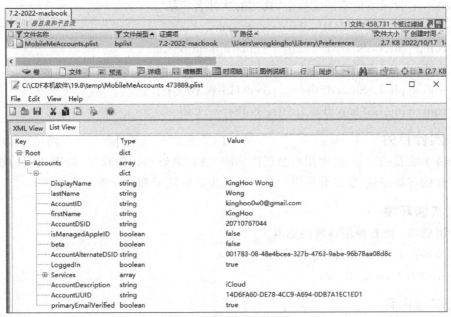

图 7-23　查看 iCloud 账号

实验7.2　分析最近的行为

1. 预备知识

在取证分析过程中，对用户近期行为进行分析是调查人员关注的重点。各类操作系统采用不同方法记录用户最近的行为。在 Windows 系统中，调查人员可通过分析 LNK 快捷方式、Jumplist 跳转文件以及 Windows 注册表文件等数据，以了解用户最近打开的文件、访问的目录和运行的程序。而在 macOS 10.11 版本之前，调查人员可以筛选并分析 com.apple.recentitems.plist 文件。该文件将近期访问的文档、运行的程序和访问的服务集中记录，每项最多可记录 10 条内容。然而，自 macOS 10.11 版本起，这种记录方式发生了根本性的变化。调查人员须分析 LSShareFileList 文件以了解用户近期的各种行为。

在 macOS 操作系统中，调查人员能够通过访问"菜单"中的"最近使用的项目"功能，查看用户近期操作的数据。每种类别默认展示 10 条记录,按字母顺序排列。注意事项:若计算机处于开机状态,在进行取证之前,切勿启动任何文档或程序,以免影响"最近使用的项目"记录的完整性。在进行取证操作之前,可通过拍照或截屏方式,保存当前"最近使用的项目"状态。

"最近使用的项目"保存在不同用户名下的"资源库"目录下。默认情况下,"资源库"目录是隐含的,在 macOS 10.11 版本之前,所有最近打开的项目保存在"\Users\用户名\Library\Preferences\com.apple.recentitems.plist"一个文件中;在 macOS 10.11 版本之后,最近使用的项目保存至"\Users\用户名\Library\Application Support\com.apple.sharedfilelist"目录下的不同文件中,具体的文件名包括:

- com.apple.LSSharedFileList.recentitems.plist;
- com.apple.LSSharedFileList.recentApplications.sfl * ;
- com.apple.LSSharedFileList.recentDocuments.sfl * ;
- com.apple.LSSharedFileList.recentHosts.sfl * ;
- com.apple.LSSharedFileList.recentServers.sfl * 。

2. 实验目的

通过本实验的学习,理解用户最近访问的文档、最近运行的程序、最近访问的服务等痕迹文件的存储路径,掌握分析用户最近的行为的取证工具和分析方法。

3. 实验环境

- 浏览器:推荐使用谷歌浏览器。
- Notepad Next 或 Notepad3。
- 7.2-2022-macbook.e01。

4. 实验内容

子实验 1　解析用户最近运行的程序

步骤 1:打开 WinHex 软件,加载 7.2-2022-macbook.e01 镜像,分析哪个用户最近运行过 CURA 3D 打印程序。

Cura 是 Ultimaker 公司设计的 3D 打印软件,使用 Python 开发,集成 C++ 开发的 CuraEngine 作为切片引擎,是提供 3D 打印模型使用专门的硬件设备的简单方法。

步骤 2:使用过滤条件"macOS-系统-最近运行的程序-访问的文档.settings"可以快速过滤出最近运行的程序。查看 com.apple.LSSharedFileList.recentApplications.sfl 可以看到运行 Cura.app 痕迹。对应路径可知,用户为 wongkingho,如图 7-24 所示。

子实验 2　分析用户最近打开过哪些图片

打开 WinHex 软件,加载 7.2-2022-macbook.e01 镜像,使用过滤条件"macOS→系统→最近运行的程序→访问的文档.settings"快速过滤出最近打开的文档。查看 com.apple.LSSharedFileList.recentDocuments.sfl,可以看到最近打开过的文件,通过分析发现其中存在几个 PNG 和 JPEG 图片,如图 7-25 所示。

过滤这几个 PNG 和 JPEG 图片,可以看到图片的具体内容,如图 7-26 所示。

图 7-24　最近运行的程序

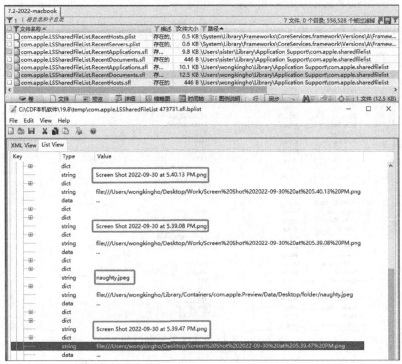

图 7-25　最近打开过的图片列表

子实验 3　分析 macOS 系统行为痕迹

[竞赛真题]　2022 年"美亚杯"取证大赛团队赛第 65 和 66 题询问了连接的 iPhone 设备问题，"王景浩计算机里的手机备份（iTunes Backup）包含哪些 iOS 版本？（2 分）"

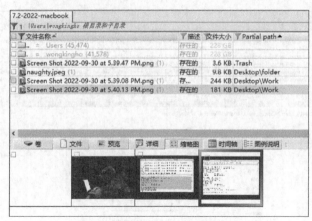

图 7-26　最近打开过的图片内容

"王景浩曾经将一台 iPhone 6 连接他的计算机,请问它最后的连接时间是什么?(2 分)"。在图 7-27 中均有答案。

图 7-27　连接的 iOS 设备和时间

　　步骤 1:打开 WinHex 软件,加载 7.2-2022-macbook.e01 镜像,分析镜像中连接过的 iOS 设备。在\Library\Preferences\com.apple.iPod.plist 文件中可查看用户曾经连接 iOS 设备的历史记录。本例中,可看到曾经连接过两个 iPhone,同时可看到设备的 ID、IMEI、序列号、最后连接时间等信息,如图 7-27 所示。

步骤 2：接步骤 1，分析镜像中开机启动的程序。查找\Users\wongkingho\Library\Preferences\com.apple.loginitems.plist 文件，可以看到开机运行了 iTunesHelper 和 OpenVPN Connect 两个程序，如图 7-28 所示。

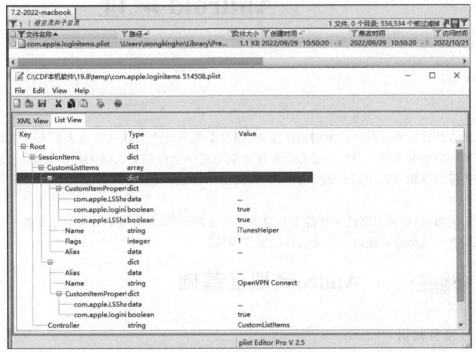

图 7-28　开机启动的程序

第 8 章

Android 取证

随着计算机和互联网技术的迅猛发展,智能手机早已成为现代社会人们工作生活中不可或缺的重要工具。当然这也意味着在智能手机中会保存着大量的用户数据,通过对这些数据的分析可以很轻松地了解一个人的生活习惯、兴趣爱好甚至是他一天的活动轨迹。

正因如此,在许多案件中智能手机也成为常见的证物,在数据取证中对于智能手机的取证调查一直都是取证调查人员关注的重要领域。

实验8.1 Android 取证基础

1. 预备知识

(1) Android 安全与加密

Linux 内核得益于它开源和免费授权的本质,为 Android 提供了一个极为出色的基底。并且 Linux 内核也同样以不可思议的速度向前演进,不断增加新特性。对于 Android 系统而言,基本上每一代系统也同样会对其内核进行升级,也使得 Android 系统越来越安全。在 Android 系统下任何应用程序必须被授予权限才能访问敏感数据,例如设备的信息、联网行为、通讯录等,需要得到用户的许可才可访问,极大地避免了恶意程序窃取用户的隐私数据的行为。

APK(Android application package,Android 应用程序包)是 Android 操作系统使用的一种应用程序包文件格式,用于分发和安装移动应用及中间件。在对 APK 安装包进行反编译后,可得到 AndroidManifest.xml 文件,如图 8-1 所示。在开发 App 时需要将 App 所需要的所有权限在 AndroidManifest.xml 文件中声明。

Android 系统中每个 App 独立运行在自己的沙箱中,每个沙箱有自己独立的 UID 作为标识。对于大多数沙箱而言,应用程序资源是不可共用的,都是绝对独立的,所以这也确保了数据的安全。

Android 系统由于其采用了 Linux 作为内核,所以也同样保留了 Linux 构建的安全模型。在 Linux 系统中一切皆是文件,文件权限决定了某个是否可进行读写以及应用程序是否可被执行。在命令行窗口中通过输入指令"ls -l",以长格式的形式查看当前目录所有可见文件的属性,如图 8-2 所示。从图中可以看到无论是文件还是目录都有自己的

```
<permission android:name="com.whatsapp.permission.C2D_MESSAGE" android:protectionLeve
<uses-permission android:name="com.whatsapp.permission.C2D_MESSAGE"/>
<uses-permission android:name="com.google.android.c2dm.permission.RECEIVE"/>
<uses-permission android:name="android.permission.WAKE_LOCK"/>
<uses-permission android:name="android.permission.WRITE_EXTERNAL_STORAGE"/>
<uses-permission android:name="android.permission.READ_PHONE_STATE"/>
<uses-permission android:name="android.permission.READ_CONTACTS"/>
<uses-permission android:name="android.permission.GET_ACCOUNTS"/>
<uses-permission android:name="android.permission.WRITE_CONTACTS"/>
<uses-permission android:name="android.permission.INTERNET"/>
<uses-permission android:name="android.permission.RECEIVE_SMS"/>
<uses-permission android:name="android.permission.SEND_SMS"/>
<uses-permission android:name="android.permission.VIBRATE"/>
<uses-permission android:name="android.permission.RECORD_AUDIO"/>
<uses-permission android:name="android.permission.RECEIVE_BOOT_COMPLETED"/>
<uses-permission android:name="android.permission.CALL_PHONE"/>
<uses-permission android:name="android.permission.ACCESS_COARSE_LOCATION"/>
<uses-permission android:name="android.permission.ACCESS_FINE_LOCATION"/>
<uses-permission android:name="android.permission.ACCESS_NETWORK_STATE"/>
<uses-permission android:name="android.permission.ACCESS_WIFI_STATE"/>
<uses-permission android:name="android.permission.USE_CREDENTIALS"/>
<uses-permission android:name="android.permission.MANAGE_ACCOUNTS"/>
<uses-permission android:name="android.permission.AUTHENTICATE_ACCOUNTS"/>
<uses-permission android:name="android.permission.WRITE_SETTINGS"/>
<uses-permission android:name="android.permission.WRITE_SECURE_SETTINGS"/>
<uses-permission android:name="android.permission.READ_SYNC_STATS"/>
<uses-permission android:name="android.permission.READ_SYNC_SETTINGS"/>
<uses-permission android:name="android.permission.WRITE_SYNC_SETTINGS"/>
<uses-permission android:name="android.permission.GET_TASKS"/>
<uses-permission android:name="com.android.launcher.permission.INSTALL_SHORTCUT"/>
<uses-permission android:name="com.android.launcher.permission.UNINSTALL_SHORTCUT"/>
```

图 8-1　AndroidManifest.xml 文件

权限,分别是读取、写入和执行 3 种,这与 Linux 系统是完全一致的。

```
cannon:/sdcard $ ls -l
total 18435
drwxrwx--- 2 root everybody      3488 2023-11-03 21:19 Alarms
drwxrwx--- 5 root everybody      3488 2023-11-03 21:19 Android
drwxrwx--- 2 root everybody      3488 2023-11-03 21:19 AppTimer
drwxrwx--- 2 root everybody      3488 2023-11-03 21:19 Audiobooks
drwxrwx--- 2 root everybody      3488 2023-11-03 21:19 DCIM
drwxrwx--- 3 root everybody      3488 2023-12-04 21:12 Documents
drwxrwx--- 2 root everybody      3488 2023-12-27 14:58 Download
drwxrwx--- 6 root everybody      3488 2023-12-27 15:19 MIUI
drwxrwx--- 3 root everybody      3488 2023-11-03 21:19 Movies
drwxrwx--- 3 root everybody      3488 2023-11-03 21:19 Music
drwxrwx--- 2 root everybody      3488 2023-11-03 21:19 Notifications
drwxrwx--- 5 root everybody      3488 2023-11-03 21:19 Pictures
drwxrwx--- 2 root everybody      3488 2023-11-03 21:19 Podcasts
drwxrwx--- 2 root everybody      3488 2023-11-03 21:19 Ringtones
drwxrwx--- 2 root everybody      3488 2023-12-05 22:23 TWRP
drwxrwx--- 3 root everybody      3488 2021-12-28 00:34 com.xiaomi.bluetooth
drwxrwx--- 4 root everybody      3488 2023-12-27 14:58 sogou
-rw-rw---- 1 root everybody 18802871 2023-12-04 21:18 xiaomihuanji.apk
```

图 8-2　文件权限

文件类型有:d 表示目录(directory),l 表示符号连接(symbolic link),s 表示套接字文件(socket),b 表示块设备文件(block device),c 表示字符设备文件(character device),p 表示命名管道文件(named pipe),-表示普通文件(regular file)。

权限包括读取(read,使用 r 表示),写入(write,使用 w 表示),执行(execute,使用 x 表示)。权限分为 3 组,第 1 组表示文件所有者(owner),第 2 组表示所属组(group),第 3 组表示其他用户(other)。另外权限可以使用数字来表示,读取权限对应数字 4,写入权限对应数字 2,执行权限对应数字 1。

可以使用指令 chmod 来更改文件或目录的权限,例如,命令"chmod 755"表示将文件权限设置为"-rwxr-xr-x",即表示当前文件所有者具有读、写、执行权限,所属组具有读取和执行权限,其他用户具有读取和执行权限。使用符号表示权限时可使用＋(赋予权限)、－(撤销权限)、＝(设置权限),例如,命令"chmod u＋x"表示赋予文件或目录所有者执行的权限。更改所属组的权限用命令 g,更改其他用户权限用命令 o。

（2）Android 系统的 ADB

ADB(Android debug bridge)原本是提供给开发者用于系统和 App 调试的,在取证过程中,取证人员可以使用 ADB 命令获取设备的信息、实现取证过程中屏幕的自动单击以及上传和下载数据,当然对于一些特定的目录则需要 Root 权限。目前取证所用的商业软件也都依赖于 ADB。ADB 功能需要通过开启 USB 调试功能来实现,而 USB 调试的设置一般位于开发者选项菜单中。谷歌出于数据安全的考虑,从 Android 4.2 开始,开发者选项被默认隐藏,需要调查员通过一些特殊方式手动开启。一些常见的 Android 品牌手机开启开发者选项的方式如表 8-1 所示。

表 8-1　常见的 Android 品牌手机开启开发者选项的方式

手 机 品 牌	打开开发者选项入口(菜单名称以实际系统版本为准)
华为/荣耀	设置→系统→关于手机,选择"版本号"
小米/红米	设置→我的设备→全部参数,选择"MIUI 版本"
OPPO/Realme/一加	设置→关于手机,选择"版本号"
Vivo/iQOO	设置→更多设置→关于手机,选择"软件版本号"
魅族	设置→关于手机,选择"版本号"
三星	设置→关于手机→软件信息,选择"编译编号"
联想	设置→关于手机,选择"ZUI 版本"
黑鲨	设置→关于手机,选择"版本号"
ROG	设置→关于手机→软件信息,选择"版本号"
努比亚	设置→关于手机,选择"版本号"

在取证过程中,通过数据线将手机与计算机端连接并开启 USB 调试后,手机端会弹出询问"是否允许 USB 调试"的对话框,调查员需要勾选"始终允许使用这台计算机进行调试"多选框,并单击"确定"按钮,这样就建立计算机与手机间的 ADB 连接。在取证前也可使用 ADB 指令来判断手机的联机状态,进一步确保取证过程可以顺利进行。

通过指令"adb.exe devices"查看返回信息,可以判断当前手机与计算机端的连接状态,可能的状态有:

状态 1:未正确联机。当输入指令"adb.exe devices"后没有任何返回信息则说明此时并未正确联机,可以排查计算机驱动是否安装正确、数据线是否存在问题,如图 8-3 所示。

状态 2:未经许可。使用指令:adb.exe devices 返回值为 unauthorized 则可能是调查员未在手机端单击允许 USB 调试,如图 8-4 所示。

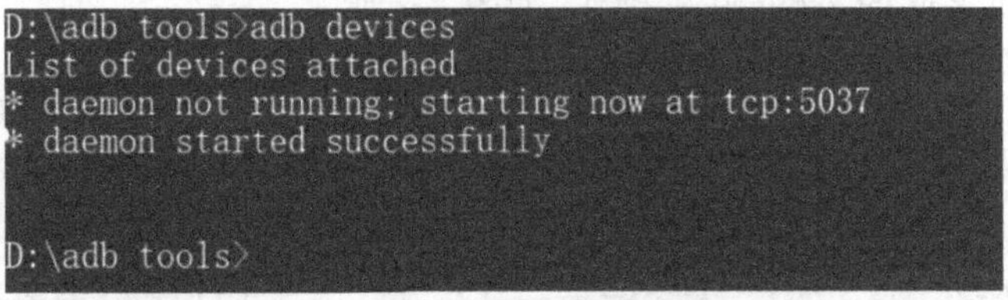

图 8-3　联机状态（未正确联机）

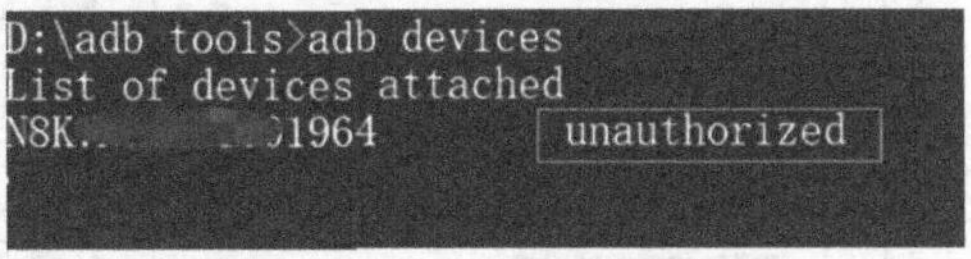

图 8-4　联机状态（未经许可）

状态 3：联机正常。当返回值为 device 则表示此时手机与计算机间已正确建立了 ADB 联机，可以进行接下来的取证操作，如图 8-5 所示。

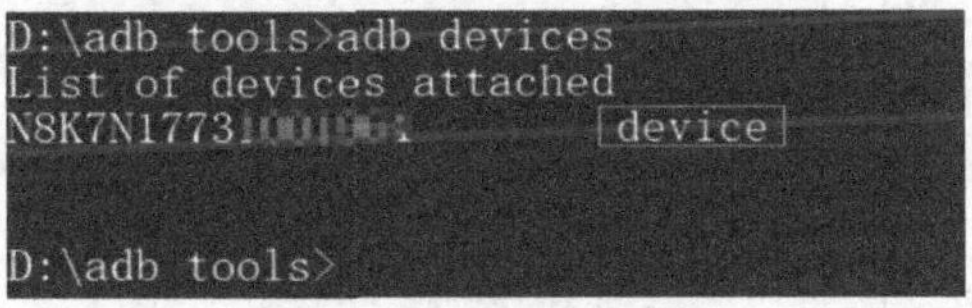

图 8-5　联机状态（正常）

2. 实验目的

通过本实验的学习，掌握建立 ADB 联机的方法、ADB 指令的使用和执行方法、如何更改 Android 系统下文件的权限，以及如何通过 ADB 指令来判断 Android 手机的加密类型。

3. 实验环境

- 浏览器：推荐使用谷歌浏览器。
- 猎痕手机取证分析系统。
- 测试手机或 Android 模拟器。

4. 实验内容

子实验 1　开启 USB 调试准备联机取证

步骤 1：将手机通过数据线连接至计算机的 USB 端口，如果是台式取证工作站建议数据线直接与主板 USB 端口进行连接。需注意数据线的选择，目前市面上所售的数据线有两种，一种是普通具有数据传输的数据线，而另一种仅具有充电功能不具有数据传输功能。

步骤 2：在手机端单击"设置"→"关于手机"，连击 7 次版本号，手机会有相应的提示。另外有些品牌的手机在打开开发者模式时会要求验证锁屏密码，如图 8-6 所示。

步骤 3：在开发者模式的隐藏菜单后找到 USB 调试选项并开启，如图 8-7 所示。

步骤 4：在手机端单击"始终允许使用这台计算机进行调试"并单击"确认"按钮即可

完成手机和计算机之间的 ADB 联机操作,如图 8-8 所示。

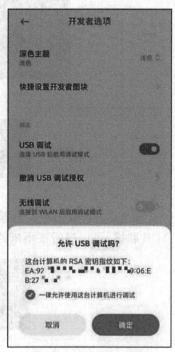

图 8-6　打开开发者模式　　　图 8-7　打开 USB 调试　　　图 8-8　允许 USB 调试

子实验 2　通过 ADB 指令查看和修改权限

步骤 1:运行猎痕手机取证分析系统,选择菜单栏的"工具"→"命令行",打开命令行窗口,如图 8-9 所示。

图 8-9　打开命令行工具

步骤 2:使用指令"adb.exe shell"切换至命令行模式以备接下来执行 ADB 指令,当前状态为"$"说明手机不具有 Root 权限,如图 8-10 所示。

步骤 3:使用指令"cd /data/local/tmp"切换至实验目录 tmp,如图 8-11 所示。该目录为缓存目录,允许 shell 权限下进行数据的上传和下载,常被用于测试时。

```
D:\adb tools>adb shell
cannon:/ $
```

```
cannon:/ $ cd data/local/tmp
cannon:/data/local/tmp $
```

图 8-10　切换至 shell　　　　　　图 8-11　切换至实验目录

步骤 4:使用指令"ls -l"以长格式形式显示当前目录下所有文件的属性,如图 8-12 所示。

步骤 5:将文件 busybox 的权限改为当前用户、所属组以及其他用户都具有读取、写入和执行的权限,执行指令"chmod 777 busybox"后再次查看文件属性,如图 8-13 所示。

```
cannon:/data/local/tmp $ ls -l
total 1203
-rw-rw-rw- 1 shell shell  145988 2020-08-27 15:54 auto.dex
-rw-rw---- 1 shell shell 1079156 2021-06-07 13:50 busybox
drwxrwxrwx 3 shell shell    3488 2023-12-04 21:07 dalvik-cache
```

图 8-12　以长格式形式查看文件

```
cannon:/data/local/tmp $ chmod 777 busybox
cannon:/data/local/tmp $ ls -l
total 1203
-rw-rw-rw- 1 shell shell  145988 2020-08-27 15:54 auto.dex
-rwxrwxrwx 1 shell shell 1079156 2021-06-07 13:50 busybox
drwxrwxrwx 3 shell shell    3488 2023-12-04 21:07 dalvik-cache
```

图 8-13　权限更改(1)

步骤 6：将文件 busybox 的权限改为当前用户具有读取、写入和执行权限，所属组具有读取和执行权限，其他用户仅具有执行权限，输入指令"chmod u＝rwx,g＝rx,o＝x busybox"后再次查看文件属性，如图 8-14 所示。

```
cannon:/data/local/tmp $ ls -l
total 1203
-rw-rw-rw- 1 shell shell  145988 2020-08-27 15:54 auto.dex
-rwxr-x--x 1 shell shell 1079156 2021-06-07 13:50 busybox
drwxrwxrwx 3 shell shell    3488 2023-12-04 21:07 dalvik-cache
```

图 8-14　权限更改(2)

子实验 3　通过 ADB 指令判断设备的加密类型

步骤 1：运行猎痕手机取证分析系统，选择菜单栏的"工具"→"命令行"，打开命令行窗口，如图 8-15 所示。

图 8-15　打开命令行工具

步骤 2：使用指令"adb.exe shell"切换至命令行模式以备接下来执行 ADB 指令，当前状态为"＄"说明手机不具有 Root 权限，如图 8-16 所示。

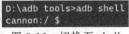

图 8-16　切换至 shell

步骤 3：执行指令"getprop ro.crypto.type"，通过返回值可判断当前手机的加密方式。其中，返回值为 block 则表示手机采用的是 FDE 加密，返回值为 file 则表示手机采用的是 FBE 加密，如图 8-17 和图 8-18 所示。

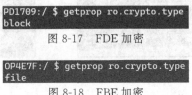

```
PD1709:/ $ getprop ro.crypto.type
block
```

图 8-17　FDE 加密

```
OP4E7F:/ $ getprop ro.crypto.type
file
```

图 8-18　FBE 加密

实验8.2   Root 权限的获取与锁屏密码的破解

1. 预备知识

（1）获取 Root 权限的方法

Root 的意思是根，在 UNIX 系统和类 UNIX 系统以及 Android 和 iOS 设备系统中 Root 表示超级用户，具有最高的权限，在具有 Root 权限后便可访问一些普通用户无法访问的数据。获取 Root 权限的过程可能具有一定的风险，甚至有可能会触发手机的恢复出厂设置，从而导致手机中所有的数据丢失。

通常获取 Root 权限有以下几种方式：

第一，通过 ENG（engineering）固件。ENG 固件也称为工程固件，顾名思义是手机厂商用于测试手机各项功能时所使用的固件，而通常情况下 ENG 固件带有 Root 权限，所以可以利用 ENG 固件来取得手机的 Root 权限，如图 8-19 所示。另外 ENG 固件的刷入并不会受到 BootLoader 的限制，但如果手机当前系统的版本与 ENG 固件的版本相差太多，则可能无法刷入或伴随出现一些问题。

第二，通过自制固件（第三方固件）。自制固件获取 Root 权限是目前最常用的一种方式，通过对原厂固件进行修改使其具有 Root 权限，另外也有一些组织会为各品牌各型号的手机制作第三方 recovery 固件，例如有名的 TWRP，通过刷入固件的方式提权，如图 8-20 所示。

图 8-19   刷入 ENG 固件   图 8-20   TWRP 固件

第三，利用漏洞。所有操作系统都避免不了可能存在漏洞，利用各种漏洞就可能实现提权。例如"脏牛漏洞（CVE-2016-5195）"，当时影响范围非常大，包括 Android 系统、

Linux 系统都受到其影响；再如，"Rootkit 漏洞（CVE-2020-0069）"是联发科 SoC 存在的一个严重的安全漏洞，数以千计的各品牌手机/平板受到影响，利用该漏洞可实现临时提权，如图 8-21 所示。

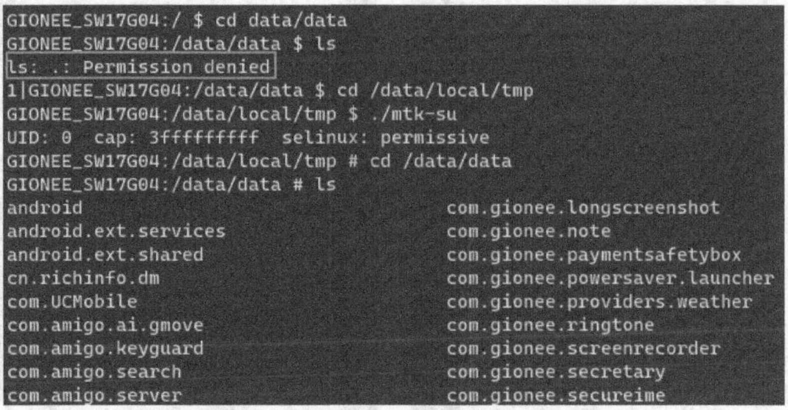

```
GIONEE_SW17G04:/ $ cd data/data
GIONEE_SW17G04:/data/data $ ls
ls: .: Permission denied
1|GIONEE_SW17G04:/data/data $ cd /data/local/tmp
GIONEE_SW17G04:/data/local/tmp $ ./mtk-su
UID: 0  cap: 3fffffffff  selinux: permissive
GIONEE_SW17G04:/data/local/tmp # cd /data/data
GIONEE_SW17G04:/data/data # ls
android                          com.gionee.longscreenshot
android.ext.services             com.gionee.note
android.ext.shared               com.gionee.paymentsafetybox
cn.richinfo.dm                   com.gionee.powersaver.launcher
com.UCMobile                     com.gionee.providers.weather
com.amigo.ai.gmove               com.gionee.ringtone
com.amigo.keyguard               com.gionee.screenrecorder
com.amigo.search                 com.gionee.secretary
com.amigo.server                 com.gionee.secureime
```

图 8-21　利用联发科 Rootkit 漏洞提权

（2）Android 的工作模式

Android 系统有 3 种工作模式，分别是正常模式、Fastboot 模式以及 Recovery 模式。

正常模式是指手机在日常使用时的状态，主板通电后开始各项自检任务，完成各项自检及初始化后加载驱动直至启动系统进入系统桌面。

Fastboot 模式被称为刷机模式，需要通过组合按键的方式进入。有些手机需保持与电脑之间通过数据线连接才可进入。对于证据固定而言有些手机也可在 Fastboot 模式下进行镜像的获取，同时在 Fastboot 模式下还可以使用指令对手机进行一些操作。

Recovery 模式被称为"卡刷"模式，是一套独立的系统，一般执行恢复出厂设置就是在 Recovery 模式完成的。被称为"卡刷"模式是因为此模式下可加载 updata.zip 固件进行刷机。

（3）Android 的 BootLoader

BootLoader 是操作系统内核运行之前的一段小程序，通过 BootLoader 可以初始化硬件设备、建立内存空间的映射，从而将系统的软硬件环境设置成一个合适的状态，以便为最终调用操作系统内核做好准备。

在 Android 系统中，因为整个系统的加载启动任务完全由 BootLoader 来完成，BootLoader 是 CPU 通电后运行的第一段程序。

在 Android 系统下 BootLoader 的作用还有一些其他作用，例如限制分区的刷入和系统的启动，又如刷入在获取 Root 权限时需要刷入自制固件或者第三方 Recovery，那么刷入的过程则需要解决 BootLoader 锁限制的问题。

目前大多数手机厂商出于数据安全的考虑不再提供官方的解锁服务，但小米手机目前仍然提供官方解锁通道，但由于官方解锁需要提供账户信息，且解锁后需要对手机进行恢复出厂，所以对于取证而言不具有实际意义，如图 8-22 所示。

图 8-22　BootLoader 解锁前后对比

（4）Android 的屏幕锁

Android 手机支持多种类型的密码保护，主流密码类型包括：

- 数字密码，用户可选择设置 4 位或 6 位的纯数字密码。
- 自定义数字密码，必须由纯数字组成，可自定义密码长度，最多可设置 32 个字符。
- 图案/手势密码，也称九宫格密码，由 9 个点位组成。设置密码时要求最少连接 4 个点，即图案密码最少由 4 位组成。
- 混合密码，允许用户设置长度为 4～32 个字符的密码，可选择的字符包括数字、大小写字母和符号，密码强度相对最高。
- 指纹/面容，仅用于验证录入的指纹/面容是否正确，在首次开机后必须再正确输入密码后才能开启此功能。

通常情况下 6 位数字密码居多，因为在手机初次激活时会要求设置的密码类型就是 6 位数字。图案密码与数字密码的安全级别是相同的，而指纹/面容在系统中仅起到验证作用而不参与底层数据的加密，要想使用指纹/面容则必须确保手机已经设置了一个数字密码或者图案密码。

根据 Android 系统版本的不同，其安全策略也会同步进行更新，对应的密码文件以及存储位置也发生了一些改变，例如 TEE（trusted execution environment，可信执行环境）的加入与否，对于密码文件及安全策略就发生了改变。不同 Android 系统和密码文件名的对应关系如表 8-2 所示。

表 8-2　不同 Android 系统和密码文件名的对应关系

5.1	
图案密码	gesture.key
数字/PIN/自定义密码	password.key

续表

6.0	
图案密码	pattern.key
数字/PIN/自定义密码	password.key
8.0	
图案密码	gatekeeper.pattern.key
数字/PIN/自定义密码	gatekeeper.password.key

2. 实验目的

通过本实验的学习,了解和掌握 Android 手机工作模式以及切换方式,学习通过刷入 TWRP 固件的方式获取 Root 权限以及突破 Android 设备的锁屏密码。

3. 实验环境

- 浏览器:推荐使用谷歌浏览器。
- 猎痕手机取证分析系统。
- 测试手机。

4. 实验内容

子实验 1　手机工作模式的切换方法

步骤 1:将手机处于关机状态且保持手机与计算机间通过数据线连接,保持音量减 (下)和电源按键长按状态,将手机切换至 Fastboot 模式,如图 8-23 所示。

步骤 2:将手机处于关机状态且保持手机与计算机间通过数据线连接,保持音量加 (上)和电源按键长按状态,将手机切换至 Recovery 模式,如图 8-24 所示。

图 8-23　Fastboot 模式切换

图 8-24　Recovery 模式切换

子实验 2　通过刷入 TWRP 获取 Root 权限

步骤 1：确认设备已解锁 BootLoader，只有 BootLoader 处于解锁状态才能将第三方固件刷入手机，可使用指令"fastboot getvar unlocked"获取 BootLoader 解锁状态，如图 8-25 所示。

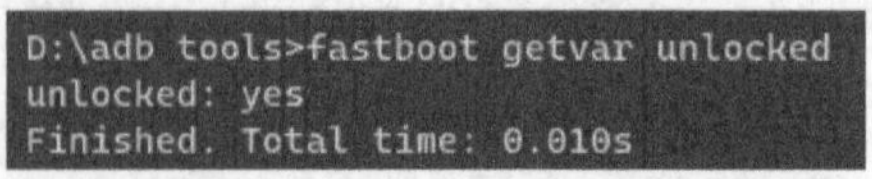

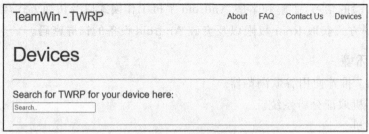

```
D:\adb tools>fastboot getvar unlocked
unlocked: yes
Finished. Total time: 0.010s
```

图 8-25　查看 BootLoader 解锁状态

步骤 2：选择合适的 TWRP 固件，可到 TWRP 网站根据手机的型号选择合适的固件，网站支持搜索功能可直接搜索手机型号来下载对应的固件，如图 8-26 所示。

TeamWin - TWRP　　　　　About　FAQ　Contact Us　Devices

Devices

Search for TWRP for your device here:

Search..

图 8-26　TWRP 网站

步骤 3：将手机进入 Fastboot 模式准备接下来固件的刷入，手机关机状态下保持音量减（下）和电源键长按状态并通过数据线连接至计算机端的 USB 接口上，直至成功进入 Fastboot 模式后松手，结果如图 8-27 所示。

图 8-27　成功进入 Fastboot 模式

步骤 4：使用指令"fastboot devices"查看手机状态，再次确保联机正常，防止固件刷入错误，如图 8-28 所示。

```
D:\adb tools>fastboot devices
jnde        f9x6d              fastboot
```

图 8-28　fastboot devices 查看联机状态

步骤 5：通过 fastboot 指令输入 TWRP 第三方 recovery 指令"fastboot flash recovery TWRP.img"，如图 8-29 所示。

```
D:\adb tools>fastboot flash recovery TWRP.img
target reported max download size of 268435456 bytes
Sending 'recovery' (131072 KB)...
OKAY [  3.300s]
Writing 'recovery'...
OKAY [  0.541s]
Finished. Total time: 3.867s
```

图 8-29　刷入 TWRP 固件

步骤 6：刷入成功后，将手机重启并切换至 Recovery 模式，使刷入的第三方 Recovery 生效，如图 8-30 所示。

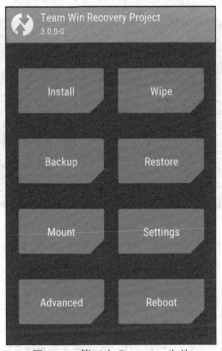

图 8-30　第三方 Recovery 生效

步骤 7：验证是否具有 Root 权限，执行指令"adb shell"切换至命令行模式。此时状态为"♯"说明已经具有了 Root 权限。"/data/data"目录是 Android 应用数据的存储位置，一般用户不具有访问权限，使用指令"cd /data/data"进行目录切换后，执行"ls -l"可正常显示当前目录下的文件，同样说明此时已具有 Root 权限，如图 8-31 所示。

```
D:\adb tools>adb shell
# cd data/data
# ls
android                              com.google.android.marvin.talkback
android.aosp.overlay                 com.google.android.networkstack.overlay
android.miui.overlay                 com.google.android.networkstack.tethering.overlay
cn.wps.moffice_eng                   com.google.android.onetimeinitializer
cn.wps.moffice_eng.xiaomi.lite       com.google.android.overlay.gmsconfig
com.UCMobile                         com.google.android.overlay.modules.documentsui
com.android.backupconfirm            com.google.android.overlay.modules.ext.services
com.android.bips                     com.google.android.printservice.recommendation
com.android.bluetooth                com.google.android.syncadapters.contacts
```

图 8-31　具有 Root 权限

子实验 3　突破 Android 设备的锁屏密码

密码突破方式有很多种,例如限制密码程序启动、删除密码文件、暴力破解等,须根据手机的实际情况做出选择,此实验仅适用于 FDE 加密且具有 Root 权限的手机。

步骤 1:确认手机具有 Root 权限,因为密码文件位于"/data/system"目录,此目录一般用户没有权限访问。输入指令"adb shell"后出现"#"表示具有 Root 权限,如图 8-32 所示。

```
D:\adb tools>adb shell
#
```

图 8-32　具有 Root 权限

步骤 2:工作路径切换至"/data/system",查找密码文件。在删除密码文件时要注意将 locksettings.db 文件也一并删除,如图 8-33 所示,该文件用于记录与锁屏密码相关的配置数据。

```
D:\adb tools>adb shell
c# cd data/system
# pwd
/data/system
# ls
appops                   integrity_staging       netstats                 screen_on_time
appops.xml               job                     notification_log.db      sensor_service
battery-history          last-fstrim             notification_log.db-journal  shortcut_service.xml
battery-saver            last-header.txt         notification_policy.xml  shutdown-metrics.txt
batterystats.bin         locationinformation.xml overlays.xml             slice
cachequota.xml           locationpolicy.xml      package-cstats.list      stats_pull
device_policies.xml      locksettings.db         package-dcl.list         sync
deviceidle.xml           locksettings.db-shm     package-dex-usage.list   theme
display-manager-state.xml locksettings.db-wal    package-usage.list       theme_magic
dropbox                  log-files.xml           package-watchdog.xml     uiderrors.txt
entropy.dat              mcd                      package_cache            unsolzygotesocket
gatekeeper.password.key  migt                     packages-warnings.xml    users
graphicsstats            miui-packages.xml        packages.list            watchlist_report.db
```

图 8-33　寻找密码文件

步骤 3:删除密码文件,使用指令"rm"进行删除,如图 8-34 所示。

```
# rm gatekeeper.password.key
#
```

图 8-34　删除密码文件

实验8.3　Android 设备数据的获取与分析

1. 预备知识

(1) 数据提取方法

各手机厂商对 Android 系统进行了深度定制,这也导致不同品牌的手机取证方法存在着一定的差异。目前获取 Android 设备中的数据有拍摄取证、逻辑采集、物理采集、云数据取证等方法。此外还有一些特殊的数据采集方法,例如 JTAG,Chip-off,Micro-read 等。

① 拍摄取证,顾名思义即采用拍照录像的方式进行证据固定。通常,这种方法适用于 Android 设备无法正常和取证设备交互,或者某些应用程序的数据无法通过常规的方式进行数据固定。使用拍摄取证的方式需要调查员手工查看和操作设备中的数据,然后利用相机或者摄像机进行拍照或录像以固定相关的内容。这种采集方式的局限性很大,且采集速度较慢,另外在对手机数据进行查看时很有可能因误操作造成数据破坏。

② 逻辑采集,是指直接通过数据线将 Android 设备与计算机进行连接,对 Android 设备中的逻辑数据进行数据采集,是一种最常用也是最有效的数据采集方式。

Android 设备中应用程序的数据可以分两部分:

第一部分存储在"/userdata/data/data/＜Package Name＞/"中,主要用于存储应用程序产生的数据库以及相关的配置信息,例如微信的聊天记录中文字部分的内容就存储在此。

第二部分存储在"/userdata/media/0/"中,主要存储的是媒体文件,例如微信聊天记录中的视频、附件等。对于存储在此的数据,可以使用指令"ADB pull"进行获取。例如可以使用 ADB 指令将相册的数据下载到本地。如图 8-35 所示,使用 ADB 指令将"/sdcard/DCIM/"目录下载到本地 D 盘下的"test"目录。

```
D:\adb tools>adb pull /sdcard/DCIM d:\test
/sdcard/DCIM/: 9 files pulled, 0 skipped. 34.0 MB/s (28617083 bytes in 0.803s)
```

图 8-35　使用指令获取数据

当然也可以使用指令"tar",将待获取的数据进行打包,然后再传输到取证设备中。如图 8-36 所示,将"/sdcard/"目录下的所有内容进行打包,然后再将数据传输到取证设备上。

```
cannon:/data/local/tmp $ ./busybox tar -zcvf - /sdcard/* | ./busybox nc -l -p 9999
sdcard/Alarms/
sdcard/Android/
sdcard/Android/data/
sdcard/Android/data/com.miui.mishare.connectivity/
sdcard/Android/data/com.miui.mishare.connectivity/files/
sdcard/Android/data/com.miui.mishare.connectivity/files/log/
sdcard/Android/data/com.miui.mishare.connectivity/files/log/com.miui.mishare.connectivity.log
sdcard/Android/data/com.android.thememanager/
sdcard/Android/data/com.android.thememanager/cache/
```

图 8-36　使用指令获取数据

除了可以直接使用 ADB 指令固定数据外,还可以使用 Android Backup 备份数据,此方式适用于所有 Android 系统的设备。使用指令"adb.exe backup -f backup.ab -shared -all"进行 ADB 备份。Android Backup 备份数据指令中常用参数及其用途说明如表 8-3 所示。

表 8-3　Android Bakcup 备份数据指令中常用参数及其用途

参　　数	用　　途
-[no]apk	是否备份 apk 文件
-[no]obb	是否备份应用.obb(opaque binary blobs)文件
-[no]shared	是否备份共享资源
-[no]system	是否备份系统应用
-[no]compres	是否进行压缩
-all	备份所有内容

但出于数据安全的考虑,目前大多数主流应用程序并不支持使用此方式备份数据。对于应用程序是否支持备份,可对 APK 进行逆向,然后从 AndroidMainfest.xml 文件中获取相关信息,其中,"allowBackup=true"表示支持备份,"allowBackup=false"表示不支持备份,如图 8-37 所示。那么对于不支持 ADB 备份的应用程序,则需要使用"降级备份"的手段进行数据备份。

```
android:smallScreens="true"/>
<uses-permission android:name="android.permission.QUERY_ALL_PACKAGES"/>
<application android:allowBackup="false" android:alwaysRetainTaskState="true" android:icon
android:largeHeap="true" android:launchMode="singleInstance" android:name="com.ss.android.
android:supportsRtl="false" android:theme="@2131492879" android:usesCleartextTraffic="true"
"androidx.core.app.CoreComponentFactory" networkSecurityConfig="@2132082699" requestLegacy
    <meta-data android:name="SS_VERSION_NAME" android:value="17.0.0"/>
```

图 8-37　不支持 ADB 备份

目前国产品牌的 Android 手机大多支持通过相应软件进行数据备份功能,例如,小米手机支持使用小米手机助手软件进行数据备份,也支持将数据备份到外置 OTG(On-The-Go,电子设备数据交换技术)设备。手机厂商提供的数据备份功能原本是为了方便用户换机以及数据管理,且由于这些工具可以备份所有应用程序的大部分数据,所以Android 设备取证通常也使用内置备份工具来进行数据固定。

③ 物理采集,一般分为两种情况。一种是在设备具有 Root 权限的前提下获取手机的物理镜像,另一种则是通过 JTAG 和 Chip-off 等方式直接通过物理层面将数据固定下来。但随着手机安全性的提升,目前几乎所有主流品牌的手机均采用了 FBE 加密。由于是对文件进行了单独的加密,所以无论是获取物理镜像还是通过 JTAG 和 Chip-off 等方式所获取的镜像文件都是加密状态的。对于 FDE 加密或者不加密的手机仍可以制作物理镜像或者通过 9008 回读、MTK 回读和 Fastboot 镜像回读等方式获取物理镜像。

④ 云数据取证。越来越多的应用数据不再存储在手机中,而是保存于服务器中,需要用户正常登录后才可以访问数据。普通手机取证软件主要针对手机中的数据进行提取和检验。利用云数据取证功能,则可以对云端的数据进行远程的数据固定。

(2) Android 设备的分区结构和数据

Android 设备通常会有多个分区,每个分区有着独立的功能。例如 boot 分区负责系统的启动和引导,recovery 分区负责恢复出厂设置、系统升级,cache 分区用于存放一些缓存文件和日志信息,userdata 分区则是用户的数据区,也是取证的关键,如图 8-38 所示。

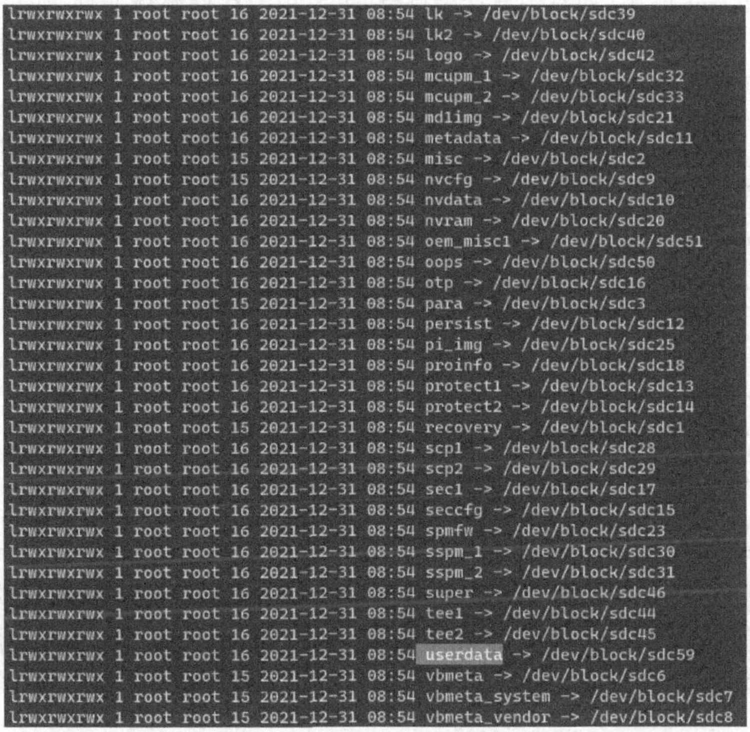

```
lrwxrwxrwx 1 root root 16 2021-12-31 08:54 lk -> /dev/block/sdc39
lrwxrwxrwx 1 root root 16 2021-12-31 08:54 lk2 -> /dev/block/sdc40
lrwxrwxrwx 1 root root 16 2021-12-31 08:54 logo -> /dev/block/sdc42
lrwxrwxrwx 1 root root 16 2021-12-31 08:54 mcupm_1 -> /dev/block/sdc32
lrwxrwxrwx 1 root root 16 2021-12-31 08:54 mcupm_2 -> /dev/block/sdc33
lrwxrwxrwx 1 root root 16 2021-12-31 08:54 md1img -> /dev/block/sdc21
lrwxrwxrwx 1 root root 16 2021-12-31 08:54 metadata -> /dev/block/sdc11
lrwxrwxrwx 1 root root 15 2021-12-31 08:54 misc -> /dev/block/sdc2
lrwxrwxrwx 1 root root 15 2021-12-31 08:54 nvcfg -> /dev/block/sdc9
lrwxrwxrwx 1 root root 16 2021-12-31 08:54 nvdata -> /dev/block/sdc10
lrwxrwxrwx 1 root root 16 2021-12-31 08:54 nvram -> /dev/block/sdc20
lrwxrwxrwx 1 root root 16 2021-12-31 08:54 oem_misc1 -> /dev/block/sdc51
lrwxrwxrwx 1 root root 16 2021-12-31 08:54 oops -> /dev/block/sdc50
lrwxrwxrwx 1 root root 16 2021-12-31 08:54 otp -> /dev/block/sdc16
lrwxrwxrwx 1 root root 15 2021-12-31 08:54 para -> /dev/block/sdc3
lrwxrwxrwx 1 root root 16 2021-12-31 08:54 persist -> /dev/block/sdc12
lrwxrwxrwx 1 root root 16 2021-12-31 08:54 pi_img -> /dev/block/sdc25
lrwxrwxrwx 1 root root 16 2021-12-31 08:54 proinfo -> /dev/block/sdc18
lrwxrwxrwx 1 root root 16 2021-12-31 08:54 protect1 -> /dev/block/sdc13
lrwxrwxrwx 1 root root 16 2021-12-31 08:54 protect2 -> /dev/block/sdc14
lrwxrwxrwx 1 root root 15 2021-12-31 08:54 recovery -> /dev/block/sdc1
lrwxrwxrwx 1 root root 16 2021-12-31 08:54 scp1 -> /dev/block/sdc28
lrwxrwxrwx 1 root root 16 2021-12-31 08:54 scp2 -> /dev/block/sdc29
lrwxrwxrwx 1 root root 16 2021-12-31 08:54 sec1 -> /dev/block/sdc17
lrwxrwxrwx 1 root root 16 2021-12-31 08:54 seccfg -> /dev/block/sdc15
lrwxrwxrwx 1 root root 16 2021-12-31 08:54 spmfw -> /dev/block/sdc23
lrwxrwxrwx 1 root root 16 2021-12-31 08:54 sspm_1 -> /dev/block/sdc30
lrwxrwxrwx 1 root root 16 2021-12-31 08:54 sspm_2 -> /dev/block/sdc31
lrwxrwxrwx 1 root root 16 2021-12-31 08:54 super -> /dev/block/sdc46
lrwxrwxrwx 1 root root 16 2021-12-31 08:54 tee1 -> /dev/block/sdc44
lrwxrwxrwx 1 root root 16 2021-12-31 08:54 tee2 -> /dev/block/sdc45
lrwxrwxrwx 1 root root 16 2021-12-31 08:54 userdata -> /dev/block/sdc59
lrwxrwxrwx 1 root root 16 2021-12-31 08:54 vbmeta -> /dev/block/sdc6
lrwxrwxrwx 1 root root 15 2021-12-31 08:54 vbmeta_system -> /dev/block/sdc7
lrwxrwxrwx 1 root root 15 2021-12-31 08:54 vbmeta_vendor -> /dev/block/sdc8
```

图 8-38　Android 设备的分区

　　system 分区存放的是和操作系统相关的数据,取证中需要检查的重要目录如表 8-4 所示。

表 8-4　system 分区中重要的目录

目　　录	存放的内容
/system/app/	主要存储系统应用程序的 APK 文件
/system/lib/	主要存储应用程序用到的库文件
/system/bin/ 和 /system/xbin	存储的是 Linux 命令程序
/system/framework/	存储的是 Android 系统运行时所需的一些框架
/system/etc/	存储的是一些配置文件
/system/media/	存储的是一些媒体文件,如手机铃声、壁纸等

　　userdata 分区是整个 Android 设备中最重要的分区,该分区存储了很多重要的数据, 其中最重要的几个目录是 data,media,system 和 misc,具体如表 8-5 所示。

　　/userdata/data/目录内存放的是应用程序的数据,普通用户无法直接访问该目录。 在 Android 设备中安装一个应用程序,对应会在该目录下生成一个单独的目录,并且每一 个目录的名称对应一个应用程序的包名。以微信为例,该应用程序的包名为:com. tencent.mm,那么对应的/userdata/data/目录下会创建一个名为 com.tencent.mm 的目 录用于存储微信的数据。

/userdata/media/0/ 也称内部存储目录，主要用于存储媒体文件，如用户拍摄的照片、应用程序产生的媒体文件，如图 8-39 所示。用户在手机端打开文件管理器所能看到的内容就是此目录。此目录无需 Root 权限可直接访问。

表 8-5　userdata 分区中重要的目录

目　　录	存放的内容
/userdata/data/	主要存储应用程序的数据
/userdata/media/0/	内部存储目录，主要用于存储媒体文件
/userdata/media/0/Android	主要存储应用程序文件
/userdata/media/0/DCIM	存储手机拍摄的照片、手机截图等文件
/userdata/media/0/Download	存储手机下载的文件
/userdata/media/0/Pictures	存储除手机拍摄照片和截图以外的图片和文件
/userdata/media/0/Tencent	存储 QQ、微信等腾讯应用程序数据，例如微信的图片文件

```
# pwd
/data/media/0
# ls
Alarms    AppTimer    DCIM       Download Movies Notifications Podcasts  TWRP
Android Audiobooks Documents MIUI      Music  Pictures        Ringtones tencent
```

图 8-39　内部存储目录

/userdata/system/目录存储的是一些和系统相关的文件，有以下几个重要的文件：

- preinstall.list 文件记录系统预安装的应用程序。
- packages.list 文件记录应用程序的安装位置。
- packages.xml 文件记录应用程序的安装信息。
- locksettings.db、gatekeeper.pattern.key、gatekeeper.password.key 等文件是与锁屏密码相关的文件。

/userdata/misc/目录中存储的是与 VPN、WiFi、KeyStore 等相关的配置文件。例如 wpa_supplicant.conf 文件记录了设备曾经连接过的 WiFi 的 SSID 以及密码等信息；p2p_supplicant.conf 文件则记录了该设备的 WiFi 热点名称及其他的信息。

通常来说，Android 系统应用程序的取证较为简单。这类应用程序的数据主要存储在 SQLite 数据库或者 XML 格式文件中，相关的文件一般没有加密。取证人员还需要在存放应用程序数据的路径下找到相关的文件，然后直接采集对应的文件即可。表 8-6 中列出的目录为常见痕迹文件的存放位置。

表 8-6　常见痕迹文件的存放位置

目　　录	存放的内容
/system/build.prop	设备和系统信息
/userdata/system/netpolicy.xml	时区信息
userdata/system/device_policies.xml	锁屏密码和策略

续表

目　　录	存放的内容
userdata/data/com.android.providers.calendar/databases/calendar.db	日历等信息
/userdata/data/com.android.providers.contacts/databases/contacts2.db	联系人信息
/userdata/data/com.android.providers.contacts/databases/callog.db	通话记录
/userdata/data/com.android.providers.telephony/databases/mmssms.db	短信
/userdata/misc/wifi/wpa_supplicant.conf	WiFi 信息和密码
userdata/misc/softap.conf	手机热点密码
/userdata/misc/wifi/WifiConfigStore.xml	无线网络信息
/userdata/system/packages.xml	应用程序权限
/userdata/system/packages.list	应用程序权限和元数据

2. 实验目的

通过本实验的学习,掌握 Android 设备数据的分析方法,如何分析 Android 设备的痕迹以及应用程序的数据分析。

3. 实验环境

- 浏览器:推荐使用谷歌浏览器。
- 猎痕手机取证分析系统,WinHex 取证分析软件。
- ABE 解包工具,SQLite Databases Browser。
- 8-3-AB.ab.zip 文件,8-3-MIbackup.zip 文件,8-3-Android-weixin.tar 文件。

4. 实验内容

子实验 1　使用 Android Backup 获取数据

步骤 1:使用数据线将手机和取证设备进行连接,并开启手机的 USB 调试功能进行 ADB 连接。

步骤 2:使用 ADB 指令备份所有数据,输入指令"adb backup -shared -all",如图 8-40 所示。当然也可以备份指定应用程序的数据,以微信为例,使用 ADB 指令备份应用程序数据,输入指令"adb.exe backup com.tencent.mm -shared -f weixin.ab"。

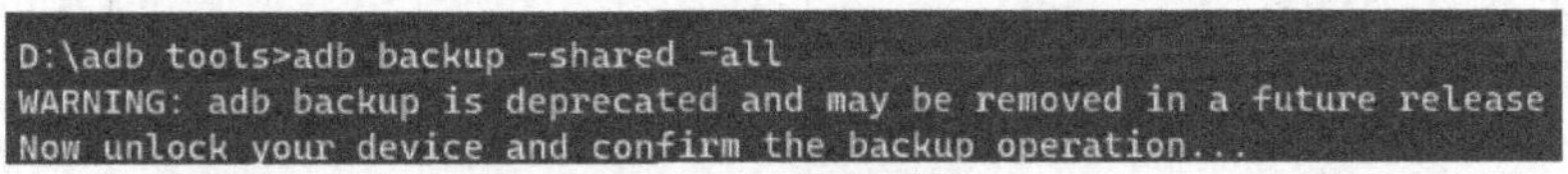

```
D:\adb tools>adb backup -shared -all
WARNING: adb backup is deprecated and may be removed in a future release
Now unlock your device and confirm the backup operation...
```

图 8-40　ADB 备份

步骤 3:手机端弹出备份请求窗口,调查人员可选择是否对备份数据进行加密,然后单击"备份我的数据",即可开始数据备份。如果没有指定备份文件的存放位置,则数据会被默认存储在 adb.exe 所在目录下。

子实验 2　解析 Android Backup 备份数据

步骤 1:如图 8-41 所示,准备 abe.jar 解包工具,abe.jar 是命令行工具且需要 Java 环境,调查人员须下载并安装好 Java 环境。

abe.jar	2020-07-18 8:18	JAR 文件	7,924 KB
一键解包.bat	2020-09-24 10:31	Windows 批处理...	1 KB

图 8-41　abe 解包工具

步骤 2：准备 8-3-AB.ab.zip 案例文件，使用指令"java -jar abe.jar unpack backup.ab backup.tar"对压缩包中的 backup.ab 进行解包，使用 ABE 进行解包后将生成 backup.tar 压缩包，可使用任意的解压缩软件对其进行解压缩。

本书提供的 abe.jar 工具已写好批处理文件，无须输入任何命令，可直接将 backup.ab 数据包拖入命令行窗口便可自动进行解包，运行结果如图 8-42 所示。

```
此脚本由欧季成编写                        ×    +   ∨

请拖入修改后的Bak文件：C:\Users\oujic\Desktop\backup.ab
正在进行解包操作

操作结束...
```

图 8-42　解包结果

步骤 3：解包后可见数据分两部分组成，apps 目录下存储的是应用程序的数据，即位于"/userdata/data"目录下的内容，如图 8-43 所示。shared 目录下存储的是"/userdata/data/media/0"中的数据，也就是内部存储中的数据，如图 8-44 所示。

图 8-43　apps 目录

图 8-44　shared 目录

子实验 3　使用小米手机内置备份工具备份数据

步骤 1：将 OTG 设备与手机进行连接，用于存储备份数据。建议将数据备份至 OTG 设备，这样可以确保不对手机进行任何的数据写入。

步骤 2：在手机上点开"设置"→"我的设备"→"备份与恢复"，准备开始数据备份，如图 8-45 所示。

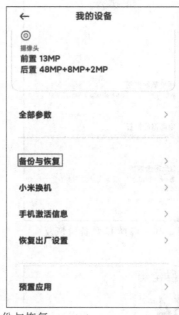

图 8-45　备份与恢复

步骤 3：选择"U 盘备份恢复"选项，将数据存储到 OTG 设备，选择"电脑备份恢复"则需要在备份任务结束后手工将备份结果复制至计算机，另外选择"电脑备份恢复"备份数据时，数据会被存储在手机的"/userdata/media/0/MIUI/Backup/AllBackup/"目录下，具体如图 8-46 所示。

步骤 4：选择需要备份的数据，具体如图 8-47 所示。建议不要全选备份所有数据。主要原因为：第一，避免选择过多的内容，在备份过程中可能会出错；第二，因为有一些数据对于取证调查而言没有任何意义，例如系统的配置信息、桌面设置、铃声设置等，选择备份的话反而会增加整体数据固定的时间。

步骤 5：开始数据备份任务后，尽量确保不离开备份界面避免出现中断的情况，具体如图 8-48 所示。

步骤 6：数据备份完成后，数据存储在 OTG 设备的根目录"/MIUI/backup/AllBackup/"中。每个应用程序的数据被存储为名称加 App 包名命名的 bak 文件，例如"微信(com.tencent.mm).bak"就是微信应用程序的数据，具体如图 8-49 所示。

子实验 4　小米手机备份数据解析

步骤 1：准备 8-3-MIbackup.zip 案例，以"微信(com.tencent.mm).bak"为例。小米创建的备份文件扩展名为 bak，而 bak 实际上是在 Android Backup 创建的 ab 文件的基础上做了一些修改。使用 WinHex 加载"微信(com.tencent.mm).bak"文件，如图 8-50 所示。

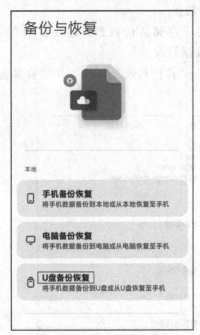

图 8-46　选择 U 盘备份恢复

图 8-47　选择要备份的数据

图 8-48　开始数据备份

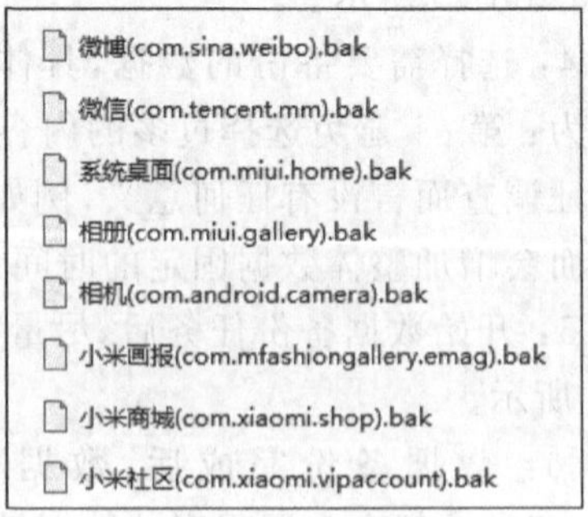

图 8-49　备份结果

　　步骤 2：将小米备份文件转换成 ab 文件。偏移地址 0x00～0x28 处为小米备份特有的头部信息，偏移地址 0x29 之后为 Android Backup 创建的标准 ab 文件。在 WinHex 中用光标选中偏移地址 0x29，右击选择"选块起始位置"，也可按快捷键 Alt＋1，然后将光标移至文件末端最后一个字节位置，同样右击选择"选块尾部"，按快捷键 Alt＋2，如图 8-51

微信(com.tencent.mm).bak																
Offset	0	1	2	3	4	5	6	7	8	9	A	B	C	D	E	F	ANSI ASCII
00000000	4D	49	55	49	20	42	41	43	4B	55	50	0A	32	0A	63	6F	MIUI BACKUP 2 co
00000010	6D	2E	74	65	6E	63	65	6E	74	2E	6D	6D	20	E5	BE	AE	m.tencent.mm å¾å
00000020	E4	BF	A1	0A	2D	31	0A	30	0A	41	4E	44	52	4F	49	44	ä¿¡ -1 0 ANDROID
00000030	20	42	41	43	4B	55	50	0A	35	0A	30	0A	6E	6F	6E	65	BACKUP 5 0 none
00000040	0A	61	70	70	73	2F	63	6F	6D	2E	74	65	6E	63	65	6E	apps/com.tencen
00000050	74	2E	6D	6D	2F	5F	6D	61	6E	69	66	65	73	74	00	00	t.mm/_manifest
00000060	00	00	00	00	00	00	00	00	00	00	00	00	00	00	00	00	
00000070	00	00	00	00	00	00	00	00	00	00	00	00	00	00	00	00	
00000080	00	00	00	00	00	00	00	00	00	00	00	00	00	00	00	00	
00000090	00	00	00	00	00	00	00	00	00	00	00	00	00	00	00	00	

图 8-50　小米备份文件

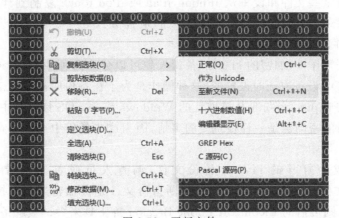

图 8-51　选择数据区

所示。

步骤 3：在被选中的数据区域右击，依次选择"编辑"→"复制选块（C）"→"至新文件（N）"。将选块保存为一个新文件，如图 8-52 所示。

图 8-52　至新文件

步骤 4：保存出的新文件为 ab 格式，使用 abe.jar 工具进行解包操作即可。

第 9 章

iOS 取 证

iOS 是苹果公司为其移动设备所开发的专有移动操作系统,支持设备包括 iPhone,iPad 和 iPod touch。iOS 在 iOS 4.0 发布前名为 iPhone OS,iPad 操作系统版本则于 iOS 13 起独立为 iPadOS。iOS 的闭源使得 iOS 操作系统的安全性和保密性都很高,但在数字取证中,这一特性却给调查人员带来了很多困难和挑战。本章围绕实战中 iOS 设备的重点,学习 iOS 备份分析方法。

实验9.1　　iTunes 备份解析

1. 预备知识

（1）iTunes 备份

备份是指将某些文件和设置从 iPhone,iPad 或 iPod touch 复制到计算机,是确保设备上的信息在受损或错误放置时不会丢失的最佳方式之一。类似于其他备份文件,iTunes 备份文件也存在加密的情况。

在实际取证工作中,加密的 iTunes 备份大致可以分为两种情况,一种情况是调查人员在对涉案的 iOS 设备取证时设置的,这种操作是为了在备份时获取更多的数据。另一种情况是加密的 iTunes 备份是从待取证的 Windows 或 macOS 计算机中获取的,此时设法掌握加密备份的密码也是一件很重要的事情,因为这些备份中或许存在着很多重要的涉案信息。

针对无法成功打开的 iTunes 备份文件,调查人员应首先查看备份目录中的 Manifest.plist 文件的 IsEncrypted 字段,判断备份文件是被加密还是受损。如果是加密的 iTunes 备份,则可借助 Elcomsoft Phone Breaker 等工具来尝试破解备份文件的密码。

在 iTunes 备份中,所有文件都存储在 00,0a,0b,…,fd,fe,ff 等文件夹中,这些文件的名称都是一串 40 位的哈希值,且没有后缀名。在 iTunes 备份中,这些文件的属性被隐藏,但是,只要借助于 X-Ways Forensics 等工具,调查人员仍然能够获取这些文件的内容及其属性。info.plist,Status.plist,Manifest.plist 和 Manifest.db 这 4 个文件中存储了备份文件的配置信息。

（2）备份中的重要文件

在 iTunes 备份中,下列文件中存储的信息非常重要。

① Info.plist 文件存储着有关的 iOS 设备的信息,例如内部版本号、设备名称、GUID、IMEI、安装的应用程序、上次备份日期、产品类型、产品版本、序列号、UDID 及 iTunes 的版本等信息。

② Status.plist 文件存储着备份文件的状态,例如该文件是否为全备份(FullBackup)、备份的版本、UUID、日期及快照的状态等信息。

③ Manifest.plist 文件存储着该备份文件整体的信息。在 Root 键中,存储着备份的时间等信息。在 Lockdown 键中,存储着设备的 UDID、版本号、内部代号等信息。在 Applications 键中,存储着应用程序的名称以及路径等信息。

④ Manifest.db 是一个 sqlite 数据库文件,该文件中存储着 0a,0b,…,fe,ff 等文件夹中的文件和原始文件的映射关系,因此,调查人员能够通过该文件来实现备份文件的还原。在 Manifest.db 的 Files 表中,包含 fileID,domain,relativePath,flags 等列,其中,fileID 存储的是 0a,0b,…,fe,ff 等文件夹中文件的文件名;domain 存储的是文件所属的域,domain 是对 iOS 备份中的文件进行功能性分类的一种方法;relativePath 存储的是文件的相对路径。

2. 实验目的

通过本实验的学习,理解 iTunes 备份中包含的设备信息和手工解析方法。

3. 实验环境

- 浏览器:推荐使用谷歌浏览器。
- WinHex 取证分析软件,Plist Editor,Notepad3。
- 9-A02-iTunesBackup.E01,9-A5-CDK.VHD。

4. 实验内容

子实验 1　查看 iTunes 备份基本信息

步骤 1:使用 WinHex 加载"9-A02-iTunesBackup.E01"镜像,过滤 Info.plist 文件。

步骤 2:选择大小为 43.7KB 的 Info.plist 文件,右击选择"查看器",使用 Notepad 查看 Plist 文件内容,如图 9-1 所示。

图 9-1　使用 Notepad 查看 Plist 文件

步骤 3:Info.plist 文件中,包含设备的详细信息,如设备名称、ICCID、IMSI、电话号码、OS 的译本和结构、序列号、上次备份时间等,如图 9-2 所示。

步骤 4:使用 Plist Editor 查看 Info.plist,可以看到更为友好的解析结果,如图 9-3 所示。

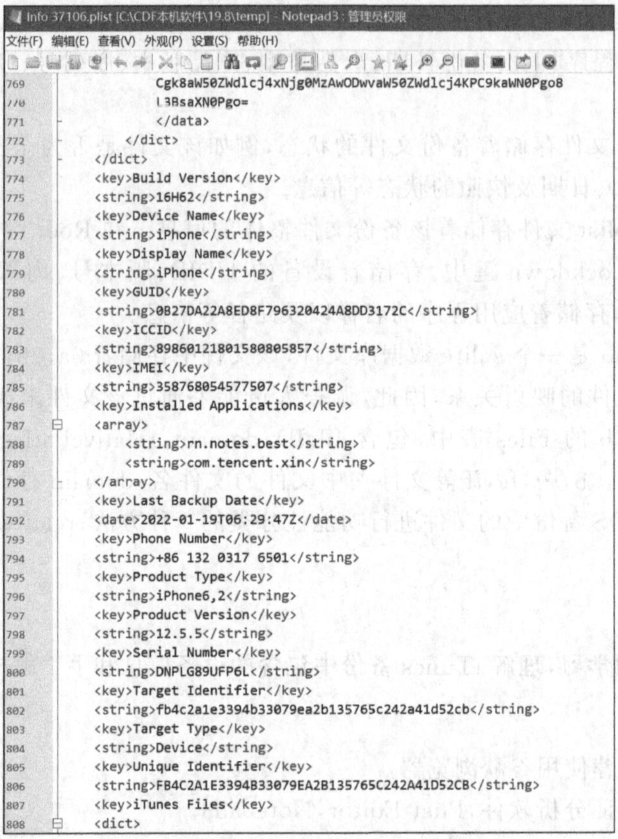

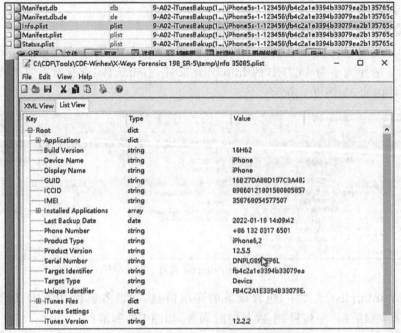

图 9-2   使用 Notepad 查看 Plist 文件信息

图 9-3   使用 Plist Editor 查看 Plist 文件信息

子实验 2　查看 Status.plist 基本信息

步骤 1：继续子实验 1，使用 WinHex 过滤 Status.plist 文件。

步骤 2：Status.plist 文件大小为 189B，右击选择"查看器"，使用 Plist Editor 查看 Plist 文件内容，可见备份的状态、备份时间和 UUID 等，如图 9-4 所示。

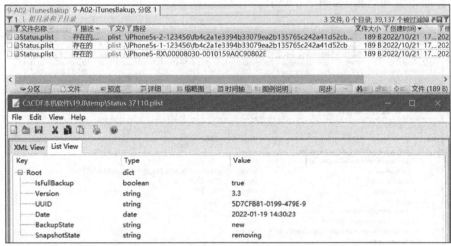

图 9-4　使用 Plist Editor 查看 Status.plist 文件

子实验 3　查看 Manifest.db 中的文件信息

步骤 1：继续子实验 2，使用 WinHex 过滤 Manifest.db 文件。

步骤 2：将该文件"恢复\复制"至临时位置。Manifest.db 文件是一个 SQlite 数据库文件，保存了所有的备份数据的文件夹和文件信息，例如 iTunes 备份中出现的每一个 40 个数字的文件名对应的原始文件名。用 SQLite Database Browser 软件查看该数据库，可见每一个 JPG 或 MOV 文件的对应名称，如图 9-5 所示。

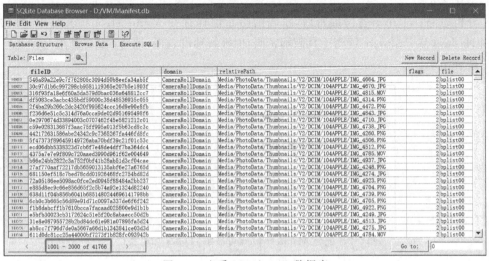

图 9-5　查看 Manifest.db 数据库

子实验 4　查看 Manifest.plist 中的文件信息和配合解密

步骤 1：继续子实验 2，使用 WinHex 过滤 Manifest.plist 文件。

步骤 2：右击选择"查看器"，使用 Plist Editor 查看 Manifest.plist 文件内容，选用 List View 查看方式，可见设备上已安装应用的相关信息，例如健康 App 的包名、具体 App 的存储位置和名称，如图 9-6 所示。

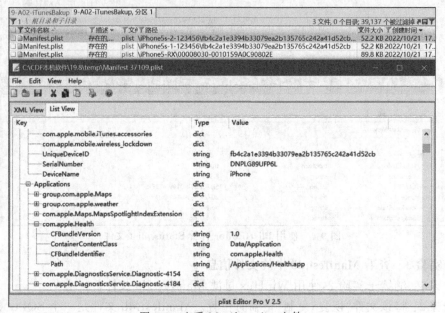

图 9-6　查看 Manifest.plist 文件

历史题型：

（2023 年"美亚杯"团队赛）陈大昆的手机被一个 iTunes Backup 密码加密保护，这个密码是什么？

分析思路：iTunes 备份加密后，密码的哈希值保存在 Manifest.plist 文件中，可尝试利用 Hashcat 或 Passware 解密工具破解密码，但破解速度较慢。图 9-7 显示利用 Passware 软件的破解结果。

图 9-7　配合 Manifest.plist 可破解 iTunes 加密备份

实验9.2　# 解析系统内置 App 的信息

1. 预备知识

iOS 设备中存在很多重要的痕迹文件。尽管可以通过手工方法还原并查看 iTunes 备份中的目录和文件,但是手工分析方法相对烦琐。实际数字取证工作中,调查人员通常会使用一些专业的取证软件来解析 iTunes 备份,例如手机大师、火眼,也可以使用爱思助手、iBackup Viewer 等免费的工具,还可以使用 WinHex、Myhex 等工具手工解析 iTunes 备份。应该注意的是,自动化取证工具有时候并没有把痕迹文件中的所有数据都展示出来,对于有些案件,仍然需要手工分析 Sqlite 数据库、Plist 文件和各种日志才能发现重要的痕迹和线索。

本书主教材《数字取证》第 9.6.1 节列举了一些包含系统痕迹信息的文件名称和保存位置,在进行实验时可以参考。

2. 实验目的

通过本实验的学习,理解系统痕迹信息的保存位置和解析方法。

3. 实验环境

- 浏览器:推荐使用谷歌浏览器。
- WinHex 取证分析软件,Myhex,DB Browser for SQLite,Plist Editor,手机取证软件。
- 9-A05-CDK. VHD(iTunes 备份密码为 123456)。

4. 实验内容

子实验1　解析通讯录

步骤 1:打开 MyHex 软件,加载 9-A05-CDK. VHD 虚拟磁盘文件。过滤"AddressBook. sqlitedb"文件。

步骤 2:将"AddressBook. sqlitedb"文件"恢复\复制"至临时位置。用 SQlite Database Browser 查看该数据库,在 ABPerson 表中,可见 3 个联系人,如图 9-8 所示。

步骤 3:挂载 VHD 虚拟磁盘,利用手机取证软件解析"陈大昆的手机"文件夹中的 iTunes 备份,可得到如图 9-9 所示的结果。

子实验2　解析通话记录

步骤 1:打开 MyHex 软件,加载 9-A05-CDK. VHD 虚拟磁盘文件。过滤"CallHistory. storedata"文件。

步骤 2:单击"预览"按钮,查看 ZHANDLE 表,可见数据库中存在 35 条通话记录,如图 9-10 所示。

子实验3　解析 WiFi 连接记录

步骤 1:继续子实验 2,过滤"com.apple.wifi-private-mac-networks.plist"文件。

步骤 2:右击,选择"查看器"→"Plist Editor",如图 9-11 所示。

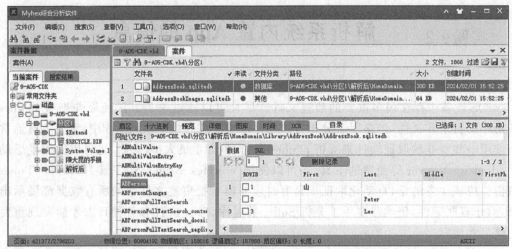

图 9-8　预览通讯录数据库

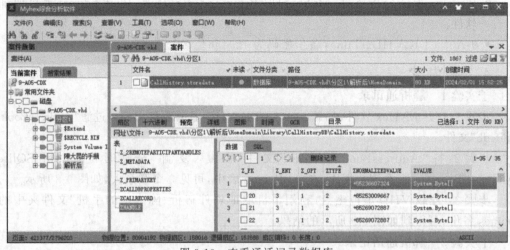

图 9-9　通过手机取证工具查看通讯录

图 9-10　查看通话记录数据库

步骤 3：在"Plist Editor"软件中，选择"List View"，可见连接的 WiFi，如图 9-12 所示。

历史题型：

（1）（2023 年"美亚杯"团队赛）参考 dji.go.v5 回答以下题目：按照 WhatsApp 聊天记录，得知 Chris 曾与 Peggy 在 2023 年 09 月 07 日外出玩无人机，找出飞行记录"DJIFlightRecord_2023-09-07_[17-33-52]"的文件路径。

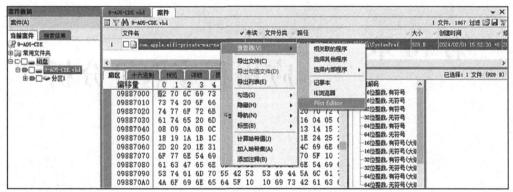

图 9-11　选择第三方查看器

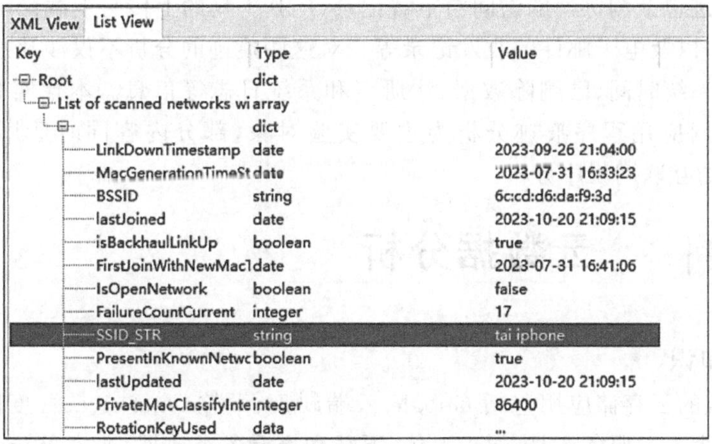

图 9-12　List View 方式查看

（2）（2023 年"美亚杯"团队赛）参考 dji.go.v5 回答以下题目：尝试找出与原点最远的距离，并从日志文件中找出所有有关区域的经纬度坐标。

（3）（2023 年"美亚杯"团队赛）参考 dji.go.v5 回答以下题目：在 2023 年 9 月 7 日，Chirs 和 Peggy 曾经外出玩无人机，并用无人机拍摄一张照片"dji_fly_20230907_172136_63_1694078794485_photo_optimized.jpg"，请问拍摄照片时，无人机的高度值是多少？

（4）（2023 年"美亚杯"团队赛）参考 dji.go.v5 回答以下题目：在李哲图的 LG 手机内，2023 年 9 月 7 日共有多少次飞行记录？

第 10 章

应用程序取证分析

在数字取证过程中,对互联网应用程序的取证是用户行为分析的关键环节。互联网应用程序的痕迹包括浏览器的访问与下载记录、P2P 工具的上传与下载记录、即时通信工具的聊天记录,以及电子邮件的收发记录等。对这些痕迹的分析不仅涉及数据库的解析,还须综合分析系统时间、已删除数据、注册表和系统日志等信息。本章实验以 Windows 系统下的互联网应用程序痕迹分析为主要实验对象,部分内容同时适用于 macOS 和 Linux 系统中的互联网程序分析。

实验10.1　云数据分析

1. 预备知识

当前,主流的云存储应用包括 Google 云端硬盘、微软 OneDrive、百度网盘等。百度网盘作为一款个人云服务产品,便于上传、下载和查看各类数据,兼容 Windows,macOS,Linux,iOS,Android 和鸿蒙系统。在 Windows 10/11 系统中,百度网盘的默认安装位置为：C:\Program Files (x86)\BaiduNetdisk\,用户也可自定义安装路径。

值得关注的是在百度网盘安装路径下的 users 文件夹,该文件夹存储了网盘用户在使用过程中产生的相关痕迹。users 文件夹中存在一个或多个以 hash 值命名的文件夹,不同文件夹存储着不同网盘用户生成的痕迹文件。表 10-1 描述了重要痕迹文件的类型及描述。

表 10-1　百度网盘的重要痕迹文件的类型及描述

文　件　名	类　　型	描　　述
UserName	文件夹	该文件夹以百度网盘用户的账户名来命名,表示其同级目录下所存储的文件的所有者
AutoBackupFileList	文件夹	自动备份的文件列表
BaiduYunCacheFileV0.db	数据库	缓存的百度网盘内的文件列表信息
BaiduYunGuanjia.db	数据库	文件下载和上传的记录
BaiduYunRecentV0.db	数据库	用户最近所使用的文件记录

文　件　名	类　　型	描　　　　　述
BaiduYunMBoxV0.db	数据库	用户的好友,群组和聊天记录等信息
PersonalSetting.xml	xml	加密文件,用户的设置信息

（1）BaiduYunCacheFileV0.db

该文件是 sqlite 数据库文件,存储的是百度网盘内的文件列表信息。

在 cache_file 表中,server_filename 字段存储的是文件的名称,parent_path 字段存储的是文件在百度网盘中的完整的目录,file_size 字段存储的是文件的大小,md5 字段存储的是文件的 md5 哈希值,server_mtime 字段存储的是文件在服务器中的修改时间,local_mtime 字段存储的是文件在本地的修改时间。

在 full_text_search_file_content 表中,存储的是用户曾经在网盘中搜索过的文件信息,其中,c0 字段存储的是文件名,c1 字段存储的是文件的目录。

（2）BaiduYunGuanjia.db

该文件存储用户的下载、上传和本地存储的记录信息。

在 download_history_file 表中,server_path 字段存储的是文件在百度网盘中的存储位置,local_path 字段存储的是文件在本地的存储位置,size 字段存储的是文件的大小,op_starttime 字段存储的是文件下载开始的时间,op_end_time 字段存储的是文件下载结束的时间。

在 upload_history_file 表中,server_path 字段存储的是文件在百度网盘中的存储位置,local_path 字段存储的是文件在本地的存储位置,size 字段存储的是文件的大小,op_starttime 字段存储的是文件上传开始的时间,op_end_time 字段存储的是文件上传结束的时间。

（3）BaiduYunRecentV0.db

该文件存储用户最近使用的文件信息。

在 recent_file 表中,server_path 字段存储的是文件的存储位置,md5 字段存储的是文件的 md5 哈希值,server_mtime 字段存储的是文件在服务器中的修改时间,local_mtime 存储的是文件在本地的修改时间。

（4）BaiduYunMBoxV0.db

该文件是 sqlite 数据库文件,存储用户的好友、群组和聊天记录等信息。

在 v_friends 表中,存储的是用户在百度网盘中添加的好友,uname 字段存储的是好友的百度账户名称,nick_name 存储的是账户的昵称。

在 groups 表中,存储的是用户加入的群组,group_id 字段存储的是群组的 id 信息,name 字段存储的是该群组的名称,ctime 字段存储的是该群组的创建时间。group_messages 表存储的是用户加入的群组中所收到的消息,group_messages_files 表存储的是用户加入的群组中所收到的文件。

（5）上传和下载的痕迹

在上传文件时,本地磁盘会生成缓存数据,例如上传"课件 1.pptx"时,本地会生成临时文件"课件1.pptx.baiduyun.uploading.cfg"文件,上传结束后该文件被删除。下载"习题2.PDF"时,本地会首先生成一个名为"习题2.PDF.baiduyun.p.downloading"文件,下载成功后,该文件再被改名为"习题2.PDF"。通过搜索关键词".uploading",有机会发现上传数据的痕迹。此外,分析USN日志文件$Logfile文件,也有机会发现上传和下载的行为痕迹。

2. 实验目的

通过本实验的学习,理解百度网盘数据库格式和解析方法,理解网盘上传和下载数据过程中的缓存痕迹,掌握Myhex取证分析软件的使用方法。

3. 实验环境

- 浏览器:推荐使用谷歌浏览器。
- WinHex取证分析软件,Myhex,DB Browser for SQLite。
- 10-C02-百度云盘.001,10-C05-百度网盘上传下载痕迹.e01。

4. 实验内容

子实验1　利用Myhex分析百度云盘传输痕迹

步骤1:打开Myhex分析软件,加载10-C02-百度云盘.001镜像文件。单击界面左侧的"分区1",右侧显示该分区的所有文件列表,如图10-1所示。

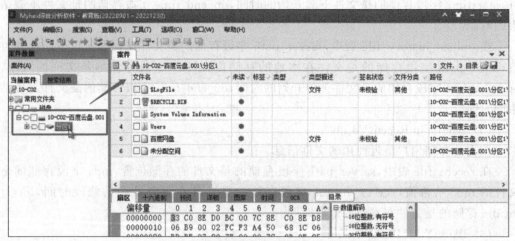

图10-1　加载镜像并查看分区文件列表

步骤2:文件名过滤。单击文件列表中列名右侧灰色的"✔",输入需要过滤的文件名,单击"激活"按钮,如图10-2所示。

步骤3:展开所有目录。单击当前案件目录中的"▬"符号,显示当前分区下所有数据。预览BaiduYunRecentV0.db。查询id为1123的记录中对应的压缩文件文件名称,如图10-3所示。使用的SQL查询语句为

```
Select * from recent_file where id=1123
```

图 10-2　过滤指定文件名

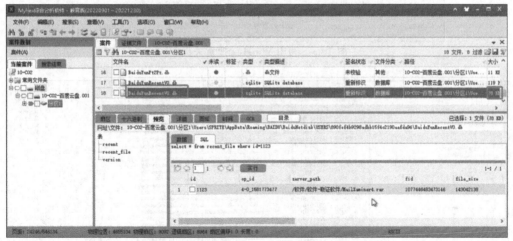

图 10-3　预览数据库文件并使用 SQL 语句查询

子实验 2　分析百度网盘上传下载过程中的残留痕迹

步骤 1：打开 WinHex 分析软件，加载镜像"10-C05-百度网盘上传下载痕迹.e01"，分析用户通过百度网盘上传和下载文件的具体名称以及具体传输时间。

步骤 2：利用 WinHex 搜索关键词 uploading 和 downloading，如图 10-4 所示。

步骤 3：查看关键词搜索结果，可看到搜索结果集中在"＄J"和"＄LogFile"中，如图 10-5 所示。总结搜索结果中出现的文件名，可知下载的文件名为"iOS Cheatsheet.xlsx"和"SANS iOS Third-Party App Forensics.pdf"。上传的文件包括"6-Sprite Guo CV 20220526.pdf"和"7-授课讲师资料-郭永健.pdf"。利用关键词可以发现搜索结果，但不能发现上传和下载的准确时间，如图 10-5 所示。须在"＄J"和"＄LogFile"中继续分析相关时间信息。

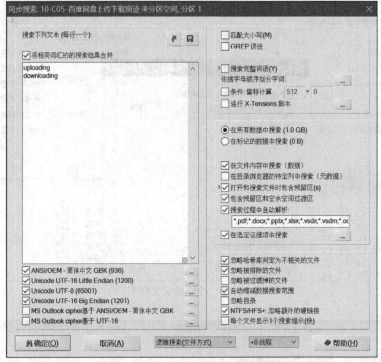

图 10-4　利用 WinHex 搜索关键词

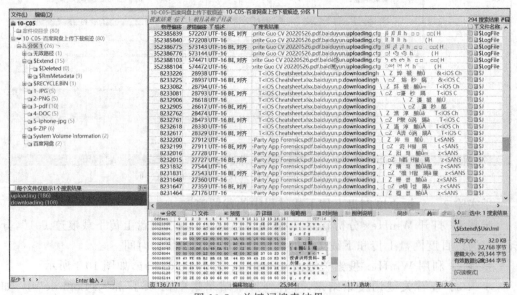

图 10-5　关键词搜索结果

步骤 4：单击"切换目录浏览器和关键词搜索结果视窗"按钮，如图 10-6 所示，退出关键词搜索视图，返回目录浏览器视图。

步骤 5：通过文件名过滤"$J"文件，选中该文件，单击"预览"，可查看 USN 日志信息，如图 10-7 所示。将日志拖曳到底部，可以看到创建"7-授课讲师资料-郭永健.pdf.

图 10-6 切换视图

baiduyun.uploading.cfg"和"6-Sprite Guo CV 20220526.pdf.baiduyun.uploading.cfg"的时间,即上传时间为北京时间 2024 年 1 月 17 日 13:26:26。下载"SANS iOS Third-Party App Forensics.pdf"的时间为 2024 年 1 月 17 日 13:27:58。下载"iOS Cheatsheet.xlsx"的时间为 2024 年 1 月 17 日 13:28:00。

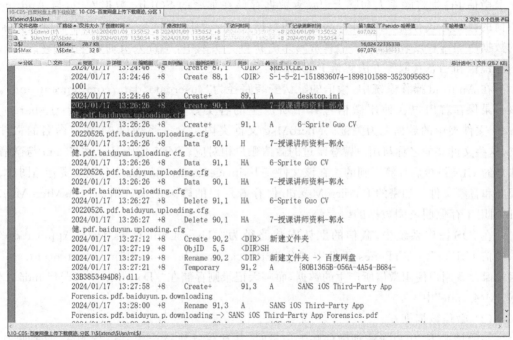

图 10-7 USN 日志中的上传和下载痕迹

实验10.2 即时通信痕迹分析

1. 预备知识

即时通信软件是一种利用即时通信技术实现实时沟通与交流的工具。在当前市场上,主流的即时通信软件包括微信、QQ、钉钉、Telegram、WhatsApp 和 Skype 等。随着互联网和计算机技术的不断进步,这些应用在越来越多的案件中发挥着作用。因此,调查人员需要熟练掌握解析各类即时通信应用程序的方法,以便正确处理相关的聊天记录、文件传输以及删除的数据。

(1) 微信数据库解析

在数字取证领域,犯罪分子利用微信进行犯罪沟通的现象日益增多。因此,针对微信数据的提取与恢复问题,在操作系统安全更新及复杂分身应用的背景下,面临着巨大的挑战。PC 端微信聊天记录文件的默认存储路径为"C:\Users\UserName\Documents\WeChat Files"。该目录包含所有登录过系统的微信账号数据,每个账号的数据均存储在独立的文件夹中,并以微信 ID 作为文件夹名称。

在各个微信账号的文件夹中,Msg 文件夹承载了账户的联系人列表和聊天记录,config 文件夹则保存了账户的用户信息。而 BackupFiles 文件夹主要负责存放手机端的备份文件。在 FileStorage 目录下,Files、Image 及 Video 文件夹分别负责存储接收的文件、图片和视频文件。通过分析这些文件夹中的数据,调查人员可以获取到 PC 端微信的聊天记录等信息。

微信 PC 端将联系人和聊天记录等数据存储在加密的 SQLite 数据库中,与 Android 微信的存储方式有所不同。PC 端微信的数据库密码为固定的 hash 值,其存储聊天记录的数据库加密程度较高,直接计算密码无法获得。实践中,调查人员通常采用手机扫码、内存镜像和动态获取等方法解析 PC 端微信。

在 Android 操作系统中,微信的默认安装路径为"/userdata/data/com.tencent.mm"。该目录保存着用户在使用微信过程中所产生的各类数据,其中,MicroMsg 与 shared_prefs 文件夹中的数据尤为关键。MicroMsg 文件夹内包含一系列以 MD5 值命名的文件夹,这些文件夹的名称与用户曾登录过的微信账户相对应。MD5 值则是通过将 mm 与微信账户的 UIN 拼接后计算得到的。在该文件夹下,image2、video 和 voice2 分别负责存储图片、视频和音频文件。加密的 EnMicroMsg.db 保存着用户的聊天记录数据,而 SnsMicroMsg.db 则用于存储朋友圈数据的缓存。

在 iOS 操作系统中,微信的默认安装路径为"/User/Containers/Data/Application/<微信 UID>"。在 iTunes 备份中,"/private/var/mobile/application/com.tencent.xin"目录保存着用户使用微信所产生的数据,而聊天记录则存储在"/Documents/<账户 md5>/DB/MM.sqlite"中。

(2)微信数据恢复

一般情况下,用户在清理微信聊天记录时,往往仅针对特定消息进行删除,这种操作仅涉及数据库文件中相应数据表的部分数据清除。在部分微信版本中,由于被删除数据所占用的存储空间尚未被覆盖,可通过 SQLite 恢复工具直接找回数据。然而,在最新版本的安卓微信中,通常采用删除数据后用 0x00 填充存储空间的策略,因此无法直接恢复数据。

在 Android 系统中,微信聊天记录的数据库名称为 EnMicroMsg.db,该文件位于"/userdata/data/com.tencent.mm/MicroMsg/<hash>/"目录下。该文件为加密的 sqlite 数据库,须输入解密密钥方可查看其中数据。据公开资料,EnMicroMsg.db 的解密密钥为:[IMEI+UIN]的 MD5 值(小写 32 位)的前 7 位。

微信在创建 EnMicroMsg.db 文件时,会同时生成一个索引文件。该文件类似于数据缓存的备份。当 EnMicroMsg.db 中的历史数据被删除时,该索引文件不会被 0x00 覆盖,因此,调查人员可从该索引文件中获取已删除的聊天数据。然而,当用户清理聊天记录中的媒体文件或在微信中进行空间清理时,通常会删除聊天记录中的媒体文件。此类文件的恢复是文件系统级的数据恢复。

微信在使用过程中所产生的文件会存储在相应的目录中,一旦这些文件被删除,就需要基于 Android 的文件系统来进行数据恢复工作。通常,由于 Android 系统的沙箱安全机制的限制,这种数据恢复工作需要以 Root 权限来执行。例如,获取文件系统的镜像文件,然后从文件签名或者文件系统的特征来进行数据恢复。但是,随着 Android 系统中 FBE 等安全机制的应用,这种数据恢复的方法也受到了越来越多的限制。

现如今,市场中的 Android 应用程序数量高达数百万个。然而,这些应用程序并无统一的取证方法,且不同版本之间的数据存储和加密机制亦存在差异。现阶段,国内外手机取证软件仅能支持部分主流应用程序的取证及自动解析。以"手机大师"为例,其支持的应用程序包括微信、QQ、支付宝和百度地图等。然而,对于手机取证工具尚未支持的部分小众第三方应用程序,调查人员须采用逆向和抓包等手法进行人工分析。

2. 实验目的

通过本实验的学习,理解安卓端微信数据库的解密和数据解析方法。

3. 实验环境

- 浏览器:推荐使用谷歌浏览器。
- WinHex 取证分析软件,QuickHash。
- 8-A05-David.bin(该文件为手机大师制作的逻辑分区镜像,非完整的物理磁盘镜像)。

4. 实验内容

本实验利用 Myhex 分析安卓端微信数据库。

步骤 1:打开 Myhex 分析软件,加载"8-A05-David.bin"镜像,确定 IMEI 值。

IMEI 值在手机的设置中可以找到。在某些设备中由于微信程序无法读取到设备的 IEMI 信息,IMEI 的缺省值被设置为"1234567890ABCDEF"。例如,在备份文件"微信(com.tencent.mm).bak"中,解密其 EnMicroMsg.db 的 IMEI 的值便是"1234567890ABCDEF"。另一种获取 IMEI 的方法便是解析文件 CompatibleInfo.cfg,在本案例中,此方法不适用。

步骤 2:查看"\ data \ com. tencent. mm \. auth _ cache \ 0cc175b9-c0f1-36a8-b1c3-99e269772661"文件夹,可见多个文件。单击文件以预览模式查看文件内容,其中存储了本案例的 IMEI 值"865968039228434",如图 10-8 所示。

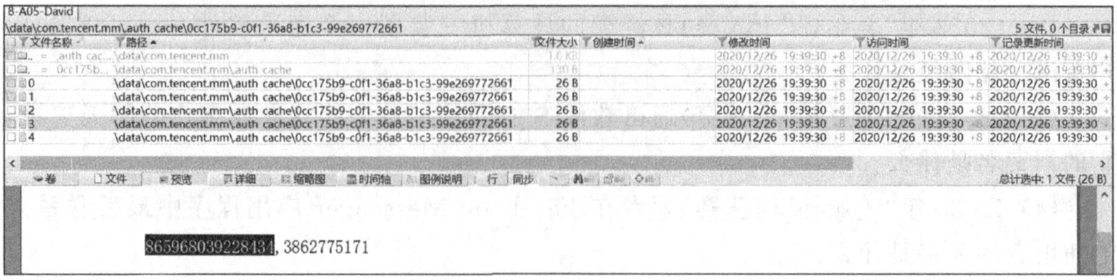

图 10-8　查看 IMEI 值

步骤 3:确定 UIN 值。UIN 即 User Information,是微信用户信息识别码,每个用户唯一。可以通过查看文件"/userdata/data/com.tencent.mm/shared_prefs/auth_info_key_prefs.xml"或者"/userdata/data/com.tencent.mm/shared_prefs/system_config_prefs.xml"获得。在本例中查看 system_config_prefs.xml 文件,可见该值为"-947086380",如图 10-9 所示。注意,UIN 保留符号。

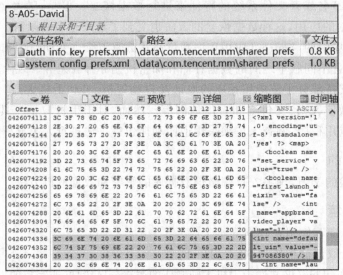

图 10-9　查看 UIN 值

步骤 4:计算 IMEI+UIN 的 MD5 值。把两个值合并为"865968039228434-947086380",计算该值的 MD5 值。使用"C:\CDF\Tools\CDF-Hash\QuickHash-64-Bit\"目录下的快速哈希计算工具 QuickHash.exe,计算 MD5 值,结果为 cc979c4012e61f8840ee99b65da4f18f。前 7 位为微信解密密钥,即 cc979c4,如图 10-10 所示。

步骤 5:将 EnMicroMsg.db 文件导出至文件夹,使用 SQlite Database Browser V2.1_sqlcipher 程序加载 EnMicroMsg.db 文件,在窗口输入上述步骤获取的解密密钥 cc979c4,即可解密成功,如图 10-11 所示。

步骤 6:接步骤 5,选择 message 表,获取相关的聊天记录明文信息,如图 10-12 所示。

[竞赛真题]

(1)(2022 年"美亚杯"个人赛)林浚熙手机的 WhatsApp 号码是什么?

(2)(2022 年"美亚杯"个人赛)林浚熙的计算机安装了一个通讯软件 Signal,它的用户资讯存储路径是什么?

(3)(2022 年"美亚杯"个人赛)通讯软件 Signal 采用一个档案存放用户的聊天记录,它的档案名是什么?

(4)(2023 年"美亚杯"团队赛)死者在 Facebook Messenger 应用程序中最后联系人的使用者的名字是什么?

(5)(2023 年"美亚杯"团队赛)按照 WhatsApp 聊天记录,得知 Chris 曾与 Peggy 在 2023-09-07 外出玩无人机。写出飞行记录"DJIFlightRecord_2023-09-07_[17-33-52]"的文件路径。

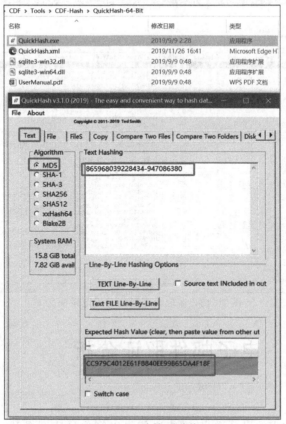

图 10-10　计算哈希值

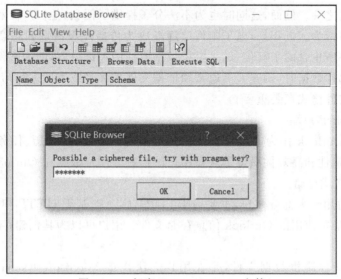

图 10-11　解密 EnMicroMsg.db 文件

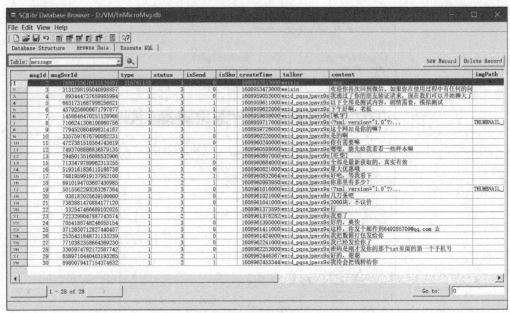

图 10-12　获取解密后的聊天记录明文

实验10.3　电子邮件取证分析

1. 预备知识

伴随着互联网技术的迅猛进步，网络通信得以简化且速度提升，人们借此得以方便、高效地进行信息交流。电子邮件以其创新、高效、经济的特点，已成为现代社会不可或缺的重要联络方式之一。然而，这同时也为不法分子提供了便利，他们广泛利用电子邮件实施各类违法犯罪行为。近年来，电子邮件已逐渐成为传播垃圾信息和恶意代码的主要渠道。电子邮件中所包含的丰富信息，是电子数据取证的关键内容，能为案件侦破提供宝贵线索。在分析邮件数据时，调查人员通常须依据文件扩展名或类型进行筛选，因此熟悉常见的电子邮件文件格式至关重要。

（1）Outlook 客户端

Microsoft Outlook 作为国内外企业广泛应用的电子邮件、日历、任务及其他项目管理软件，以其稳定性和高效性赢得了众多用户的信赖。用户数据在 Outlook 中以 PST 和 OST 两种文件格式存储。

PST 文件适用于大部分账户，主要用于 POP3、IMAP、基于 HTTP 和 Web 的邮件账户，是普通用户最常使用的 Outlook 信息存储文件。用户可以为其创建存档或备份，以保障数据安全。

OST 文件又称脱机数据文件，是在用户无法连接 Microsoft Exchange 服务器时，Outlook 自动生成的数据文件。当计算机重新连接到网络时，OST 文件会与 Exchange 服务器进行同步，用户的电子邮件、日历和其他项目信息将存储在服务器上。在断网状态下,用户可选择使用缓存 Exchange 模式或脱机模式,继续进行相关工作。

简而言之,OST 文件就是 Exchange 邮件服务器中邮件文件夹的副本。它将文件夹与服务器位置分离,使用户在断网时能够使用文件夹内容。当联网后,再将数据同步,确保服务器与本地计算机的邮件内容一致。这种设计充分体现了 Outlook 在确保数据安全和便捷性方面的深思熟虑。

在取证调查中,若发现用户正在使用 Outlook 邮件客户端,PST 和 OST 文件中很有可能会包含服务器上已被删除的内容,值得调查人员的重视。调查人员可采取磁盘快照、邮件解析、邮件恢复和关联分析等方法,从邮箱文件中挖掘有价值的信息。

（2）Foxmail 客户端

Foxmail 是一款广受欢迎的电子邮件客户端软件,其主要用户群体包括中小型企业和个人用户。该软件在本地的数据存储在安装路径下的 Storage 目录,以邮箱账户作为子目录名,如 C:\Foxmail7.2\Storage\username@qq.com。这个目录包含了邮箱账户的全方位数据,涵盖账户配置、收件箱、发件箱、草稿箱以及回收站等各项信息。在早期版本的 Foxmail 中,邮件文件与其目录中后缀名为.idx 和.box 的文件相对应,例如,"收件箱"对应的是 in.idx 和 in.box。而在新版本的软件中,Foxmail 个人邮箱文件夹下设有 Mails 文件夹,其中保存的是加密格式的独立电子邮件。

（3）邮件头格式

电子邮件的各个部分可能受到黑客或恶意用户的篡改或伪造,因此有必要对电子邮件的真实性进行严谨的分析。通过鉴别邮件的发件人和收件人信息、提取邮件的日期和时间等方法,可以评估电子邮件消息来源和内容的准确性。

电子邮件取证的核心在于对邮件头部的细致分析,因为邮件头包含了大量的电子邮件信息。对电子邮件头部的分析有助于识别涉及电子邮件的犯罪行为,如网络钓鱼邮件、垃圾邮件和电子邮件欺诈等。表 10-2 展示了电子邮件头部中一些关键字段及其描述。在分析电子邮件的头部信息时,调查人员应仔细检查这些字段,以便从中挖掘出有价值的线索。

表 10-2　电子邮件头部中的关键字段及其描述

字　段　名	描　　述
From	邮件的发件人地址（姓名）
To	邮件的收件人地址（姓名）
Cc	邮件抄送的地址
Bcc	邮件密送的地址
Subject	邮件的主题
Date	邮件编辑时的时间
Reply-to	邮件回复将被重定向到的地址
Message-ID	邮件发送时生成的全局唯一消息标识字符串

字　段　名	描　述
References	标识与此邮件相关的其他文档,例如其他电子邮件
Received	以相反的顺序,跟踪以前处理过邮件的邮件服务器生成的信息

（4）邮件附件

在安全事件中,许多钓鱼邮件都包含恶意病毒等信息。为了解开事件之谜,数字取证工作离不开对邮件附件的深入调查。针对可疑附件,调查人员可以采取多种方式进行分析。例如,将文件上传至 VirusTotal 等在线沙箱平台进行初步筛查,或运用逆向工程方法进一步挖掘潜在恶意程序中的隐藏数据。

（5）邮件传输过程

电子邮件表面上看似乎直接从发送者计算机传递至接收者地址,然而实际上过程并非如此简单。在一个典型的电子邮件生命周期中,至少会涉及 4 台计算机。这是因为大多数企业或组织都配备了名为"邮件服务器"的专用服务器用来处理电子邮件,而这台服务器通常并非用户阅读邮件的计算机。

当用户发送邮件时,通常会在自己的计算机上编辑邮件,然后将邮件上传至网络服务提供商（Internet service provider,ISP）的邮件服务器。ISP 邮件服务器会查找接收者指定的邮件服务器的 IP 地址,并将邮件发送至该目的服务器。此时,邮件将存储在接收者邮件服务器上,等待接收者收取。当接收者从接收邮件服务器下载发送给他的邮件至自己的计算机后,通常接收邮件服务器上的相应邮件将被删除。

2. 实验目的

通过本实验的学习,理解电子邮件的部分结构及邮箱数据的分析方法。

3. 实验环境

- 浏览器：推荐使用谷歌浏览器。
- WinHex 取证分析软件,Notepad 3。
- 10-A06-邮件头.zip。

4. 实验内容

子实验 1　分析电子邮件来自哪个邮箱

步骤 1：解压缩 10-A06-邮件头.zip 文件,该压缩文件中含有一个来自雅虎邮箱的电子邮件头部文件,文件名为 Header_from_Yahoo_e-mail_account.txt,文件内容如图 10-13 所示。

```
Subject: test
From: Gimme The Presentation <gimmethepresentation@gmail.com>
To: test_account@yahoo.com
Content-Type: multipart/alternative; boundary=089e010d852a15f48704ea862691
Content-Length: 198
```

图 10-13　邮件头信息

步骤 2：查看"From："行,可知该电子邮件来自邮箱"gimmethepresentation@gmail.

com"。

步骤 3：查看"To："行，可知该电子邮件的收件人是"test_account@yahoo.com"。

步骤 4：接步骤 3，继续查看"Header_from_Yahoo_e-mail_account.txt"邮件头的其他内容，如图 10-14 所示。可知该电子邮件通过"mail-we0-f172.google.com"这台电子邮件服务器发送，发送者的 IP 地址为 74.125.82.172。

```
X-Originating-IP: [74.125.82.172]
Authentication-Results: mta1577.mail.ne1.yahoo.com  from=gmail.com;  domainkeys=neutral (no sig);  from=gmail.com; dkim=pass (ok)
Received: from 127.0.0.1  (EHLO mail-we0-f172.google.com) (74.125.82.172)
   by mta1577.mail.ne1.yahoo.com with SMTP; Wed, 06 Nov 2013 18:16:33 +0000
Received: by mail-we0-f172.google.com with SMTP id q58so5392697wes.3
   for <test_account@yahoo.com>; Wed, 06 Nov 2013 10:16:32 -0800 (PST)
```

图 10-14　查看邮件发送者的服务器地址和 IP 地址

步骤 5：从图 10-14 中可知，该电子邮件被"mta1577.mail.ne1.yahoo.com"这台电子邮箱服务器接收。继续查看邮件头文件中的其他内容，如图 10-15 所示，可知接收者的 IP 地址为 72.30.236.172。

```
From Gimme The Presentation Wed Nov  6 10:16:32 2013
X-Apparently-To: test_account@yahoo.com via 72.30.236.172; Wed, 06 Nov 2013 18:16:33 +0000
Return-Path: <crazyspammer@gmail.com>
```

图 10-15　查看邮件接受者的邮箱地址和 IP 地址

步骤 6：接步骤 5，从图 10-15 中可知，该雅虎邮箱于"2013 年 11 月 6 日周三 18：16：33 ＋000"收到了这封电子邮件。

步骤 7：接步骤 6，从图 10-15 中可知，如果收件人回复了电子邮件，那么回复将转到"crazyspammer@gmail.com"。

［竞赛真题］

（1）（2023 年"美亚杯"团队赛）在李哲图传送给 Ben 的电子邮件中有两个附件，文件的名称是什么？

（2）（2023 年"美亚杯"团队赛）在陈大昆的计算机中，他收到李哲图的电子邮件，当中有一个加密的压缩文件，该文件的开启密码是多少？

（3）（2022 年"美亚杯"个人赛）李大辉收到的电子邮件中有一个钓鱼链接（Phishing Link），这个链接的地址是什么？

（4）（2022 年"美亚杯"个人赛）承上题，这封电子邮件是从哪个电子邮件地址寄出的？

（5）（2022 年"美亚杯"个人赛）承上题，寄出这封电子邮件的 IP 地址是什么？

子实验 2　解析 Thunderbird 邮箱

在"美亚杯"竞赛和实际案件中，ThunderBird 邮件客户端数据经常出现。该客户端软件由 Mozilla　Foundation 公司开发，是一款具备丰富功能、易用性和高效性的邮件收发工具，支持标准的 MIME 格式，能发送和接收包括文本、图片、视频、音频等各类附件。WinHex 能够解析包括 ThunderBird 在内的多种国外邮件格式。

步骤 1：打开 WinHex 分析软件，加载 10-A04-Email.001 镜像文件，过滤并查看 INBOX 和 Sent-1 文件，软件提示"希望查看邮件，请先进行磁盘快照"，如图 10-16 所示。

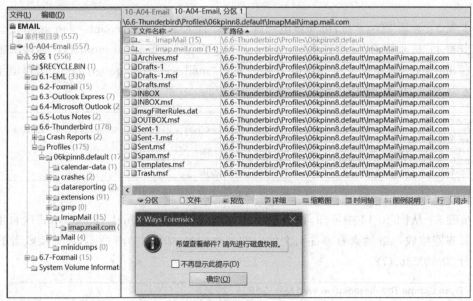

图 10-16　磁盘快照前查看 INBOX 文件

步骤 2：按照软件提示进行"磁盘快照"，勾选"解析电子邮件正文和附件"多选框。查看 INBOX、Sent-1 文件。可从 INBOX 文件中解析出 46 封邮件，从 Sent-1 文件中解析出 25 封邮件，如图 10-17 所示。

图 10-17　磁盘快照后查看 INBOX 文件

实验10.4　浏览器历史记录分析

1. 预备知识

网页浏览器简称浏览器,是一种应用于检索、展示和传输网络信息资源的程序。这些资源包括但不限于网页、图片、影音等,均由统一资源标识符(uniform resource identifier, URI)标记。当前市场上主流浏览器包括 Google Chrome,Microsoft Edge,Mozilla Firefox,Internet Explorer 及 Safari 等,它们基于不同内核添加各类功能而成,主流内核包括 Trident,Gecko,Webkit 及 Chromiun/Blink。

在用户通过浏览器访问互联网过程中,各类信息将被浏览器记录。不同浏览器包含的记录类型不尽相同,主要涵盖历史记录、下载记录、搜索、书签、自动填充、缓存及 Cookies 等数据。在数字取证场景中,对上述记录的取证分析有助于揭示用户访问过的网站及关注内容,推动事件取证调查工作。数据分析过程中,调查员关注的核心信息是嫌疑人浏览、搜索和下载的内容,而非所使用的浏览器类型。当嫌疑人使用多个浏览器时,逐一查看浏览器记录的过程显得颇为烦琐。

(1) Index.DAT 和 WebCacheV01.dat

Index.dat 文件起源于 Internet Explorer 浏览器的历史记录功能,并在多个版本的 Windows 操作系统中予以保留。此外,该文件还记录了通过 Windows 资源管理器打开的文件。Index.dat 文件的内容丰富,包括系统内部的文件和缓存文件、完整的链接、最后访问时间、用户名、文件大小、文件扩展名等。用户可以从中检索指定记录,也可以在特定目录、整个硬盘、空余空间、残留空间等范围内查找浏览互联网的遗留痕迹。此外,历史记录中可以搜索特定域名、用户名和文件名。所有分析结果均可导出为 Excel 文件。

Internet Explorer 10.0 及之后的版本中,浏览器的历史记录存储在 WebCacheV01.dat 文件中。不同版本操作系统的 IE 浏览器历史记录文件的存储位置如下,其他痕迹读者可自行探索。

- 操作系统版本:Windows 2000,XP 和 Windows Server 2003

　存储位置:C:\Documents and Settings\＜UserName＞\Local Settings\History\History.IE5\Index.dat

- 操作系统版本:Windows Vista,7,8 和 Windows Server 2008,2012

　存储位置:C:\Users\＜UserName＞\AppData\Local\Microsoft\Windows\History\History.IE5\Index.dat

- 操作系统版本:Windows 10,11

　存储位置:C:\Users\＜UserName＞\AppData\Local\Microsoft\Windows\WebCache\WebCacheV01.dat

(2) Index.dat 数据列解析

- 最后访问时间:记录中包含的链接地址最后访问时间,以 UTC 时间保存。既可能是最后访问时间(本地原始时间),也有可能是文件在网站服务器中的时间。

- 最后保存时间：文件在原始计算机中的最后保存时间。
- 网站文件日期：网站服务器添加给文件的最后修改时间。保存为 UTC 时间，被 X-Ways Trace 自动转换为本地时间。本列只有包含 Index.dat 缓存文件加载时才出现。
- 协议：访问资源的网络协议。通常是 http，有时是 https 或 ftp。对于访问未在互联网的一些数据时，如 JavaScript、被记录的 cookie，此列中还有可能看到 file，Host，javascript 或 Cookie。
- 域名：地址中包含的域名部分，其中，"www." 被省略。有时包含第二、第三级域名，如 mail.yahoo.com。有时显示为 IP 地址。
- 资源信息：包含网络服务器中的路径，或 URL 中包含的文件名，加上一些变量参数。就是域名斜杠后面的信息，例如 cgi-bin/data.cgi? info。
- 缓存文件名：保存在本地浏览器缓存中的文件。通常是资源信息中的文件名，但可能附加了一些其他符号（如方括号等）。
- 大小：缓存至本地的文件大小。
- 文件扩展名：如 mypic.gif 中的 gif。
- 访问次数：记录中显示的 URL 被访问的次数。
- 用户：使用浏览器访问互联网的登录账户名。
- 地址：磁盘或文件中包含此记录偏移地址，在利用 WinHex 进行编辑时有用。

2. 实验目的

通过本实验的学习，理解浏览器历史记录的解析方法，复原用户操作痕迹。

3. 实验环境

- 浏览器：推荐使用谷歌浏览器。
- 鉴证大师自动化分析软件。
- 10-A02-浏览器.001。

4. 实验内容

本实验根据浏览器历史记录分析用户行为痕迹。

步骤1：使用"鉴证大师"自动化分析软件加载 10-A02-浏览器.001 镜像文件。在"磁盘文件分析"界面勾选"Windows 取证"多选框。单击右侧的"…"，在弹出的"Windows 取证"界面勾选"上网记录"或"全选"多选框，如图 10-18 所示。

步骤2：完成分析后，切换至左侧窗口，选择"取证"并单击"上网记录"。下方展示了用户所使用过的各类浏览器。通过选取不同的浏览器，可查询用户过往浏览的网页信息。在本实验中，选择 Google 并单击"上网记录"，以查看谷歌浏览器的历史记录，如图 10-19 所示。

步骤3：单击 Google 下的"下载记录"，可以查看用户通过谷歌浏览器的下载行为记录，如图 10-20 所示，本实验中可以看到 60 条下载文件的记录。

步骤4：单击"IE"浏览器下的"我的电脑"，可以看到 77 条本机文件的访问记录。选中某一条记录以"详细"模式查看，可知该记录来源于 INDEX.DAT 文件，如图 10-21

图 10-18　勾选 Windows 取证

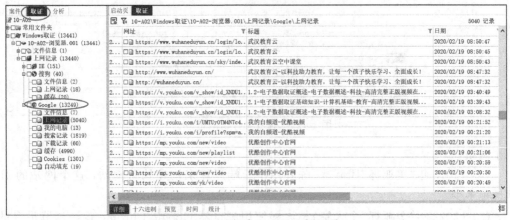

图 10-19　查看 Google 上网记录

所示。

[竞赛真题]

(1)（2017 年"美亚杯"个人赛）哪个是 Windows 的默认浏览器？

(2)（2023 年"美亚杯"个人赛）\Users\Allen\Desktop 有 1 个 MP3 文件，该文件从哪个网站下载？

(3)（2023 年"美亚杯"团队赛）按照时间线分析 Ben 的计算机活动，在 2023-09-06 16:58:10 时及 2023-09-06 16:58:21 时，在"Access-Control-Allow-Origin"中显示了哪

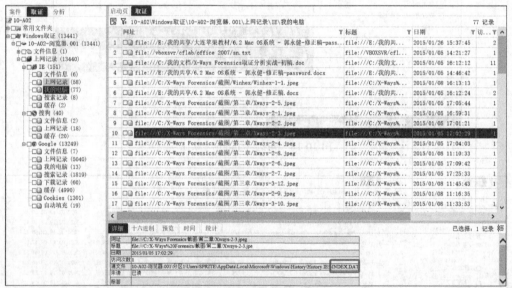

图 10-20　查看 Google 下载记录

图 10-21　查看文件访问记录

一个网站？

　　(4)(2023 年"美亚杯"团队赛)陈好用了云端运算来构建钓鱼网站,这个网站的 IP 地址是多少?

　　(5)(2022 年"美亚杯"个人赛)林浚熙使用浏览器 Google Chrome 曾经浏览最多的是哪一个网站?

　　(6)(2022 年"美亚杯"个人赛)除了上述网站,林浚熙曾使用浏览器 Google Chrome 搜索过什么?

第 11 章

高 级 取 证

传统的数字取证核心在于对数据存储载体的针对性提取和固定,目的在于获取完整的介质镜像或满足调查取证需求的特定部分数据集合。总的来说,这种方式更多关注的是当前存储数据的介质或设备。然而,在当今数据无处不在、万物互联的时代,电子数据的延展和扩张趋势日益明显,调查人员需要探索更多的取证场景。区块链、物联网、大数据和人工智能等计算机热门技术的发展背后,蕴藏着诸多重要的电子数据信息。因此,如何有效获取和利用相关电子数据,成为突破传统数字取证的关键所在。

本章将针对物联网、无人机等设备,探讨不同类型设备的分析方法。

实验11.1　小米手环日志分析

1. 预备知识

小米手环是由小米公司推出的一款智能穿戴设备,通过网络连接实现多样功能。除了常规的运动计步和健康监测外,小米手环在通过蓝牙与智能手机配对后,还能同步接收手机上的各类推送信息。配对成功后,小米手环将与手机数据同步,手机在"\com.xiaomi.hm.health"路径下存储的日志和 App 数据库等文件,可通过解析查看手环同步的数据,包括设备基本信息、同步时间、GPS 信息、App 同步信息等。

本实验以小米手环的日志文件为基础,对设备基本信息和用户个人数据进行分析。

2. 实验目的

通过本实验的学习,理解小米手环的取证分析思路。

3. 实验环境

- 浏览器:推荐使用谷歌浏览器。
- Notepad Next 或 Notepad 3。
- 11-A07-xiaomi_log.txt。

4. 实验内容

本实验解析小米手环日志。

步骤 1:使用 Notepad Next 或 Notepad 3 打开 11-A01-xiaomi_log.txt 文件。通过该日志文件分析手环的基本信息,包括设备 ID(deviceID)、固件版本(firmwareVersion)、序

列号(serialNumber)和 MAC 地址。

步骤 2：通过分析软件在日志文件中搜索 deviceinfo，可见设备 ID(deviceID)为 F1B486FFFE40EFA8、固件版本(firmwareVersion)为 V1.0-81、序列号(serialNumber)为 fd665a85023f，如图 11-1 所示。

```
        deviceID: F1B486FFFE40EFA8
         feature: ffffffff
      appearance: ffffffff
 hardwareVersion: ffffffff
  profileVersion: 255.255.255.255
 firmwareVersion: V1.0.1.81
firmware2Version: 255.255.255.255
    deviceSource: MILI_PRO
     otherVersion: HMOtherVersion{version=0, fontFlag=255, fontVersion=1, resourceVersion=-1,
resourceFlag=-1, emojiVersion=-1, baseResourceInfo=null, language=HMLanguage{language=0,mLang=null},
fwFlag=-1}
 generalInfo:GeneralDeviceInfo{deviceID='F1B486FFFE40EFA8', serialNumber='fd665a85023f',
firmwareRevision='V1.0.1.81', hardwareRevision='V0.1.3.2',
pnp=<vendorId:157,productId:4,productVersion:100,vendorSource:1, bytesOfDeviceID=f1 b4 86 ff fe 40 ef a8,
version=-1, deviceFeature=Feature{version=0, group=0, featuresHm={}, algHm={}}}
```

图 11-1　小米手环的基本信息

步骤 3：搜索 mac，可见 MAC 地址为 F1:B4:86:40:EF:A8，如图 11-2 所示。

```
2020-10-10 21:12:06.787  HMDeviceManager  deviceSource: 8, bindStatus: 1, activeStatus: 1,
mac: F1:B4:86:40:EF:A8
```

图 11-2　小米手环的 MAC 地址

步骤 4：搜索"sync time"，根据结果分析手环与手机的同步时间。在查找窗口选择"查找当前文档"，在弹出的搜索结果中查看所有相关记录，如图 11-3 所示。

```
2020-10-10 10:43:23.450  HMDeviceManager  Bound device MILI sync time is : Sat Oct 10 10:43:00 GMT+08:00 2020
2020-10-10 10:48:24.416  HMDeviceManager  Bound device MILI sync time is : Sat Oct 10 10:43:00 GMT+08:00 2020
2020-10-10 10:48:24.423  HMDeviceManager  Bound device MILI sync time is : Sat Oct 10 10:43:00 GMT+08:00 2020
2020-10-10 10:48:24.426  HMDeviceManager  Pro hr sync time is : Fri Oct 09 21:08:57 GMT+08:00 2020
2020-10-10 10:48:35.309  HMDeviceManager  New sync time for MILI is : Sat Oct 10 10:48:00 GMT+08:00 2020
2020-10-10 10:48:35.617  HMDeviceManager  Bound device MILI sync time is : Sat Oct 10 10:48:00 GMT+08:00 2020
2020-10-10 10:48:35.639  HMDeviceManager  Bound device MILI sync time is : Sat Oct 10 10:48:00 GMT+08:00 2020
2020-10-10 10:48:47.391  HMDeviceManager  Bound device MILI sync time is : Sat Oct 10 10:48:00 GMT+08:00 2020
2020-10-10 11:18:21.830  HMDeviceManager  Bound device MILI sync time is : Sat Oct 10 10:48:00 GMT+08:00 2020
2020-10-10 11:18:21.850  HMDeviceManager  Bound device MILI sync time is : Sat Oct 10 10:48:00 GMT+08:00 2020
2020-10-10 11:18:21.858  HMDeviceManager  Pro hr sync time is : Fri Oct 09 21:08:57 GMT+08:00 2020
```

图 11-3　小米手环的同步时间

步骤 5：Gatt 是一种蓝牙通用属性协议，定义在蓝牙设备之间进行数据传输和通信的方式，主要用于低功耗蓝牙连接。分别搜索"Gatt connected"和"Gatt close"，分析手环与手机的连接与断开时间，找到最后一次连接和断开的时间，如图 11-4 和图 11-5 所示。

```
2020-10-11 09:32:13.271  AbsGattCallback  *****Gatt connected:<b72668c,5>*****
2020-10-11 09:33:47.211  AbsGattCallback  *****Gatt connected:<c4a427e,5>*****
2020-10-11 09:43:36.292  AbsGattCallback  *****Gatt connected:<7da9368,5>*****
2020-10-11 09:45:17.978  AbsGattCallback  *****Gatt connected:<ecb6df,5>*****
2020-10-11 09:45:43.776  AbsGattCallback  *****Gatt connected:<e20e6ca,5>*****
2020-10-11 09:46:09.854  AbsGattCallback  *****Gatt connected:<1adff99,5>*****
2020-10-11 09:52:22.009  AbsGattCallback  *****Gatt connected:<ff1c26,5>*****
```

图 11-4　小米手环的最后一次连接时间

步骤 6：搜索"体重"，查看手环中记录的用户体重信息，如图 11-6 所示。

步骤 7：搜索"心率"，查看手环中记录的用户心率信息，如图 11-7 所示。

```
2020-10-11 09:44:12.263   AbsGattCallback   ******Gatt close:<7da9368,5>******
2020-10-11 09:44:44.376   AbsGattCallback   ******Gatt close:<2098c87,5>******
2020-10-11 09:44:55.805   AbsGattCallback   ******Gatt close:<5091c09,5>******
2020-10-11 09:45:34.578   AbsGattCallback   ******Gatt close:<ecb6df,5>******
2020-10-11 09:45:55.619   AbsGattCallback   ******Gatt close:<e20e6ca,5>******
2020-10-11 09:46:04.773   AbsGattCallback   ******Gatt close:<f727c69,5>******
```

图 11-5　小米手环的最后一次断开时间

```
2020-10-10 10:42:46.223   O0000O0o   setItemInfo 6 NewSortItem{icon=2131232930, type=6, detailTitle='体重 165.0斤',
2020-10-10 10:42:46.223   O0000O0o   setItemInfo 6 NewSortItem{icon=2131232930, type=6, detailTitle='体重 165.0斤',
2020-10-10 10:42:46.223   O0000O0o   setItemInfo 6 NewSortItem{icon=2131232930, type=6, detailTitle='体重 165.0斤',
2020-10-10 10:42:46.228   OtherStatusLayout   item NewSortItem{icon=2131232930, type=6, detailTitle='体重 165.0斤',
2020-10-10 10:42:46.228   OtherStatusLayout   item NewSortItem{icon=2131232930, type=6, detailTitle='体重 165.0斤',
2020-10-10 10:42:46.228   OtherStatusLayout   item NewSortItem{icon=2131232930, type=6, detailTitle='体重 165.0斤',
2020-10-10 10:42:46.369   OtherStatusLayout   item NewSortItem{icon=2131232930, type=6, detailTitle='体重 165.0斤',
2020-10-10 10:42:46.369   OtherStatusLayout   item NewSortItem{icon=2131232930, type=6, detailTitle='体重 165.0斤',
2020-10-10 10:42:46.369   OtherStatusLayout   item NewSortItem{icon=2131232930, type=6, detailTitle='体重 165.0斤',
2020-10-10 10:42:47.401   O0000O0o   setItemInfo 6 NewSortItem{icon=2131232930, type=6, detailTitle='体重 165.0斤',
2020-10-10 10:42:47.401   O0000O0o   setItemInfo 6 NewSortItem{icon=2131232930, type=6, detailTitle='体重 165.0斤',
2020-10-10 10:42:47.401   O0000O0o   setItemInfo 6 NewSortItem{icon=2131232930, type=6, detailTitle='体重 165.0斤',
```

图 11-6　查看用户体重信息

```
                                            搜索结果
2020-10-10 10:43:22.286   O0000O0o   setItemInfo 5 NewSortItem{icon=2131232923, type=5, detailTitle='心率 65次/分',
2020-10-10 10:43:22.286   O0000O0o   setItemInfo 5 NewSortItem{icon=2131232923, type=5, detailTitle='心率 65次/分',
2020-10-10 10:43:22.299   OtherStatusLayout   item NewSortItem{icon=2131232923, type=5, detailTitle='心率 65次/分',
2020-10-10 10:43:22.299   OtherStatusLayout   item NewSortItem{icon=2131232923, type=5, detailTitle='心率 65次/分',
2020-10-10 10:43:22.299   OtherStatusLayout   item NewSortItem{icon=2131232923, type=5, detailTitle='心率 65次/分',
2020-10-10 10:43:22.795   OtherStatusLayout   item NewSortItem{icon=2131232923, type=5, detailTitle='心率 65次/分',
2020-10-10 10:43:22.795   OtherStatusLayout   item NewSortItem{icon=2131232923, type=5, detailTitle='心率 65次/分',
2020-10-10 10:43:22.795   OtherStatusLayout   item NewSortItem{icon=2131232923, type=5, detailTitle='心率 65次/分',
2020-10-10 10:43:23.033   O0000O0o   收到心率变化，更新心率Subview
2020-10-10 10:43:23.033   O0000O0o   收到心率变化，更新心率Subview
2020-10-10 10:43:23.123   O0000O0o   收到心率变化，更新心率Subview
2020-10-10 10:43:23.123   O0000O0o   收到心率变化，更新心率Subview
2020-10-10 10:43:23.458   O0000O0o   setItemInfo 5 NewSortItem{icon=2131232923, type=5, detailTitle='心率 88次/分',
2020-10-10 10:43:23.458   O0000O0o   setItemInfo 5 NewSortItem{icon=2131232923, type=5, detailTitle='心率 88次/分',
2020-10-10 10:43:23.458   O0000O0o   setItemInfo 5 NewSortItem{icon=2131232923, type=5, detailTitle='心率 88次/分',
2020-10-10 10:43:23.479   OtherStatusLayout   item NewSortItem{icon=2131232923, type=5, detailTitle='心率 88次/分',
2020-10-10 10:43:23.479   OtherStatusLayout   item NewSortItem{icon=2131232923, type=5, detailTitle='心率 88次/分',
2020-10-10 10:43:23.479   OtherStatusLayout   item NewSortItem{icon=2131232923, type=5, detailTitle='心率 88次/分',
```

图 11-7　查看用户心率信息

步骤 8：搜索"本周活动数据"，查看手环中记录的用户活动信息，如图 11-8 所示。

```
本周活动数据如下: weekStartDate : 2020-10-05;weekEndDate = 2020-10-10
daySteps = 411
dayActiveTime = 16
totalMiles = 286
totalCal = 14
daySleep = 0
dayDeepSleep = 0
dayLowSleep = 0
dayAWake = 0
dayIntoSleep = 0
dayWakeUp = 0;totalSteps = 411
2020-10-10 10:36:11.531   HMWeekSummery   weekStart = 2020-09-28;weekEnd = 2020-10-04
2020-10-10 10:36:11.531   HMWeekSummery   validStepsDays = 1;validSleepDays =
0,validDpSleepDays = 0
本周活动数据如下: weekStartDate : 2020-09-28;weekEndDate = 2020-10-04
daySteps = 1376
dayActiveTime = 23
totalMiles = 957
totalCal = 40
daySleep = 0
dayDeepSleep = 0
dayLowSleep = 0
dayAWake = 0
dayIntoSleep = 0
dayWakeUp = 0;totalSteps = 1376
2020-10-10 10:36:11.535   HMWeekSummery   weekStart = 2020-09-21;weekEnd = 2020-09-27
2020-10-10 10:36:11.536   HMWeekSummery   validStepsDays = 3;validSleepDays =
0,validDpSleepDays = 0
本周活动数据如下: weekStartDate : 2020-09-21;weekEndDate = 2020-09-27
```

图 11-8　查看用户活动信息

实验11.2 树莓派家庭娱乐中心镜像分析

1. 预备知识

树莓派(Raspberry Pi)是由英国树莓基金会研发的基于 Linux 内核的单板计算机。这款计算机可应用于打造家庭娱乐中心,通过安装媒体中心软件(如 Kodi,结合 Youtube 插件)实现网络视频播放功能,从而发挥类似智能电视盒子的作用。

Kodi(原名 XBMC)是一款免费的家庭娱乐中心软件,适用于播放视频、音乐、图片和游戏等,兼容 Linux,macOS,Windows,iOS 及 Android 操作系统。Kodi 允许用户在本地及网络存储媒体上播放和查看大部分视频、音乐、播客及其他数字媒体文件,同时支持观看和录制电视节目,遥控器兼容性高达数百种,包括基于应用程序的遥控器。

本实验采用的镜像基于树莓派打造的家庭娱乐中心,通过取证工具 Guymager 获取树莓派镜像。其中,分区 1 主要由叠加层组成,涉及的用户行为信息相对较少。分区 2 为 Linux 操作系统的主分区,安装有 Kodi 软件。

2. 实验目的

通过本实验的学习,理解树莓派设备的取证分析思路,分析镜像固定系统基本信息、蓝牙和网络连接情况;分析 Kodi 软件生成的数据库和日志,判断使用痕迹。

3. 实验环境

- 浏览器:推荐使用谷歌浏览器。
- WinHex 取证分析软件,DB Browser for SQLite。
- 11-A04-SmartTV RaspberryPi.e01。

4. 实验内容

子实验1 解析树莓派镜像系统信息

步骤1:打开 WinHex 软件,加载 11-A04-SmartTV RaspberryPi.e01 镜像文件。可见镜像中共有两个分区,分区 1 文件系统为 FAT32,分区 2 文件系统为 Ext4,如图 11-9 所示。

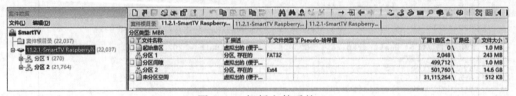

图 11-9 解析文件系统

步骤2:分析操作系统的发行版本。将分区 2 展开,选中 etc 目录,在文件列表视图找到 os-release 文件并打开。通过该文件分析镜像中操作系统的发行版本、machine ID、蓝牙和 WiFi 连接情况,如图 11-10 所示,镜像中操作系统的发行版本为 debian。

步骤3:分析操作系统版本号。将分区 2 展开,选中 etc 目录,在文件列表视图找到

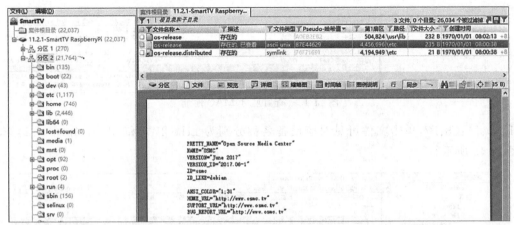

图 11-10　查看操作系统

debian_version 文件，如图 11-11 所示。通过该文件内容，可见镜像中操作系统版本号为 8.8。

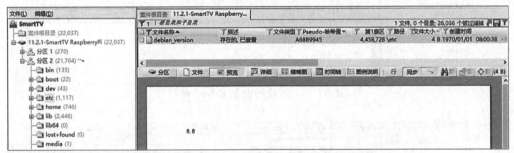

图 11-11　查看操作系统版本

步骤 4：分析操作系统的设备号（Machine ID）。将分区 2 展开，选中 etc 目录，在文件列表视图找到 machine-id 文件，如图 11-12 所示，可见 machine ID 为 10b4428893af468fbcf31e51ff3033cc。

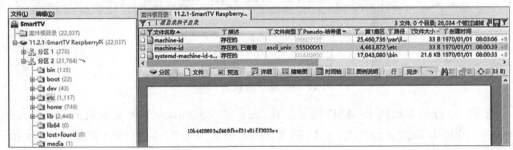

图 11-12　查看设备 ID

步骤 5：分析本机蓝牙的 MAC 地址。将分区 2 展开，在/var/lib/Bluetooth/下可见本机蓝牙的 MAC 地址为 B8:27:EB:E6:8D:79，如图 11-13 所示。

步骤 6：分析连接过的蓝牙设备。将分区 2 展开，在/var/lib/Bluetooth/B8:27:EB:E6:8D:79/cache/下存在连接过的设备 MAC 地址记录文件：74:C2:46:88:5D:09 和 88:

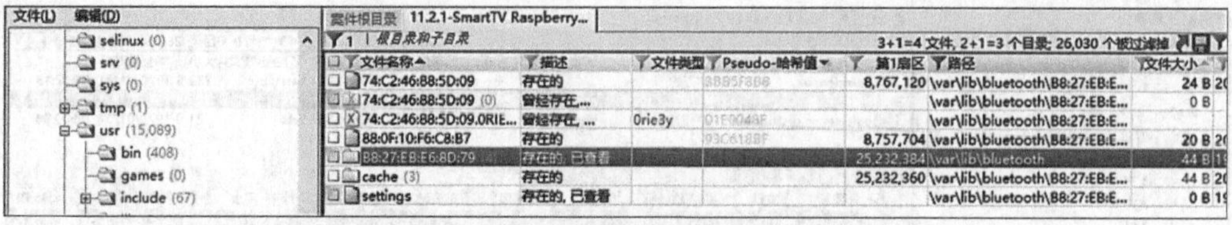

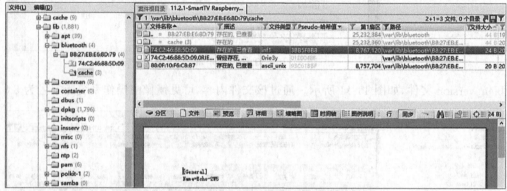

图 11-13　查看蓝牙 MAC 地址

0F:10:F6:C8:B7,单击文件可见对应设备名称分别为 Echo-2W5 和 MI1A,如图 11-14 和图 11-15 所示。

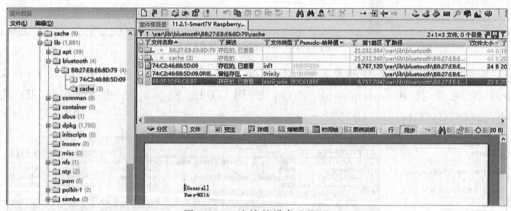

图 11-14　连接的设备 Echo-2W5

图 11-15　连接的设备 MI1A

步骤 7:分析本机网卡 MAC 地址。在/var/lib/connman/下可见本机的 ethernet 网卡 MAC 地址为 b827eb4c27d3,WiFi 网卡 MAC 地址为 b827eb197286,如图 11-16 所示。

步骤 8:分析本机 WiFi 配置信息。打开/var/lib/connman/wifi b827eb197286 484ffd45 managed psk/settings,可见本机连接的 WiFi 热点信息,其中,名称为 HOME,SSID 为 484f4d45,密码为 iot14305,如图 11-17 所示。

子实验 2　分析 Raspberry Pi 中 Kodi 的使用痕迹

步骤 1:分析 Kodi 程序的基本信息。查看/home/osmc/.kodi/temp/kodi.log 文件,可见 Kodi 的版本号为 17.3,版本为 Kodi x32 build(version for Raspberry Pi),运行操作

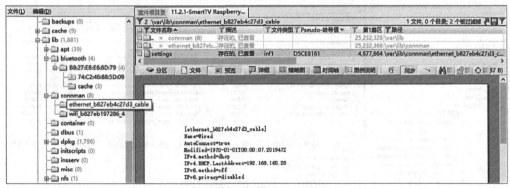

图 11-16　网卡 MAC 地址

图 11-17　WiFi 配置信息

系统内核版本为 Linux ARM 32-bit version 4.9.29-8-osmc,如图 11-18 所示。

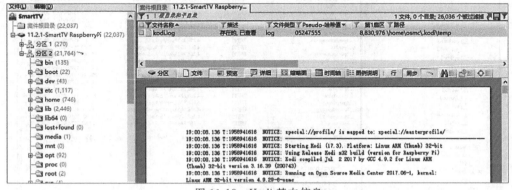

图 11-18　Kodi 基本信息

步骤 2：分析 Kodi 程序安装的附加组件。查看/home/osmc/.kodi/addons 和/usr/lib/kodi/addons 两个文件夹,可以找到 Kodi 配置中安装的附加组件,如图 11-19 和图 11-20 所示。

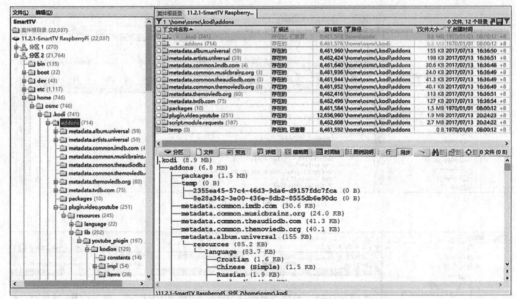

图 11-19　Kodi 安装的附加组件(1)

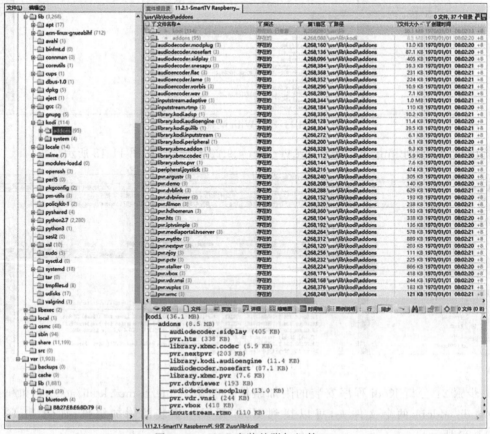

图 11-20　Kodi 安装的附加组件(2)

步骤 3：分析 Kodi 程序的视频播放记录。查看/home/osmc/. kodi/userdata/
Database/MyVideos107.db 文件，右击后选择"查看器"→"选择的其他程序"，使用 DB
Browser for SQLite 打开，如图 11-21 所示。

图 11-21　Kodi 视频播放记录之一

步骤 4：接步骤 3，在 DB Browser for SQLite 中，将视图从"数据库结构"切换到"浏览数
据"，选择表 files，可见有 4 条播放记录，其中，strFilename 为视频地址，playCount 为播放次
数（NULL 表示未观看或未看完），lastPlayed 为最后播放时间（UTC），如图 11-22 所示。

图 11-22　Kodi 视频播放记录之二

实验11.3　　无线路由器痕迹分析

1. 预备知识

OnHub 是由 Google 推出的一款智能无线路由器，由 TP-Link 和华硕负责生产，搭
载的是 Chrome OS 操作系统。Google 提供了 OnHub 的官方 API，其默认 IP 地址为
192.168.86.1。在本实验中，数据来源于"/ONHUB_API/diagnostic-report"，该数据采用
protobuf 编码，因此呈现为不可见的文本形式。借助 GitHub 上的解析工具 onhubdump，
可以将原始的 OnHub 诊断报告转换为易于阅读的 JSON 文件格式，其中包含连接到路
由器或从路由器断开连接的设备相关信息。

2. 实验目的

通过本实验的学习，理解无线路由器的取证分析思路。

3. 实验环境

- 浏览器：推荐使用谷歌浏览器。
- Notepad Next 或 Notepad 3。
- 11-A05-Onhub Report。

4. 实验内容

本实验解析 OnHub 无线路由器诊断报告。

步骤 1：分析 OnHub 的操作系统信息及其中的设备连接情况。使用 Notepad Next 或 Notepad 3 打开诊断报告文件 11-A05-Onhub Report，查看第 15 行可见操作系统名称为"Chrome OS"，第 18 行版本号为 9460.40.5，如图 11-23 所示。

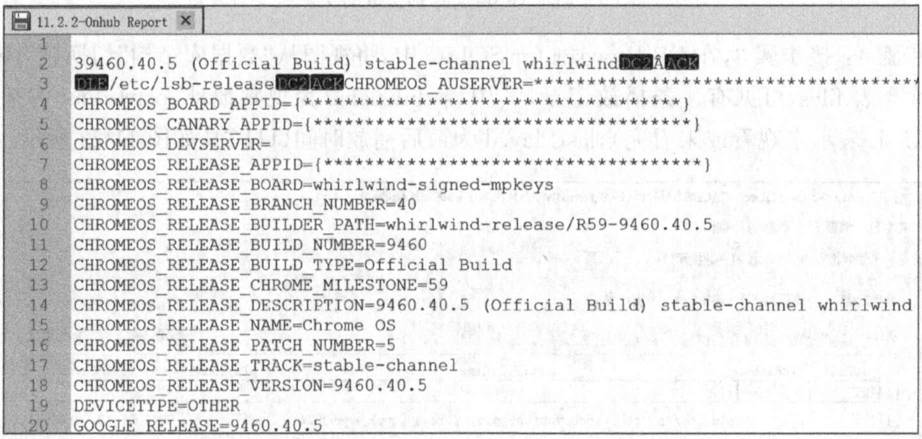

图 11-23　查看 OnHub 路由器的操作系统和版本号

步骤 2：接步骤 1，搜索关键词"mac_address"，结果即为连接过的设备的 MAC 地址，同时可见对应设备分配的 IP 地址，如图 11-24 所示。

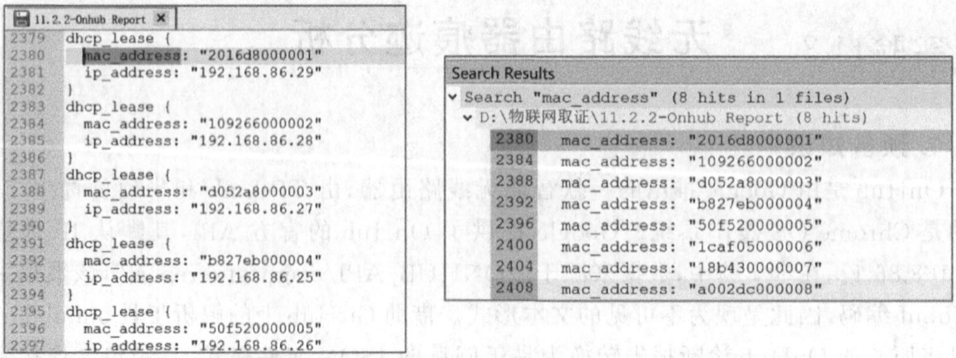

图 11-24　查看 OnHub 路由器连接设备的 MAC 地址

步骤 3：搜索关键词 connected，结果可显示连接情况，true 为连接，false 为断开；单击结果可在上方查看详情，dhcpHostname 对应设备的名称，oui 对应设备的 MAC 地址，如图 11-25 所示。

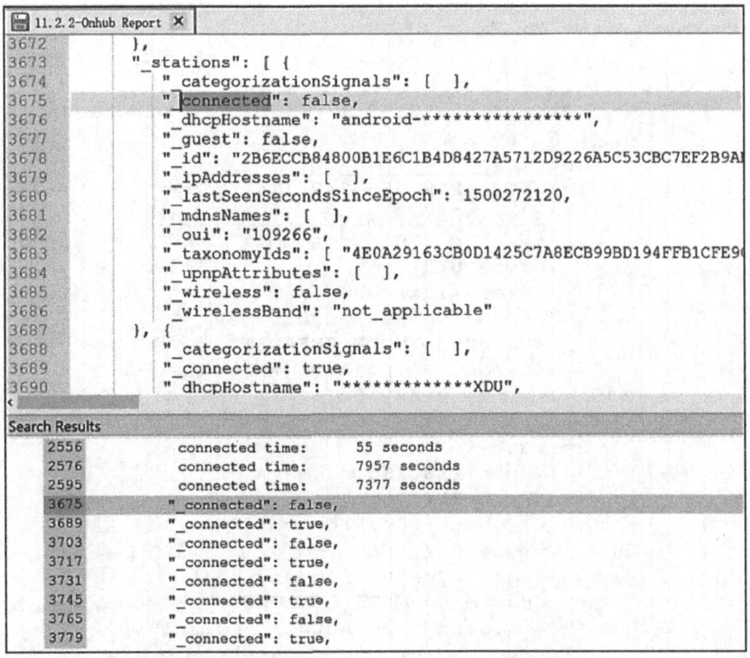

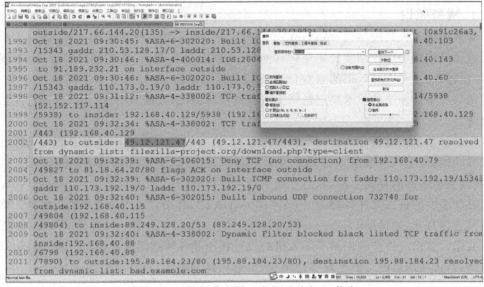

图 11-25　查看 OnHub 路由器设备连接情况

[竞赛真题]　2021 年"美亚杯"取证大赛个人赛第 21、22 题询问了关于路由器记录的相关问题。通过解析检材中的 OnHub 无线路由器诊断报告,即可得出对应答案。第 21 题"路由器的记录中显示公司的计算机下载了 FTP 软件,该下载网站的 IP 是什么?(3 分)",分析方法如图 11-26 所示。第 22 题"路由器的记录中显示公司计算机的资料用 FTP 软件传到了什么 IP 地址及利用端口?(2 分)",分析方法如图 11-27 所示。

图 11-26　分析路由器日志发现对应 IP 信息

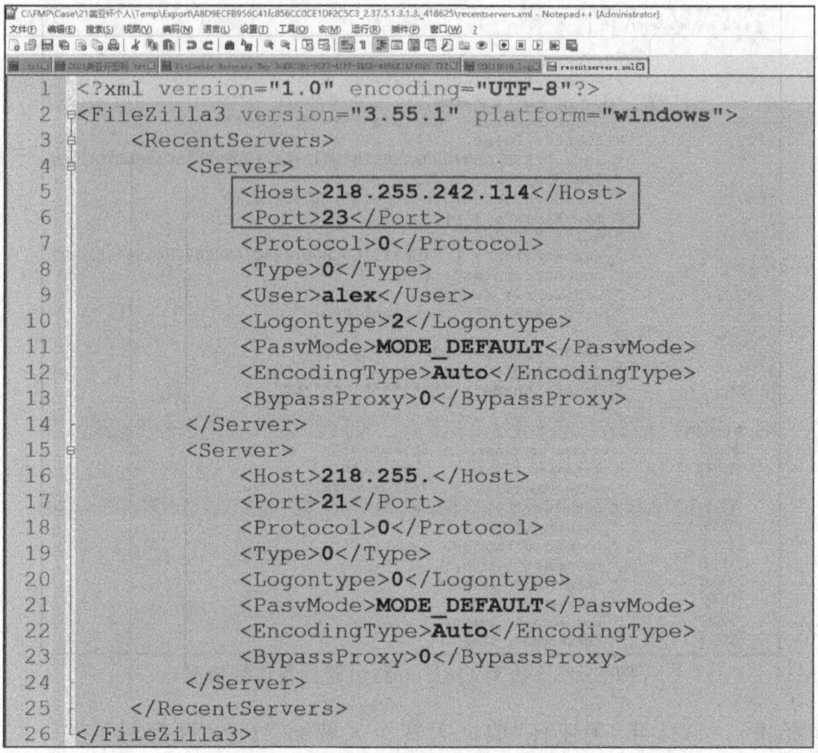

```xml
<?xml version="1.0" encoding="UTF-8"?>
<FileZilla3 version="3.55.1" platform="windows">
    <RecentServers>
        <Server>
            <Host>218.255.242.114</Host>
            <Port>23</Port>
            <Protocol>0</Protocol>
            <Type>0</Type>
            <User>alex</User>
            <Logontype>2</Logontype>
            <PasvMode>MODE_DEFAULT</PasvMode>
            <EncodingType>Auto</EncodingType>
            <BypassProxy>0</BypassProxy>
        </Server>
        <Server>
            <Host>218.255.</Host>
            <Port>21</Port>
            <Protocol>0</Protocol>
            <Type>0</Type>
            <Logontype>0</Logontype>
            <PasvMode>MODE_DEFAULT</PasvMode>
            <EncodingType>Auto</EncodingType>
            <BypassProxy>0</BypassProxy>
        </Server>
    </RecentServers>
</FileZilla3>
```

图 11-27　分析路由器日志发现对应 IP 地址和端口信息

实验11.4　无人机飞行记录

1. 预备知识

无人机即无人驾驶飞机(unmanned aerial vehicle),是一种非载人飞机,借助无线电遥控设备及应用程序控制装置实现远程操控,可执行负重载荷、航拍测绘等任务,被视为“空中机器人”。无人机数据通常存储在飞行数据记录器(含存储卡)、手机端 App 或 PC 端应用程序中。涉及的技术要点包括手机数据取证、日志数据分析、航拍图像固定及数据恢复等。

为确保质量追踪及合法性,厂商(如大疆)在消费级无人机设计时通常加入飞行数据记录器功能,便于飞机坠落或损坏后及时排查原因,或用于无人机调试。拆卸无人机外壳,找到主板底部的存储卡槽,取出存储卡即可进行取证。

存储卡中的日志文件名称为“FLY＃＃＃.DAT”,其中,“＃＃＃”为默认编号。该文件不可直接打开,须借助 CsvView 或大疆 DJI Assistant2 For Mavic 提供的 Viewer 工具查看数据。数据文件详细记录了无人机的飞行状态及各传感器数值信息。将飞行记录格式转换后,可使用地图直观呈现飞行路径、轨迹及起飞地点。

2. 实验目的

通过本实验的学习,理解大疆无人机飞行记录文件的格式和解析方法。

3. 实验环境

- 浏览器:推荐使用谷歌浏览器。
- CsvView (https://datfile.net/CsvView/downloads.html)。
- 11-A03-FLY001.DAT。

4. 实验内容

本实验解析无人机历史记录。

步骤 1:运行 CsvView,选择 11-A03-FLY001.DAT 文件并打开。通过分析该文件获得无人机的基本信息,包括固件日期(Firmware Date)、无人机型号(ACType)、创建记录的日期时间(dateTime)、设备序列号(mcID(SN))和版本号(mcVer)。

步骤 2:在软件界面右侧数据窗口中可查看无人机相关基本信息,固件日期为 2017年 9 月 20 日,无人机型号为 SPARK,创建记录的日期时间为 2021 年 10 月 11 日 7:5:13 GMT(注意时区),设备序列号为 OBMLE874010018,版本号为 3.2.43.20,如图 11-28 所示。

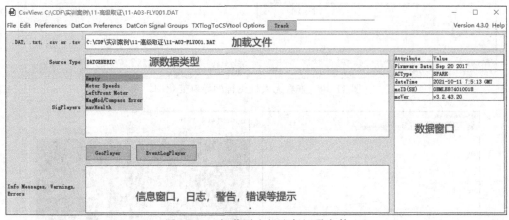

图 11-28　加载无人机飞行记录文件

步骤 3:分析文件中无人机发动机转速和卫星导航的变化情况。单击软件中部 SigPlayers 内的"Motor Speeds",可以看到发动机转速变化的折线图。在图上移动光标即可显示具体点的数值,如图 11-29 所示。

步骤 4:接步骤 2,单击 SigPlayers 内的 navHealth,可以看到通过飞行姿态监测的导航变化折线图,在图上移动光标即可显示具体点的数值,如图 11-30 所示。

步骤 5:分析文件中记录的无人机此次飞行的轨迹图形。接步骤 2,单击 GeoPlayer,可以直接显示出无人机的飞行轨迹,如图 11-31(a)所示。在条件允许的情况下,还可以单击"GoogleMap Key"将轨迹跳转到 GoogleMap 中预览,如图 11-31(b)所示。

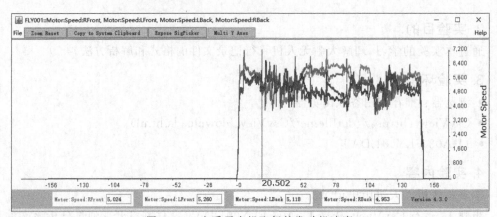

图 11-29　查看无人机飞行的发动机速度

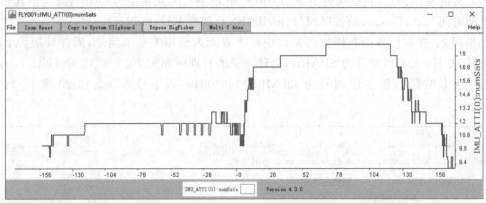

图 11-30　查看无人机飞行的导航变化图

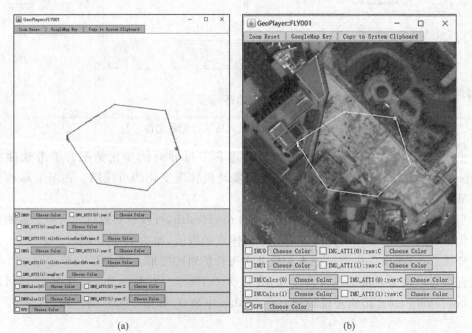

(a)　　　　　　　　　　　　　　　(b)

图 11-31　查看无人机飞行轨迹图

步骤 6：分析无人机各个时间段的飞行信息，包括飞行的经纬度、海拔高度、时间。单击 EventLogPlayer，在弹出的日志窗口中查看相关信息，如图 11-32 所示。

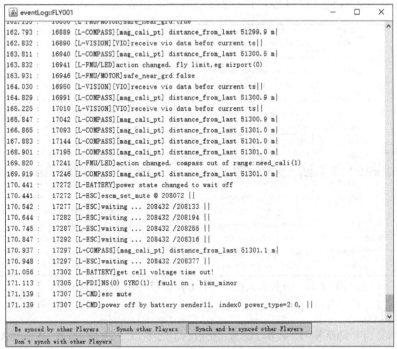

图 11-32　查看无人机日志信息

步骤 7：无人机日志内容较多且信息密集，为了更友好地查看和分析，可以单击顶部菜单栏 File 选择 Export Csv，将日志导出成 csv 格式查看。导出后的表格内字段列较多，可以通过搜索过滤的方式快速定位关键信息所在列，例如，GPS:Long 代表飞行的经度、GPS:Lat 代表纬度、dateTimeStamp 代表时间戳、heightMSL 代表海拔高度等。图 11-33 中加灰行的飞行信息即为经度 114.2012708°、纬度 22.2692994°、海拔 242.236m、时间戳为 2021 年 10 月 11 日 7:05:13(Z 时区，即 0 时区)，如图 11-33 所示。

BT	BU	BV	BW	BX	BY	BZ	CA
IMU_ATTI(	IMU_ATTI(	GPS:Long	GPS:Lat	GPS:Date	GPS:Time	GPS:dateTimeStamp	GPS:heightMSL
0	7						
0	2585						
0	2597						
0	2611						
0	2625						
0	2639	114.2012708	22.2692994	20211011	70513	2021-10-11T07:05:13Z	242.236
0	2653	114.2012708	22.2692994	20211011	70513	2021-10-11T07:05:13Z	242.236
0	2669	114.2012708	22.2692994	20211011	70513	2021-10-11T07:05:13Z	242.236
0	2681	114.2012708	22.2692994	20211011	70513	2021-10-11T07:05:13Z	242.236
0	2695	114.2012708	22.2692994	20211011	70513	2021-10-11T07:05:13Z	242.236
0	2709	114.2012708	22.2692994	20211011	70513	2021-10-11T07:05:13Z	242.236
0	2721	114.2012713	22.2692977	20211011	70513	2021-10-11T07:05:13Z	242.394
0	2741	114.2012713	22.2692977	20211011	70513	2021-10-11T07:05:13Z	242.394
0	2753	114.2012713	22.2692977	20211011	70513	2021-10-11T07:05:13Z	242.394
0	2767	114.2012713	22.2692977	20211011	70513	2021-10-11T07:05:13Z	242.394

图 11-33　CSV 格式无人机飞行日志

[竞赛真题] 2021年"美亚杯"取证大赛团队赛第78题询问了关于无人机历史记录的相关问题,"常威的无人机于2021年10月11日15:07:51时所在的地点是什么?(1分)"。通过分析无人机飞行日志,可发现对应时刻的位置信息,如图11-34所示。

4582			日志条目	2021/10/11 15:07:42(UTC+8) [时间戳]		7829 [L-FLYMODE][LANDING] reset landing status	FLY096.DAT
4583			日志条目	2021/10/11 15:07:42(UTC+8) [时间戳]		7838 [L-NS] [AHRS] connect us :0	FLY096.DAT
4584		⊙	位置	2021/10/11 15:07:43(UTC+8) [时间戳]	(22.269299, 114.201273, 287.438525390625)		
4585			日志条目	2021/10/11 15:07:43(UTC+8) [时间戳]		7883 [L-FMU/FSM]not near ground	FLY096.DAT
4586			日志条目	2021/10/11 15:07:45(UTC+8) [时间戳]		7959 [L-FMU/MOTOR]safe_near_grd:false	FLY096.DAT
4587			日志条目	2021/10/11 15:07:47(UTC+8) [时间戳]		8065 [L-API]call cmd_handler_get_device_pos_info p...	FLY096.DAT
4588			日志条目	2021/10/11 15:07:49(UTC+8) [时间戳]		8171 [L-TAKEOFF]alti: 287.791229 tors: 78.436852	FLY096.DAT
4589			日志条目	2021/10/11 15:07:50(UTC+8) [时间戳]		8195 [L-NS] [AHRS] gyro mag inconsist on	FLY096.DAT
4590		⊙	位置	2021/10/11 15:07:51(UTC+8) [时间戳]	(22.269299, 114.201273, 288.6412109375)		
4591		⊙	位置	2021/10/11 15:07:51(UTC+8) [时间戳]	(22.269319, 114.201255, 288.628662109375)		
4592		⊙	位置	2021/10/11 15:07:51(UTC+8) [时间戳]	(22.269316, 114.201263, 288.746307373047)		
4593			日志条目	2021/10/11 15:07:52(UTC+8) [时间戳]		8305 [L-TAKEOFF]alti: 288.701294 tors: -64.064751	FLY096.DAT
4594			日志条目	2021/10/11 15:07:52(UTC+8) [时间戳]		8317 [L-API]call cmd_handler_get_device_pos_info p...	FLY096.DAT
4595		⊙	位置	2021/10/11 15:07:52(UTC+8) [时间戳]	(22.269312, 114.201269, 288.859649658203)		
4596		⊙	位置	2021/10/11 15:07:53(UTC+8) [时间戳]	(22.269313, 114.201277, 288.842437744141)		
4597		⊙	位置	2021/10/11 15:07:54(UTC+8) [时间戳]	(22.269313, 114.201283, 288.839233398438)		
4598			日志条目	2021/10/11 15:07:54(UTC+8) [时间戳]		8418 [L-TAKEOFF]alti: 288.860596 tors: -169.776047	FLY096.DAT
4599		⊙	位置	2021/10/11 15:07:55(UTC+8) [时间戳]	(22.269314, 114.201289, 288.936767578125)		

图11-34 分析无人机飞行日志发现对应时刻的位置信息

历史题型:

(1)(2023年"美亚杯"团队赛)参考dji.go.v5回答以下题目,按照WhatsApp聊天记录,得知Chris曾与Peggy在2023年09月07日外出玩无人机。飞行记录"DJIFlightRecord_2023-09-07_[17-33-52]"的文件路径是什么?

(2)参考"dji.go.v5"回答以下题目,尝试找出与原点最远的距离,并从日志文件中找出所有有关区域的经纬度坐标。

(3)(2023年"美亚杯"团队赛)参考dji.go.v5回答以下题目,在2023年09月07日,Chirs和Peggy曾经外出玩无人机,并用无人机拍摄一张照片"dji_fly_20230907_172136_63_1694078794485_photo_optimized.jpg",请问拍摄照片时,无人机的高度值是多少?

(4)(2023年"美亚杯"团队赛)参考dji.go.v5回答以下题目,在李哲图的LG手机内2023年9月7日内有多少次飞行记录?

第 12 章

取证的挑战

随着计算机的加密和安全技术的迅速发展,调查人员不得不关注反取证技术的问题。反取证是用来反抗取证的技术,最广为人知和接受的反取证的定义来自普渡大学的马克·罗杰斯,即"试图对犯罪现场证据的存在、数量和质量产生负面影响,或使证据的分析和检查难以或不可能进行。"通常,反取证被分为数据隐藏、数据擦除、线索混淆以及攻击取证工具等类别。

本章针对加密文件破解、数据隐藏和数据擦除方法进行实验。

实验12.1 加密文件破解

1. 预备知识

在进行数据分析的过程中,很多分析软件具有查找加密文件的功能,可以帮助我们自动地、快速地找到加密文件。可以使用例如 X-Ways Forensics 这样的专业分析软件,自动对证据文件中存在的特定类型的加密文件进行检测。X-Ways Forensics 检测特定类型加密文件主要通过以下两个步骤。

第一,通过熵值检测,自动对大于 255 字节的文件进行检测。如果熵值超过设定值,文件属性标记为"e?",表明可能存在加密,并仔细检查此类文件。熵值检测的典型代表是 PGP Desktop,BestCrypt 或 DriveCrypt 制作的加密文件,此类加密文件可以被虚拟为分区存储数据。熵值检测不适用于 ZIP,RAR,TAR,GZ,BZ,7Z,ARJ,CAB,JPG,PNG,GIF,TIF,MPG 和 SWF 等文件,因为此类文件经过内部压缩,几乎无法与随机或加密数据区别。

第二,依据特征检测特定类型加密文件,例如 MS Word 4.0 至 2003 版 *.doc 文件、MS Excel 2 至 2003 版 *.xls 文件、MS PowerPoint 97-2003 版 *.ppt,*.pps 文件、MS Outlook 的 *.pst 文件、OpenOffice2 Writer 的 *.odt 文件、MS Project 98-2003 版 *.mpp 文件、Adobe Acrobat 编辑的 *.pdf 文件。如果为加密文件,文件属性显示 "e!"。对于带有数字版权保护(DRM)的 MS Office 文档,属性也会标记为"e!"磁盘快照之后,即可以通过"文件属性"过滤证据文件中包含的加密文件。对于加密属性的文件,可过滤"e,e!,E"。

俄罗斯 Passware 软件公司是一个研究密码破解、恢复技术的专业软件公司,其代表产品 Passware Kit 在国际具有很高的声誉,支持对 150 种以上的加密文件的破解和密码恢复。在该公司的所有产品中,Passware Kit Forensic 是专用于执法部门的法证版本,支持对各种类型文件的密码,如解密微软 Word 和 Excel 文件,并可以重置本地和 Windows 域管理员的密码,更可以利用这个软件的自动搜索功能,搜索出目标计算机或证据硬盘上所有受密码保护的文件,从而进行快速破解。

2. 实验目的

通过本实验的学习,理解查找加密文件的方法和思路,学习利用 Passware 工具破解密码。

3. 实验环境

- 浏览器:推荐使用谷歌浏览器。
- 12.11-DetectingEncryptedFiles 文件夹,12.17-DecryptingVeraCryptContainer。

4. 实验内容

子实验 1　利用 WinHex 查找加密文件

步骤 1:使用 WinHex 加载文件夹"12.11-DetectingEncryptedFiles"文件夹。

步骤 2:进行磁盘快照,并勾选"文件格式识别和加密算法检测"多选框,如图 12-1 所示。

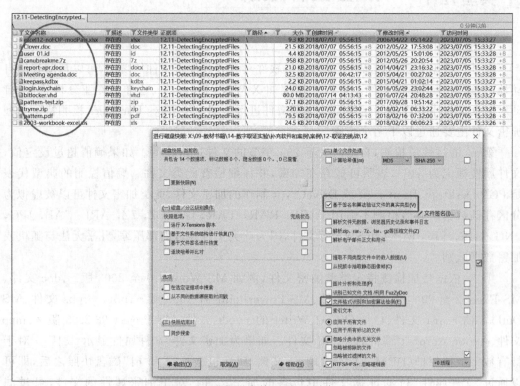

图 12-1　进行磁盘快照,勾选对应选项

步骤 3:通过"文件属性"过滤证据文件中包含的加密文件。对于加密属性的文件,可

过滤"e,e!,E",如图 12-2 所示。

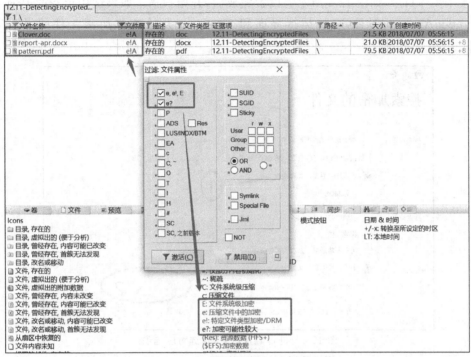

图 12-2　通过文件属性过滤加密文件

子实验 2　利用 Passware 查找加密文件

通过本实验对比 X-WaysForensics 和 Passware 两个软件对加密文件的识别能力。

步骤 1：调用 PasswareKit，在主菜单中选择"搜索加密文件"。此功能可以完整扫描所加载的硬盘、USB 闪存、移动硬盘中的所有文件，如图 12-3 所示。

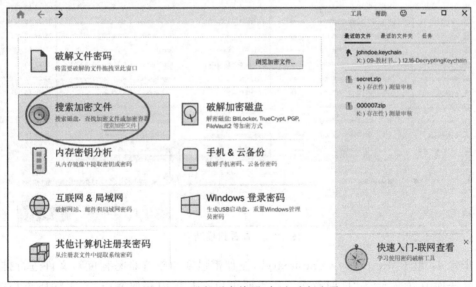

图 12-3　进行磁盘快照，勾选对应选项

步骤 2：进行加密文件扫描设置。设置需要扫描的文件类型、扫描磁盘位置或需要扫描的某个具体目录，如图 12-4 所示。设置完成后，开始扫描。如果试用免费的 Passware EncryptionAnalyzer 软件，它的运行界面和 Passware 开始查找加密文件的界面完全一致。

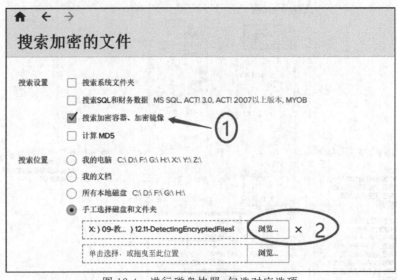

图 12-4　进行磁盘快照，勾选对应选项

步骤 3：扫描完成后，可以看到扫描结果窗口。解密软件可以扫描出所有加密文件，列出它们的详细信息，如密码破解复杂性、破解类型、文件修改时间等，如图 12-5 所示。

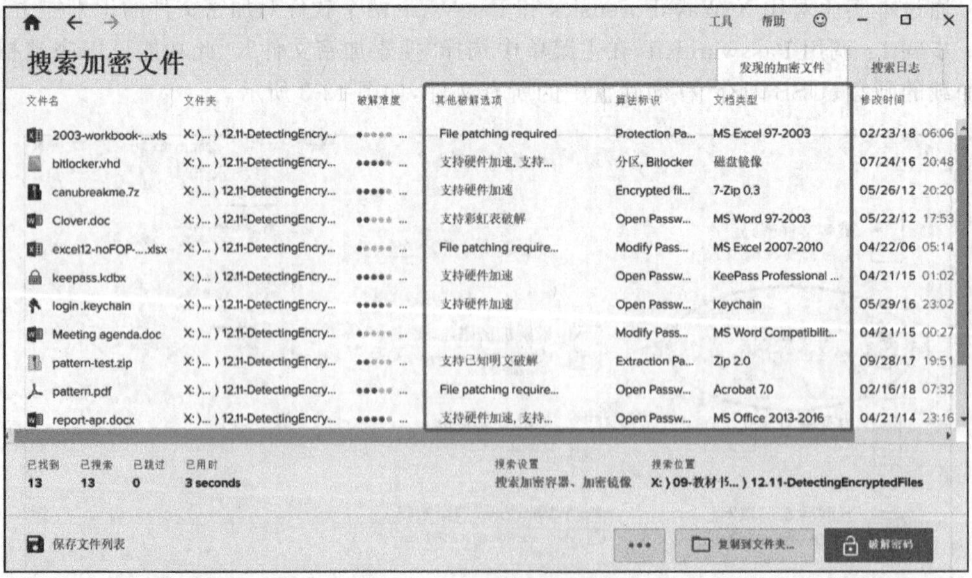

图 12-5　查看扫描结果

步骤 4：单击"Recovery Complexity"，按加密强度和破解难易程度对文件进行排序。在恢复选项中，如显示为"即时解密"，则表明可以在几秒内获取密码，或去除所添加的密

码。如显示为"暴力破解",则需要利用穷举的方法进行暴力攻击。通常,对于暴力攻击的方法,最好利用 GPU 硬件加速设备进行破解。

步骤 5:如须破解密码,可选中希望解密的加密文件,右击"恢复密码",即可开始对该加密文件进行自动破解。

子实验 3 破解 VC 加密容器

本案例提供了加密的 VC 容器和内存镜像文件。可以使用 Passware 软件配合内存镜像破解 VC 加密容器。

步骤 1:调用 PasswareKit,在主菜单中选择"破解加密磁盘"。选择 VeraCrypt,破解 VeraCrypt 加密卷,如图 12-6 所示。

图 12-6 选择破解 VeraCrypt 加密卷

步骤 2:选择"我已经获取内存镜像",设定 VeraCrypt 加密卷镜像位置和物理内存镜像位置,加载案例文件"12.17-DecryptingVeraCryptContainer"。目标文件会自动在同位置自动生成一个解密的" ∗ -decrypted.dd"镜像文件。单击"破解"按钮即开始解密,如图 12-7 所示。

步骤 3:解密成功。提示 VeraCrypt 加密卷的密钥被移除,生成了一个无保护的解密卷,如图 12-8 所示。

历史题型:

(2023 年"美亚杯"团队赛)在陈大昆的计算机中,加密的压缩文件 New Target.rar 中有两个文件,一个是加密的 Word 文件,另一个是图片文件。已知 Chi To 曾处理图片以隐藏一段文字,那段文字是什么?

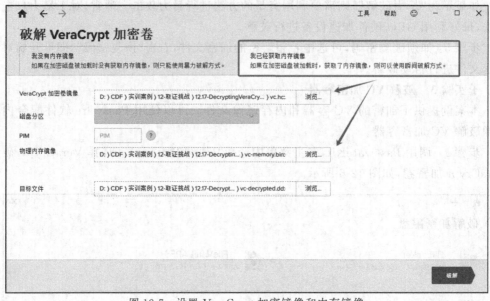

图 12-7　设置 VeraCrypt 加密镜像和内存镜像

图 12-8　破解 VeraCrypt 成功

实验12.2　数据隐藏

1. 预备知识

使用计算机实施犯罪或从事恶意活动的人经常会刻意删除某些"罪证"来掩盖所从事的非法活动。除此之外，他们还会使用另外一种常见的手法——信息隐藏。信息隐藏是一种阻碍特定内容和信息被觉察或被检测发现的存储技术,现在有很多工具可以实现信息隐藏。一旦信息隐藏技术被应用于掩盖非法犯罪活动的刑事案件中,从电子设备中检测、发现并恢复隐藏数据的任务就成为取证分析的关键环节。因此,作为取证调查员,深入理解证据是如何被隐藏并成功提取被隐藏信息是十分重要的。本实验将关注信息隐藏的基础知识,了解信息隐藏技术,并学习发现和恢复隐藏数据的分析技术。

(1) ADS 数据流

ADS 是 NTFS 文件系统特有的技术。在 NTFS 文件系统中,数据流用于保存文件的数据。一个数据流会被封装到＄DATA 属性中,也可称为 data 属性。一个文件通常只有一个＄DATA 属性,其中的数据流被称为主数据流。同时,它也可以被称为未命名的数据流,因为它是一个没有名称的数据流,或可以理解为具备一个空字符名称的数据流。虽然每个 MFT 表项只允许存在一个未命名的数据流,即默认数据属性中的数据流。但是,NTFS 文件系统支持多数据流。任何附加数据属性的数据流都必须命名,并被统称为交换数据流(alternate data streams,ADSs)。

ADS 出现的起因是为了创建苹果计算机的 HFS 文件系统和 Windows 系统的 NTFS 文件系统之间的兼容性。但不幸的是,这种技术无法被文件浏览器检测到,也就是说,Windows 资源管理器没有可以访问文件 ADS 数据流的方法。借助 ADS 数据流,一个文件可以夹带多个隐藏文件,而且隐藏文件再大也不会影响磁盘可分配空间,例如 USN 日志中的＄J 就具有 ADS 属性,大小可以超过 10GB。ADS 也经常被恶意利用,它可被用于执行恶意的.exe 文件,且不会被显示在 Windows 资源管理器或命令提示符中。更糟糕的是,ADS 很容易被创建,例如可以通过脚本,也可以通过命令提示符,配合冒号[：]附加到宿主文件中。

(2) OOXML 文件

OOXML(Office open XML)文件是由一系列相互关联的部分组成的一个包(package),这个包是一个 ZIP 压缩文件,其中包含了包的关联关系(relationship)以及嵌套在文档中的内容、样式、信息、图片、视频、字体等部件(part)。

OOXML 文件格式可以轻松管理并修复包中的每一个独立部件。例如,可以打开 OOXML 格式的 MS Word 2007 文档,找到其中表示 Word 文档主体的 XML 部件,就可以使用任意 XML 编辑工具来修改其中的内容并更新 Office 文档。

OOXML 文件包括 3 部分内容:包、部件、关系。

① 包是一个包含 XML 和其他部件的 ZIP 容器。根据 Office 文档的类型不同,包也会出现不同的内部目录结构和名称。包中的一些元素(如文档属性、图表、样式表、超链接、图表以及图形等),在所有的 MS Office 应用程序中都是可共享的。其他元素(如 Excel 中的工作表、Powerpoint 中的幻灯片或者 Word 中的页眉和页脚)则是特定用于各自应用程序。

在一个基本的包中包含一个名为“[Content_Types].XML”文件,位于包的根目录下,描述出现在文件中的所有数据类型,同级还有 3 个目录:“_rels”“docPros”和一个根据文档类型命名的目录。例如,在 MS Word 2007 文档中,会包含一个 word 目录,目录中包含一个“document.xml”文件,表示该文档的起始位置。所有文件夹一起构成了包的所有文件,这些文件被压缩在一起就形成了一个独立的 Office 文档。

　　包中的每个部件都有一个唯一的 URI(Uniform Resource Identifier,统一资源标识符)名称和指定的内容类型。部件中的内容类型明确地定义了存储的数据类型,并且减少了文件扩展名固有的歧义和重复性问题。另外,包中还包括了用于定义包、部件和外部资源之间的关联关系。

　　② 部件可以理解为组成一个文档的"零件",例如,一个 Word 文档会包含页眉、页脚、注释、内容、样式等,这些都属于部件。

　　扩展名".rels"的文件被用于存储部件之间的关系信息,存储在"_rels"子目录中。包中有 3 个文件名称是固定的,用于组织包中数据。第 1 个是"_rels"文件夹,用来存放".rels"文件,记录数据之间的关联关系。第 2 个是"[Content_Type].xml"文件,为 OOXML 文档中使用的部件提供 MIME(多用途 Internet 邮件扩展)类型信息,该文件还定义了基于文件扩展名的关系映射,以及对指定部件所使用扩展名的重定义,可以确保应用程序和第三方工具能够对文档任何部件的内容进行准确处理。第 3 个是 docProps 目录,其中的 app.xml 文件包含了对应程序的相关属性,如"Microsoft Office Word"等版本信息等。其中的 Core.xml 文件包含 OOXML 文档的核心属性,如计算机名称、文档创建时间和修改时间等。如果是一个 Word 文件,则对应会出现 word 文件夹,其中的 document.xml 文件就是此 Word 文档的主体内容。

　　③ 关系用于描述一系列部件如何组织在一起形成一个文档。这是通过验证源部件和目标部件之间的连接来实现。例如,通过一个关系文件,用户可以了解某页幻灯片和该页所含图片之间的逻辑关系。关系文件在 MS Office XML 格式中扮演着重要的角色。每个文档都至少有一个关系,通过关系即可发现一个部件与另一个部件之间的关联,无须查看部件的具体内容。

　　所有的关系(包括部件与包中根节点的关系)都可以表示为 XML 文件。这些文件被存储在一个包中,例如_rels 目录中的.rels 文件。关系项由 4 个元素组成:标识符(Id)、可选的源(包或部件)、关系类型(URI 样式表达式)和目标对象(另一部件的 URI)。包中通常存在以下两种类型的关系文件:

- "/_rels/.rels"关系文件:根文件夹中的"_rels"文件夹,记录包中部件的信息。例如,"_rels/.rels"文件定义了文档的起始部分,即"word/document.xml"。
- "[partname].rels"关系文件:每个部件可能会有自己的关系。针对 Word 文件,部件的特定关系可以在"word/_rels"文件夹中查看,关系文件命名方式以原始文件名称＋".rels"扩展名形式构成。例如:"word/_rels/document.xml.rels"。

　　一个典型的包的关系文件".rels"包含 XML 代码。为简单起见,展示"document.xml"部件的 XML 代码:

```
<Relationships
xmlns="http://schemas.openxmlformats.org/package/2006/relationships">
<Relationship Id="rId1"
Type="http://schemas.openxmlformats.org/officeDocument/2006/relationships/
officeDocument" Target="word/document.xml" />
```

```
</Relationships>
```

在上面的代码中,"Relationship Id"的属性值 rId1 是主文档部件的默认值,对应文档的开始部分。当打开文档时,OOXML 编辑器就根据文档类型查找对应的 OOXML 解析器。本例中,MS Word 文档类型指定为 MS Word XML。另一个属性 Target 指定开始部件的路径或位置,即该文档 word 文件夹中的"document.xml"。

(3) 松弛空间

文件系统组织磁盘空间的最小单位是分配单元,由磁盘上的一系列扇区组成。在 Windows 使用的 FAT 和 NTFS 文件系统中,将其称为簇,在 Linux 的 Ext 文件系统中被称为块。Windows 文件系统将磁盘空间以簇为单位分配给文件。通常一个文件大小会超过一个簇,甚至会占用很多个簇,在文件最后一个簇会出现未使用的空间。这个空间就称为松弛空间,也可称为文件残留空间。

松弛空间同样无法被操作系统正常访问,因此它可以用来隐藏数据。此外,从安全的角度来看,未使用空间中可能包含之前删除文件中的历史数据,这些数据也会具有一定价值。因此,取证分析时需要仔细检验松弛空间,如发现其中包含非零数据时,应注意查找可能存在的隐藏数据或之前存在文件的残余数据。

2. 实验目的

通过本实验的学习,理解查找隐藏数据的原理和方法。

3. 实验环境

- 浏览器:推荐使用谷歌浏览器。
- WinHex 取证分析软件。
- 12.18-取证挑战.zip。

4. 实验内容

子实验 1　创建 ADS 数据流

步骤 1:创建指定宿主文件的 ADS 数据流文件。宿主文件是指在 Windows 中可以正常显示、运行或编辑的任何类型文件,本实验中宿主文件为"C:\host.txt",C 盘为 NTFS 文件系统。

步骤 2:进入 DOS 提示符状态,在"C:\>"状态输入命令"echo "this is a test file">host.txt:ads.txt",成功创建一个名为 ads.txt、内容为"this is a test file"的数据流文件,并与宿主文件 host.txt 进行了关联,即 ads.txt 文件成了 host.txt 的一个寄生文件。此时无论是用 dir 命令还是在资源管理器中,均无法看到 ads.txt 文件,只能看到 host.txt 文件,且其大小未发生任何改变。

步骤 3:创建单独的 ADS 数据流文件。在 DOS 提示符状态输入命令"echo "this is a test file">:ads.txt",这样就在当前目录下创建了一个未指明宿主文件的名为 ads.txt 的数据流文件,它同样无法被看到,即该文件已经在系统中隐身。由于未指定宿主文件,一般的方法无法删除 ads.txt 文件,唯一能将之删除的办法就是删除其上一级目录。如果此类单独数据流文件存在于磁盘根目录,那么删除它将是一件非常棘手的事。

步骤4：任何常规文件都可以被设置成 ADS 数据流文件。在 DOS 提示符状态输入命令"type test.bmp ＞ explore.exe：test.bmp"，就会将图片 test.bmp 设为 explore.exe 的数据流文件。从指令格式中可以看出，ADS 数据流文件的基本创建形式就是"宿主文件名：数据流文件名"，中间用冒号间隔。

历史题型：

（2023年"美亚杯"团队赛）潘志辉应用了哪项技术把 true-ubuntupassword.txt 隐藏在 ubuntupassword.txt 中？

子实验2　查找 ADS 数据流

步骤1：将"12.18-取证挑战.zip"解压缩，释放"12.18-取证挑战.vhd"。

图12-9　调用文件属性过滤

步骤2：运行计算机管理，选择"操作"→"附加虚拟磁盘"，将"12.18-取证挑战.vhd"虚拟磁盘挂载为盘符，例如 D。

步骤3：利用 WinHex 创建案件，选择"添加存储设备"，选择"物理磁盘"中新出现的"Msft Virtual Disk（100MB）"。

步骤4：利用文件属性过滤，勾选 ADS 多选框，激活过滤条件，如图12-9所示。

步骤5：右击"分区1"，选择"递归浏览"，可见磁盘中所有具备 ADS 属性的文件。其中"，real-password.png"存在于"\ADS\password.txt"中。文件标准名称为 password.txt：realpassword.png，内容为打开同一分区中加密文件的密码，如图12-10所示。

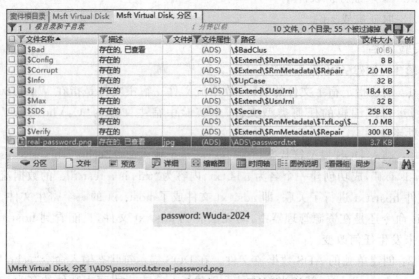

图12-10　查看具有 ADS 属性的文件

子实验3　查看文件松弛空间中存在的密码

步骤1：运行计算机管理，选择"操作"→"附加虚拟磁盘"，将"12.18-取证挑战.vhd"虚拟磁盘挂载为盘符，利用 WinHex 创建案件，添加挂载出的存储设备。

步骤 2：查看分区 1 根目录下的"hide-a-png"文件，发现文件无法预览，如图 12-11 所示。

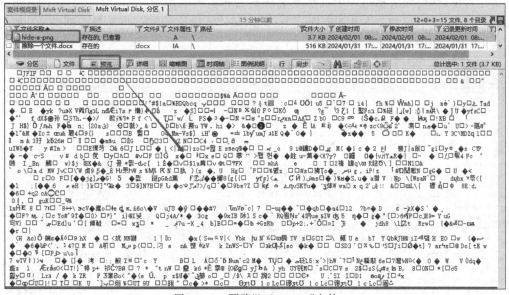

图 12-11　预览"hide-a-png"文件

步骤 3：以"文件"视图模式查看该文档的十六进制数值，发现文件尾部存在松弛空间。扇区尾部存在"REAL PASSWORD：Wuda(2024)"，这些字符并未存在"hide-a-png"文件中，如图 12-12 所示。

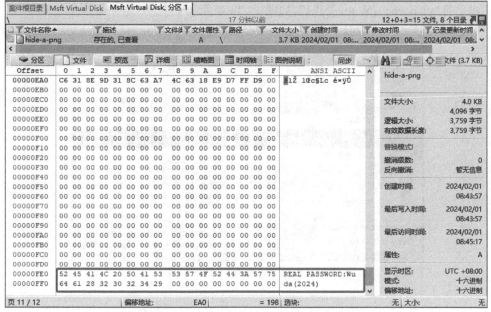

图 12-12　查看文件松弛空间中的隐藏数据

子实验 4　修复被修改的文件头

步骤 1：继续子实验 3 操作。分区 1 根目录下的"hide-a-png"文件无法预览。分析文件头尾特征，怀疑该文档是一个被修改文件签名和扩展名的 PNG 图片。PNG 图片的头部签名为 FF D8，尾部签名为 FF D9。在 WinHex"替换模式"下，将文件头部的 00 00 修改为 FF D8，如图 12-13 所示。

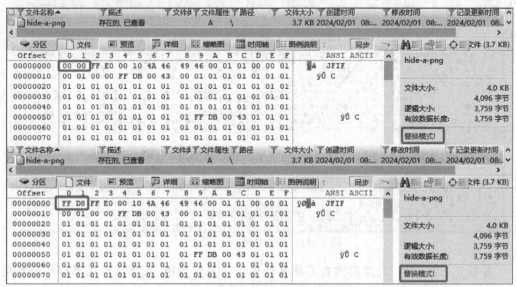

图 12-13　修改文件签名

步骤 2：选择"文件"→"保存"，将修改存盘。利用画图工具查看该文档，可以看到存在一串字符"password：Wuda-2024"，如图 12-14 所示。

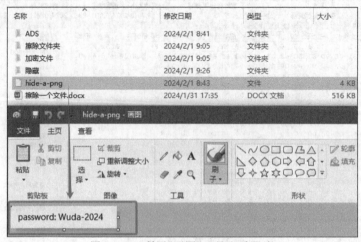

图 12-14　利用"画图"工具查看图片

数据擦除

1. 预备知识

数据擦除也称为数据清除或数据销毁,是一种基于软件的数据覆盖方法,旨在通过使用 0 和 1 彻底销毁驻留在硬盘驱动器或其他数字媒体上的所有电子数据,并以不可逆的过程将数据覆盖到设备的所有(或指定)扇区。通过覆盖存储设备上的数据,使数据不可恢复并实现数据清理。

以 Windows 中的 NTFS 文件系统为例,普通的文件删除操作并不会直接将文件全部清除(SSD 除外),而是仅仅将数据在 MFT 中的标记清空,但原始的数据会被保留,因此,这些数据能够被恢复。但是,通过数据擦除等操作,所有的数据都将会被清除,且无法恢复。

常用的数据擦除工具主要有 Eraser,Secure Erase,CCleaner 及 DBAN 等。利用 WinHex 可以实现对完整磁盘空间或特定文件、特定区域、特定字节进行擦除。

2. 实验目的

通过本实验的学习,理解查找数据擦除的原理和方法。

3. 实验环境

- 浏览器:推荐使用谷歌浏览器。
- WinHex 取证分析软件。
- 12.18-取证挑战.zip,12.19-擦除痕迹.e01,12.20-擦除工具运行痕迹.e01。

4. 实验内容

子实验 1　利用 WinHex 擦除文件

步骤 1:运行计算机管理,选择"操作"→"附加虚拟磁盘",将"12.18-取证挑战.vhd"虚拟磁盘挂载为盘符,利用 WinHex 创建案件,添加挂载出的存储设备,可见分区 1 根目录中存在文件"擦除一个文件.docx",如图 12-15 所示。

名称	修改日期	类型	大小
ADS	2024/2/1 8:41	文件夹	
擦除文件夹	2024/2/1 9:05	文件夹	
加密文件	2024/2/1 9:05	文件夹	
隐藏	2024/2/1 9:26	文件夹	
hide-a-png	2024/2/1 8:43	文件	4 KB
擦除一个文件.docx	2024/1/31 17:35	DOCX 文档	516 KB

图 12-15　挂载虚拟磁盘

步骤 2:运行 WinHex,无须创建案件及加载磁盘,选择"工具"→"文件工具"→"安全擦除",如图 12-16 所示。在弹出的窗口中选择步骤 1 中的"擦除一个文件.docx"并单击"删除"按钮。

步骤 3:设置"安全擦除"选项。默认可以使用"填充十六进制数值,00",同时勾选"初

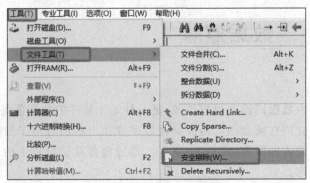

图 12-16　选择"安全擦除"

始化 MFT 表"多选框,以便擦除文件内容的同时,擦除 MFT 表中的文件信息,如图 12-17 所示。

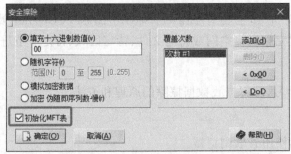

图 12-17　选择擦除选项

步骤 4:查看原始文件位置。文件第一扇区为 61856,选择"导航"→"跳至扇区",输入逻辑扇区值 61856。可对比数据擦除前和数据擦除后的效果,如图 12-18 和图 12-19 所示。

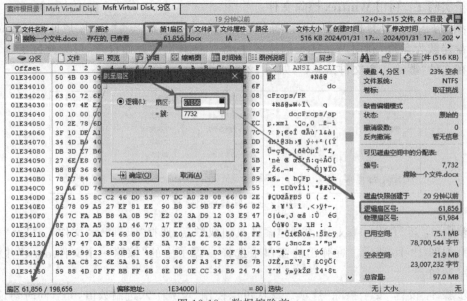

图 12-18　数据擦除前

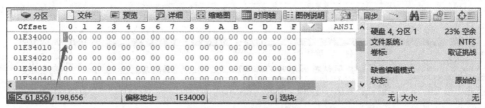

图 12-19　数据擦除后

子实验 2　擦除痕迹分析

镜像"12.19-擦除痕迹.e01"源于"12.18-取证挑战.vhd"，其中存在擦除的数据。请分析"12.19-擦除痕迹.e01"被擦除了几个文件和文件夹，以及被擦除的时间。

步骤 1：加载"12.19-擦除痕迹.e01"镜像文件，可看到分区 1 根目录下，描述为"曾经存在"的，有一个 0 字节文件和一个 101 字节的文件夹。文件夹下存在 6 个文档，均为 0 字节。显示结果表明文件名称存在异常情况，如图 12-20 和图 12-21 所示。

文件名称▲	描述▼	文件	路径	文件大小	创建时间	修改时间	记录更新时间
AvK8a (7)	曾经存在, 内容未改变		\	101 B	2024/01/31 17:34:22 +8	2024/02/01 11:01:25 +8	2024/02/01 11:01:25 +8
$Extend (16)	存在的, 已查看		\	7.4 MB	2022/12/13 14:59:25 +8	2022/12/13 14:59:25 +8	2022/12/13 14:59:25 +8
$RECYCLE.BIN (1)	存在的		\	129 B	2024/01/31 17:34:22 +8	2024/01/31 17:34:22 +8	2024/01/31 17:34:22 +8
(根目录)	存在的		\	96.7 MB	2022/12/13 14:59:25 +8	2024/02/01 11:01:25 +8	2024/02/01 11:01:25 +8
ADS (2)	存在的		\	4.6 KB	2024/02/01 08:41:16 +8	2024/02/01 08:41:28 +8	2024/02/01 08:41:28 +8
System Volume Information (2)	存在的		\	88 B	2022/12/13 14:59:26 +8	2024/01/31 17:29:02 +8	2024/01/31 17:29:02 +8
加密文件 (1)	存在的		\	19.6 MB	2024/02/01 09:01:00 +8	2024/02/01 09:05:54 +8	2024/02/01 09:05:54 +8
隐蔽 (2)	存在的		\	205 KB	2024/02/01 09:24:56 +8	2024/02/01 09:26:05 +8	2024/02/01 09:26:05 +8
?	曾经存在, 内容...		\	0 B	2024/01/31 17:34:35 +8	2024/02/01 10:37:37 +8	2024/02/01 10:37:37 +8
$BadClus (1)	存在的		\	0 B	2022/12/13 14:59:25 +8	2022/12/13 14:59:25 +8	2022/12/13 14:59:25 +8
$Secure (3)	存在的, 已查看		\	0 B	2022/12/13 14:59:25 +8	2022/12/13 14:59:25 +8	2022/12/13 14:59:25 +8
$Volume	存在的, 已查看		\	0 B	2022/12/13 14:59:25 +8	2022/12/13 14:59:25 +8	2022/12/13 14:59:25 +8
$AttrDef	存在的		\	2.5 KB	2022/12/13 14:59:25 +8	2022/12/13 14:59:25 +8	2022/12/13 14:59:25 +8
$Bitmap	存在的		\	3.0 KB	2022/12/13 14:59:25 +8	2022/12/13 14:59:25 +8	2022/12/13 14:59:25 +8
$Boot	存在的		\	8.0 KB	2022/12/13 14:59:25 +8	2022/12/13 14:59:25 +8	2022/12/13 14:59:25 +8
$LogFile	存在的		\	2.0 MB	2022/12/13 14:59:25 +8	2022/12/13 14:59: +8	2022/12/13 14:59:25 +8
$MFT (1)	存在的		\	256 KB	2022/12/13 14:59:25 +8	2022/12/13 14:59:25 +8	2022/12/13 14:59:25 +8
$MFTMirr	存在的		\	4.0 KB	2022/12/13 14:59:25 +8	2022/12/13 14:59:25 +8	2022/12/13 14:59:25 +8
$UpCase (1)	存在的		\	128 KB	2022/12/13 14:59:25 +8	2022/12/13 14:59:25 +8	2022/12/13 14:59:25 +8
hide-a-png	存在的		\	3.7 KB	2024/02/01 08:43:57 +8	2024/02/01 08:43:57 +8	2024/02/01 10:15:10 +8
卷残留空间	虚拟出的 (便于分析)			4.0 KB			

图 12-20　被擦除的文件和文件夹

文件名称▲	描述▼	文件	路径	文件大小	创建时间
.. = (根目录)	存在的, 已查看			96.7 MB	2022/12/13 14:59:25
. = AvK8a	曾经存在, 内容未改变			101 B	2024/01/31 17:34:22
2cNiKqZaBfkNTx2U12rTeiv9ITYr.3Ut (1)	曾经存在, 内容...	3ut	\AvK8a	0 B	2024/01/31 17:35:22
NdogO5NKt1Ey4JbKeTDUpZv1f6I2Q3FPn6kah7a7ncWA50oVrNY2fNMJgq.uBC	曾经存在, 内容...	ubc	\AvK8a	0 B	2024/01/31 17:35:22
PqhiXo4dXN5R6dDZNpgLi30dAxoGTl0qfwRQfzaQg5alieoyXH6ts6xDe7SIbYZVPZfkxu.kxE	曾经存在, 内容...	kxe	\AvK8a	0 B	2024/01/31 17:35:22
tds4sVAyv0ZZohGI.vkr	曾经存在, 内容...	vkr	\AvK8a	0 B	2024/01/31 17:35:22
v1CxnokmP3MrIL70Qpfz1mZT7LaZmiH7uw0R2W5hpPaiF67fsMftt05KvZ3y8EJszh8e.OEm	曾经存在, 内容...	oem	\AvK8a	0 B	2024/01/31 17:35:22
Xxqh39Z94t4SMQ9QaNyS4yTpPjT9j8XPu.ufY	曾经存在, 内容...	ufy	\AvK8a	0 B	2024/01/31 17:35:21

图 12-21　文件夹下可见异常文件名文件

步骤 2：查看 USN 日志文件，可见日志中记载了文件和文件夹被擦除的痕迹。从中可知被擦除文件和文件夹的具体名称，以及进行擦除操作的时间，如图 12-22 所示。

步骤 3：分析"12.20-擦除工具运行痕迹.e01"中的 Windows\Prefetch 文件夹，可以看到多个擦除工具的运行痕迹，如图 12-23 所示。

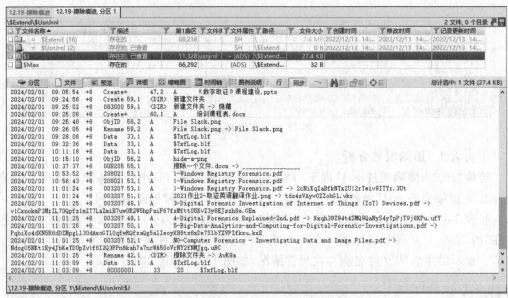

图 12-22　USN 日志中记录的数据擦除痕迹

图 12-23　曾经运行擦除工具的痕迹

参 考 文 献

［1］ 陈晶,张俊,何琨,等. 数字取证［M］. 北京：清华大学出版社. 2023.

［2］ 陈晶,郭永健,张俊,等. 电子数据取证［M］. 北京：机械工业出版社. 2021.

［3］ X-Ways Forensics/WinHex Manual［EB/OL］.［2024-02-07］. http://x-ways.net/winhex/manual.pdf.

［4］ 历年赛题及解析［EB/OL］.［2023］. https://www.meiyacup.com/Mo_index_gci_36.html.

［5］ 张照余,宁文琪. 校验存证技术应用于电子档案凭证效力维护［J］. 档案与建设,2023(1)：59-61.